Walter Lips · Strömungsakustik in Theorie und Praxis

Ludwig Stechow
Wilhelm str. 23
76137 Karlsruhe

03.05.96

Strömungsakustik in Theorie und Praxis

Anleitungen zur lärmarmen Projektierung
von Maschinen und Anlagen

Dipl.-Ing. HTL Walter Lips

Mit 271 Bildern, 72 Tabellen und 71 Literaturstellen

Kontakt & Studium
Band 474

Herausgeber:
Prof. Dr.-Ing. Wilfried J. Bartz
Technische Akademie Esslingen
Weiterbildungszentrum
DI Elmar Wippler
expert verlag

Die Deutsche Bibliothek – CIP-Einheitsaufnahme

Lips Walter:
Strömungsakustik in Theorie und Praxis : Anleitungen zur lärmarmen Projektierung von Maschinen und Anlagen ; mit 72 Tabellen / Walter Lips. – Renningen-Malmsheim : expert-Verl., 1995
(Kontakt & Studium ; Bd. 474 : Maschinenbau)
ISBN 3-8169-1188-9
NE: GT

I SBN 3-8169-1188-9

Bei der Erstellung des Buches wurde mit großer Sorgfalt vorgegangen; trotzdem können Fehler nicht vollständig ausgeschlossen werden. Verlag und Autoren können für fehlerhafte Angaben und deren Folgen weder eine juristische Verantwortung noch irgendeine Haftung übernehmen. Für Verbesserungsvorschläge und Hinweise auf Fehler sind Verlag und Autoren dankbar.

Herausgeber-Vorwort

Die berufliche Weiterbildung hat sich in den vergangenen Jahren als eine absolut notwendige Investition in die Zukunft erwiesen. Der rasche technologische Fortschritt und die quantitative und qualitative Zunahme des Wissens haben zur Folge, daß wir laufend neuere Erkenntnisse der Forschung und Entwicklung aufnehmen, verarbeiten und in die Praxis umsetzen müssen. Erstausbildung oder Studium genügen heute nicht mehr. Lebenslanges Lernen ist gefordert!

Die Ziele der beruflichen Weiterbildung sind
– Anpassung der Fachkenntnisse an den neuesten Entwicklungsstand
– Erweiterung der Fachkenntnisse um zusätzliche Bereiche
– Fähigkeit, wissenschaftliche Ergebnisse in praktische Lösungen umzusetzen
– Verhaltensänderungen zur Entwicklung der Persönlichkeit und Zusammenarbeit.

Diese Ziele lassen sich am besten durch Teilnahme an einem Präsenzunterricht und durch das begleitende Studium von Fachbüchern erreichen.

Die Lehr- und Fachbuchreihe KONTAKT & STUDIUM, die in Zusammenarbeit zwischen dem expert verlag und der Technischen Akademie Esslingen herausgegeben wird, ist für die berufliche Weiterbildung ein ideales Medium. Die einzelnen Bände basieren auf erfolgreichen Lehrgängen der TAE. Sie sind praxisnah, kompetent und aktuell. Weil in der Regel mehrere Autoren – Wissenschaftler und Praktiker – an einem Band mitwirken, kommen sowohl die theoretischen Grundlagen als auch die praktischen Anwendungen zu ihrem Recht.

Die Reihe KONTAKT & STUDIUM hat also nicht nur lehrgangsbegleitende Funktion, sondern erfüllt auch alle Voraussetzungen für ein effektives Selbststudium und leistet als Nachschlagewerk wertvolle Dienste. Auch der vorliegende Band wurde nach diesen Grundsätzen erarbeitet. Mit ihm liegt wieder ein Fachbuch vor, das die Erwartungen der Leser an die wissenschaftlich-technische Gründlichkeit und an die praktische Verwertbarkeit nicht enttäuschen wird.

TECHNISCHE AKADEMIE ESSLINGEN   expert verlag
Prof. Dr.-Ing. Wilfried J. Bartz   Dipl.-Ing. Elmar Wippler

Vorwort

Vorwörter werden immer geschrieben, aber selten gelesen ! Trotzdem scheint es mir richtig zu sein, die diesem Buch zugrunde liegenden Gedanken zu äussern. Die Strömungsakustik und ihre dazugehörigen Probleme konnten nicht umfassend abgehandelt werden, denn jedes der nachstehenden Kapitel hätte dann ein Buch für sich allein ergeben. Mein Ziel war es, die Strömungsakustik und die damit verbundenen Probleme in der Technik in einem Überblick aufzuzeigen. Das vielfältigste akustische Teilgebiet ist die Strömungsakustik, denn ob Sie eine raumlufttechnische Anlage berechnen, eine Trillerpfeife blasen, eine Blaspistole in der Hand halten oder ein Hydraulikaggregat anschaffen, immer spielt die Strömungsakustik eine wichtige Rolle.

Ein Fachbuch mehr über akustische Probleme, werden Sie, verehrter Leser, vielleicht kommentieren. Während meiner langjährigen Lehr- und Vortragstätigkeit habe ich jedoch festgestellt, dass es wohl eine ganze Menge von Normen, Richtlinien und Fachbeiträgen in Zeitschriften gibt, aber ein zusammenfassendes Werk über dieses Thema, das dem interessierten Leser den Einstieg in die faszinierende Welt der Strömungsakustik ermöglicht, hat bis heute gefehlt.

Ich habe ein praxisorientiertes Buch über die Strömungsakustik verfasst. Der wissenschaftliche Leser wird den «physikalischen Tiefgang» in den Grundlagenabschnitten vermissen. Ich wollte nur diejenigen theoretischen Grundlagen erwähnen, die für das Verständnis der nachfolgenden Abschnitte unbedingt notwendig sind. Weiterführende Informationen zu diesem Thema können der Fachliteratur entnommen werden, auf die zum Teil im Literaturverzeichnis hingewiesen wird. Beim Durchblättern werden Sie sehr schnell feststellen, wie vielschichtig gelagert die Probleme der Strömungsakustik sind. Aus diesem Grund kann das vorliegende Buch keinen Anspruch auf Vollständigkeit erheben. Die Normierungen sind weder auf nationaler noch auf internationaler Ebene abgeschlossen, daher besteht durchaus die Möglichkeit, dass nicht alle Einzelheiten dem aktuellen Stand der Normung entsprechen. Sich abzeichnende Tendenzen habe ich in den betreffenden Abschnitten erwähnt.

Ich hoffe, dass Sie, lieber Leser, viele wertvolle Informationen aus diesem Buch in Ihrer theoretischen und praktischen Arbeit einsetzen können. Berichtigungen und ergänzende Bemerkungen nehme ich dankbar entgegen. Der Verlag ist nicht verantwortlich für allfällige Druckfehler oder Unstimmigkeiten in der Darstellung, weil ich das Manuskript als druckfertige Vorlage abgegeben habe.

Mein Dank geht an alle, die mich ermuntert haben dieses Buch zu schreiben. Vor allem aber gilt er meiner Familie, die mit ihrem Verständnis und mit ihrer Unterstützung dazu beigetragen hat, dass ich das Vorhaben realisieren konnte. Ich danke meiner Frau, die als kritische Leserin mit ihren wertvollen Anregungen zur besseren Verständlichkeit des Textes und zur übersichtlicheren Gestaltung des Buches beigetragen hat. Ebenfalls danke ich meinem Sohn für die Ausführung mehrerer Zeichnungen und Frau Marianne Sidler für die Akribie, mit der sie erfolgreich Druckfehler aufgespürt hat. Einen speziellen Dank richte ich an meine Freunde Betty und Richard Kuster, die mir ihr schönes Haus im stillen Engelberg zur Verfügung gestellt haben, in dem ich die nötige Zeit und Ruhe fand die ich brauchte, um dieses Buch zu schreiben.

Luzern und Engelberg, Schweiz, im Herbst 1994.

Walter Lips

Inhalt

Inhalt

Inhalt

Inhalt

Inhalt

Inhalt

Inhalt

1   Akustische Grundlagen

1.1   Einleitung

Sie werden sich fragen, warum in einem solchen Fachbuch akustische Grundlagen erörtert werden. Die Erklärung ist sehr einfach: Dem Einsteiger in die Strömungsakustik sollen die erforderlichen allgemeinen Grundlagen vermittelt werden, die für das Verständnis der folgenden Kapitel notwendig sind, ohne dass er sich gleich mit einem umfangreichen Grundlagenwerk über die Akustik in das Thema einarbeiten muss. In diesem Kapitel wird das Schwergewicht auf den Luftschall gelegt. Für den mit der Akustik vertrauten Leser heisst es nun weiterblättern zu Kapitel 2 !

1.2   Physikalische Grundlagen

1.2.1   Schallentstehung

Als Schall bezeichnet man Schwingungen von elastischen Medien (Gase, feste Körper, Flüssigkeiten). Schwingungen sind zeitlich periodische Vorgänge, und Wellen sind zeitlich *und* räumlich periodische Vorgänge.

Die Schallentstehung kann in zwei Hauptgruppen unterteilt werden:

1. Schwingungen von festen Körpern (Maschinenelementen, Glocken, Stimmgabeln, Lautsprechermembranen usw.), sowie Strömungsvorgänge (turbulente Strömung, Umströmung von Hindernissen): Die Schwingungen werden direkt auf die angrenzende Luft übertragen.

   → **Direkte Geräuscherzeugung**

2. Schwingungen in Bauten, Bauteilen und Maschinenelementen, die sich als Körperschall ausbreiten und schliesslich in der umgebenden Luft Schallwellen erzwingen.

   → **Indirekte Geräuscherzeugung**

1.2.2   Schalldruck und Schallschwingungen

Die Bewegungen der einzelnen Luftteilchen (Bild 1.1) verursachen Druckschwankungen, die sich dem statischen Luftdruck (atmosphärischer oder barometrischer Druck) überlagern, aber wesentlich kleiner sind (Bild 1.2).

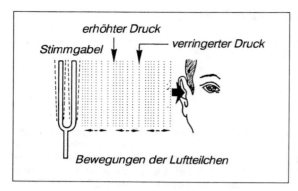

erhöhter Druck

Stimmgabel

verringerter Druck

Bewegungen der Luftteilchen

Bild 1.1:
Übertragung der
Schwingungen einer
Stimmgabel auf die
umgebende Luft

Bei einer einfachen An-
regung – z.B. mit der
Stimmgabel – pendelt
der Schalldruck um
den Ruhewert, es ent-
steht eine sinusförmige
Schallschwingung.

Bild 1.2:
Schalldruck und
atmosphärischer Druck

Beispiele:
Atmosphärischer
Druck:
ca. 100 000 Pa

Schalldruckmaximum
von Sprache
in 1 m Abstand:
ca. 1 Pa

$$1 \text{ Pa} = 1 \text{ N/m}^2$$
$$= 10 \, \mu\text{bar}$$

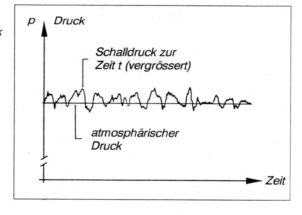

Das Ausmass der Druckschwankung (Amplitude) wirkt sich in der Lautstärke aus (Bild 1.3).

Man nennt die Zeit, bis sich der gleiche Schwingungszustand wieder einstellt, **Periode T** (Bild 1.4). Die Zahl solcher Perioden je Zeiteinheit heisst **Frequenz f** und bestimmt die Tonhöhe.

Zwischen der Frequenz f in Hertz [Hz] und der Periodenlänge T in Sekunden [s] besteht der folgende Zusammenhang:

$$f = \frac{1}{T} \quad [s] \qquad\qquad [GL 1.1]$$

Beispiele sind in Tabelle 1.1, Seite 4, zusammengestellt.

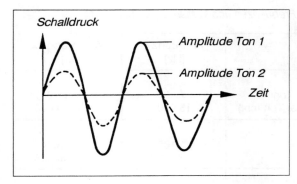

Bild 1.3:
Amplitude der
Schallschwingung

Ton 1 ist lauter
als Ton 2.

Bild 1.4:
Periode der
Schallschwingung

Der höhere Ton a' weist
gegenüber Ton a die
halbe Periode, das
heisst die doppelte
Frequenz auf.

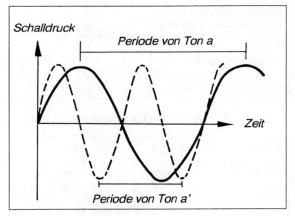

1.2.3 Schallwellen und Schallausbreitung

Ähnlich wie sich bei dem Eintauchen eines Steins Wellen auf einer Wasseroberfläche ausbreiten, pflanzen sich die Druckschwankungen in der Luft nach allen Richtungen fort. Die Ausbreitungsgeschwindigkeit von Schallwellen hängt von der Temperatur und den Eigenschaften des Mediums ab, ist aber praktisch unabhängig von der Frequenz: Tabelle 1.2. In gasförmigen und flüssigen Medien breiten sich die Schallwellen in Form von Longitudinalwellen aus, in festen Körpern sind auch Transversalwellen möglich.

Während die *Schallschwingung* die Verhältnisse an einem Punkt in Funktion der Zeit darstellt, umfasst der Begriff *Schallwelle* das räumliche und zeitliche Verhalten des Schalldruckes.

3

Tab. 1.1:   *Beispiele von Frequenzen und Wellenlängen bei 20° C*

	Frequenz f [Hz]	Wellenlänge λ [m]
Menschliches Ohr Tiefster wahrnehmbarer Ton Höchster wahrnehmbarer Ton (ca.)	20 15 000	17,2 0,023
Raum- und Bauakustik Tiefster Ton Höchster Ton	100 5 000	3,44 0,086
Musik Tiefster Klavierton A^2 Höchster Klavierton c^5 Internationaler Stimmton a^1	27,5 4 186 440	12,5 0,082 0,78
Physik Physikalischer Normalton Infraschall (< 20 Hz), z.B. Ultraschall (> 20 kHz), z.B.	1 000 5 40 000	0,344 68,8 0,0086

Tab. 1.2:   *Schallgeschwindigkeiten in m/s, in verschiedenen Stoffen*

Stoff	T [°C]	c [m/s]	Stoff	T [°C]	c [m/s]
Aluminium	+ 20	5 100	Stickstoff	+ 20	348
Blei	ı	1 350	Sauerstoff	+ 20	324
Stahl	ı	5 100	Wasserstoff	+ 20	1 330
Kupfer	ı	3 600	Wasserdampf	+ 110	413
Zinn	ı	2 600	Luft	− 140	227
Messing	ı	3 500		− 100	263
Esche	ı	3 900		− 60	297
Weisstanne	ı	5 200		− 20	319
Rottanne	ı	4 200		0	332
Eiche	ı	4 300		+ 20	344
Gips	ı	2 300		+ 100	3 870
Kork	ı	530	Wasser (dest.)	0	1 407
Kautschuk	ı	30 - 70		+ 20	1 449
Ziegel	ı	3 600		+ 40	1 530
Glas	ı	5 000	Eis	0	3 200
Ebonit	ı	1 560	Meerwasser	+ 20	1 481
Granit	ı	3 950	Alkohol	+ 20	1 200
Marmor	+ 20	3 000			

Bild 1.5:
Wellenlänge

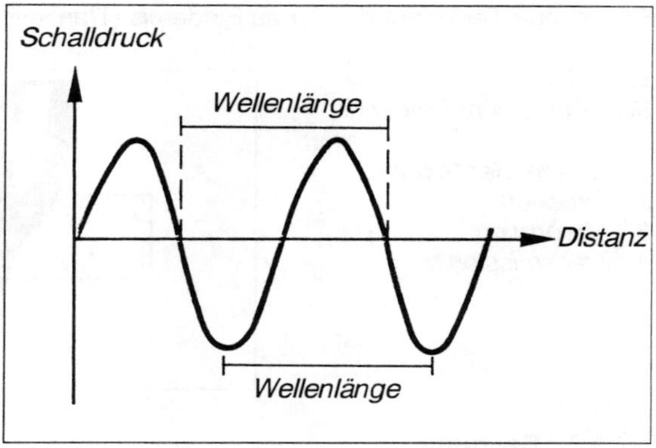

Die Distanz zwischen zwei gleichen Zuständen einer Schallwelle ist die **Wellenlänge** λ : Bild 1.5.

Sie kann wie folgt berechnet werden:

$$\lambda = \frac{c}{f} \quad [m] \qquad\qquad [GL\ 1.2]$$

c = Schallgeschwindigkeit in m/s
f = Frequenz in Hz

1.2.4 Eigenschaften der Wellenausbreitung

1.2.4.1 Reflexion und Absorption

Eine Reflexion von Schallwellen erfolgt, wenn diese auf eine Grenzschicht treffen, hinter der andere Bedingungen für die Schallausbreitung herrschen. Wir unterscheiden zwischen:

● regulärer Reflexion (harte Flächen, Spiegel)
● diffuser Reflexion (poröse Flächen)

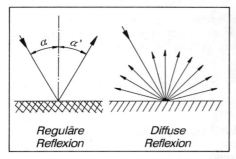

In der Raumakustik wird dann von diffuser Reflexion gesprochen, wenn schallharte Teilflächen so angeordnet sind, dass sie als ganzes eine unregelmässig reflektierende Fläche ergeben.

Bild 1.6:
Reflexionen

Der Schall, der auf ein Hindernis trifft, wird, wie Bild 1.7 veranschaulicht, zum Teil reflektiert, und je nach Beschaffenheit der Oberfläche, zum Teil absorbiert.

5

Ein weiterer Teil dringt durch das Hindernis (Transmission).

Bild 1.7:
Schall an einem Hindernis

1   *einfallender Schall*
2   *Reflexion*
3   *Absorption*
4   *Transmission*

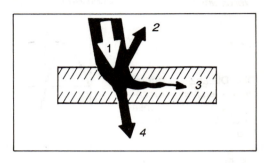

1.2.4.2   Beugung

Beugung ist eine typische Welleneigenschaft. Je grösser die Wellenlänge, desto grösser ist der Beugungseffekt, d.h. tieffrequente Schallwellen werden stärker gebeugt als Schall im Hochtongebiet. Wellen werden an Kanten von Hindernissen «herumgebeugt» (bekanntes Problem bei Schallschutzwänden entlang von Strassen).

1.2.4.3   Interferenz

Unter Interferenz versteht man eine Überlagerung von Schallwellen gleicher Frequenz, aber verschiedener Phasenlage. Es ist einerseits eine Verstärkung, anderseits sogar eine Auslöschung möglich. Nur kohärente Wellen, das sind Wellen, die in einer festen Phasenbeziehung zueinander stehen, interferieren. Interferenz kann zu stehenden Schallwellen führen.

1.2.5   Schallintensität

Die Schallintensität I, die oft auch als Schallstärke bezeichnet wird, ist diejenige Schallenergie, die je Sekunde durch eine Flächeneinheit senkrecht zur Ausbreitungsrichtung von Schallwellen tritt. Im freien Schallfeld ist:

$$I = \frac{p_{eff}^2}{\rho \cdot c} = 2{,}45 \cdot 10^{-3} \cdot p_{eff}^2 = w \cdot c \quad [W/m^2] \qquad [GL\ 1.3]$$

p_{eff} = Schalldruck in N/m^2
$\rho \cdot c$ = Wellenwiderstand (410 Ns/m^3 bei Normalbedingungen für Luft)
w = Schallenergiedichte in Ws/m^3
c = Schallgeschwindigkeit in m/s

6

Die Messung der Schallintensität erfordert einen hohen Geräteaufwand, da die beiden Feldgrössen Schalldruck p und Schallschnelle v (Schwinggeschwindigkeit bzw. Wechselbewegung eines schwingenden Teilchens) von einem Messgerät verarbeitet werden müssen.

$$wg. \quad I = \frac{1}{T} \int_{0}^{T} \hat{p}\,\hat{v}\,\sin^2\!\left(\omega t - R_1\right)\,dt$$

1.2.6 Schalleistung und Schallenergie

Messmikrophon und Ohr reagieren auf den Schalldruck, der damit sowohl direkt messbar als auch für die Empfindung entscheidend ist. Der Schalldruck, den man an einem Ort misst, hängt davon ab:

- welche Schalleistung die Quelle abstrahlt
- ob der Schall gleichmässig nach allen Seiten abgestrahlt wird
- wie weit die Quelle entfernt ist
- ob sich Hindernisse zwischen Quelle und Messpunkt befinden
- ob starke Reflexionen an Boden und Wänden auftreten
- ob störende andere Schallquellen vorhanden sind

Aus diesen Gründen eignet sich für den akustischen Vergleich am besten die abgestrahlte **Schalleistung** (Bild 1.8). Sie wird in Watt [W] angegeben, wie dies auch für mechanische, elektrische und thermische Leistungen der Fall ist.

Bild 1.8:
Schalleistung und
Schalldruck

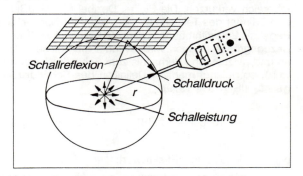

Die von einer Schallquelle mit der akustischen Leistung W abgestrahlte Energie führt auf einer (gedachten) Hüllfläche S zur Intensität I, welche im Mittel gleich W/S ist. Damit wird die Schalleistung W (Ziff. 1.2.5, Seite 6):

$$W = \frac{p_{eff}^2 \cdot S}{\rho \cdot c} = 2{,}45 \cdot 10^{-3} \cdot p_{eff}^2 \cdot S \quad [W] \qquad [GL\ 1.4]$$

Die Schalleistung kann nicht direkt gemessen werden. Spezielle Messgeräte können die Schallintensität direkt messen und daraus die Schalleistung bestimmen. Dieses Messverfahren eignet sich besonders zur Ortung von Schallquellen und bei hohen Störgeräuschpegeln.

7

Die akustischen Leistungen üblicher Schallquellen sind verhältnismässig gering. So hat z.B. eine Geige etwa 0,001 W und eine Orgel etwa 10 W Schallleistung (beim Spielen von fortissimo).

Schalleistung und **Schallenergie** verhalten sich proportional zum Quadrat des Schalldrucks. Bei einer Verdoppelung des Schalldrucks vergrössert sich somit die Schalleistung um das Vierfache.

1.2.7 Schalldruckpegel

Das menschliche Ohr ist in der Lage, einen sehr grossen Schalldruckbereich zu verarbeiten:

Schalldruck bei der Hörschwelle:	$20\,\mu$ Pa $= 2 \cdot 10^{-5}$ Pa
Schalldruck bei der Schmerzschwelle:	20 Pa $= 20$ Pa

Diese Schalldruckwerte verhalten sich also wie 1 zu 1 Million, sind ziemlich unübersichtlich und entsprechen auch in keiner Weise dem Lautstärkeeindruck.

Durch die Einführung des **Schallpegels** in Dezibel [dB] lässt sich dieser Wertebereich verkürzen. Die Einheit Dezibel ($= {}^{1}/_{10}$ Bel) weist auf A.G. Bell hin, den Erfinder des Telefons und damit auf die Nachrichtentechnik, in welcher der Pegel als Logarithmus aus dem Verhältnis einer Grösse zu einer gleichartigen Bezugsgrösse definiert wird. Wendet man dieses Prinzip auf den Schalldruck an und setzt ihn ins Verhältnis zum Schalldruck bei der Hörschwelle (Bezugswert), so gelangt man zur Definition des **Schalldruckpegels oder Schallpegels L_p** (ISO 131 - 1979):

$$L_p = 10 \lg \frac{p_{eff}^2}{p_0^2} \text{ [dB]} \quad \text{oder} \quad L_p = 20 \lg \frac{p_{eff}}{p_0} \text{ [dB]} \qquad \text{[GL 1.5]}$$

p_{eff} = Schalldruck (Effektivwert)

Der effektive Schalldruck oder quadratische Mittelwert beträgt bei einer sinusförmigen Schwingung:

$$p_{eff} = p_{max} / \sqrt{2} \quad \text{mit } p_{max} \text{ als Scheitelwert}$$

p_0 = Bezugsschalldruck (Effektivwert)

$$p_0 = 2 \cdot 10^{-5} \text{ Pa}$$

Betrachten wir die Grenzen des menschlichen Hörbereiches, lässt sich der Schalldruckpegel L_p wie folgt berechnen:

Hörschwelle $L_{p,0}$ = 20 lg 0 = 0 dB

Schmerzgrenze $L_{p,Sch}$ = 20 lg [20 / 2 · 10^{-5}] = 20 lg 10^6 = 120 dB

Tab. 1.3: Typische Schalldruckwerte und Schallpegel

Schallquelle	Schall- pegel [dB]	Schall- druck [μPa]	Empfindung
Absolute Stille Nichts mehr hörbar	0 10	20 63	Unhörbar
Ticken einer Taschenuhr, ruhiges Schlafzimmer, Klimaanlage in Radio- oder TV-Studio	20	200	Sehr leise
Sehr ruhiger Garten, Klimaanlage im Theater	30	630	Sehr leise
Wohnquartier ohne Verkehr, Klimaanlage im Büro	40	$2 \cdot 10^3$	Leise
Ruhiger Bach, ruhiges Restaurant	50	$6,3 \cdot 10^3$	Leise
Normale Unterhaltungssprache, Personenwagen	60	$2 \cdot 10^4$	Laut
Laute Sprache, Motorfahrrad, lautes Büro	70	$6,3 \cdot 10^4$	Laut
Intensiver Verkehrslärm, laute Radiomusik	80	$2 \cdot 10^5$	Sehr laut
Schwerer Lastwagen	90	$6,3 \cdot 10^5$	Sehr laut
Autohupe in 5 m Abstand	100	$2 \cdot 10^6$	Sehr laut
Pop-Gruppe, Kesselschmiede	110	$6,3 \cdot 10^6$	Unerträglich
Bohr-Jumbo in Tunnel, 5 m Abstand	120	$2 \cdot 10^7$	Unerträglich
Jet, Take-off, 100 m Abstand	130	$6,3 \cdot 10^7$	Unerträglich
Jet-Triebwerk, 25 m Abstand	140	$2 \cdot 10^8$	Schmerzhaft

1.2.8   Schalleistungspegel

Der Schalleistungspegel L_W berechnet sich nach einem ähnlichen Verfahren wie der Schalldruckpegel. Für jeden Querschnitt (Hüllfläche) einer Schallquelle ist er gleich gross, vorausgesetzt, dass keine Verluste durch Absorption, Reflexion usw. auftreten.

$$L_W = 10 \lg \frac{W}{W_0} \quad [dB] \qquad\qquad [GL\ 1.6]$$

W = Schalleistung in W (Ziff. 1.2.6, Seite 8)
W_0 = Bezugsschalleistung, $W_0 = 10^{-12}$ W
Schalleistung, welche durch die Hüllfläche S $= 1\ m^2$ mit dem Schalldruck p_0 tritt.

Verteilt sich die gesamte Schalleistung auf eine Fläche von 1 m^2 (z.B. Halbkugel mit Radius von 0,4 m), ist der Schalleistungspegel und der Schalldruckpegel im Abstand von 0,4 m zahlenmässig gleich gross.

Es ist teilweise üblich die Bezugsgrösse W_0 bei Messergebnissen anzugeben, zum Beispiel:

$$\mathbf{dB_{re}\ 10^{-12}\ W} \quad (10^{-12}\ W = 1\ pW)$$

Hinweis

Im Normalfall liegt der Schalleistungspegel zahlenmässig um bis zu 10 dB höher als der Schalldruckpegel (Tabelle 1.4). Aus diesem Grunde ist es in der Praxis sehr wichtig zu erfahren, um welche Grösse es sich bei einer Pegelangabe handelt.

In den folgenden Kapiteln kommt dem Schalleistungspegel eine sehr grosse Bedeutung zu. Aus diesem Grunde ist es wichtig, dass diese Grösse verstanden wird. Hinweise für die messtechnische Bestimmung sind in einer ganzen Reihe von Normen zu finden.

Auf die Berücksichtigung der Ausbreitungsbedingungen wird zu einem späteren Zeitpunkt noch speziell eingegangen.

Tab. 1.4:   Typische Schalleistungen W und Schalleistungspegel L_W

Schallquelle	W [W]	L_W [dB]
Blätterrauschen	$1 \cdot 10^{-9}$	30
Flüstergeräusch	$1 \cdot 10^{-8}$	40
Leise Unterhaltung	$1 \cdot 10^{-7}$	50
Büro	$1 \cdot 10^{-6}$	60
Normale Unterhaltung	$1 \cdot 10^{-5}$	70
Laute Unterhaltung	$1 \cdot 10^{-4}$	80
Innengeräusch Zug	$1 \cdot 10^{-3}$	90
PW auf Autobahn	$1 \cdot 10^{-2}$	100
Lautes Radio, Flügel (fortissimo)	10^{-1}	110
Autohupe, Presslufthammer	1^1	120
Grosses Orchester, Pauke, Orgel	10^1	130
Schmerzgrenze, Grosslautsprecher	$1 \cdot 10^2$	140
Grosses Propellerflugzeug	$1 \cdot 10^3$	150
Turbopropellerflugzeug	$1 \cdot 10^4$	160
Strahltriebwerk	$1 \cdot 10^5$	170
Saturnrakete	$4 \cdot 10^7$	195

1.2.9   Veränderung, Mittelung und Addition von Schallpegeln

1.2.9.1   Geltungsbereich

Die nachfolgenden, stark gerafften Ausführungen gelten generell für Schall-druck- und Schalleistungspegel.

1.2.9.2   Veränderung von Schallpegeln

Wie die folgende Tabelle 1.5 zeigt, kann einer bestimmten Pegeldifferenz ein Schalldruckverhältnis, sowie ein quadratisches Schalleistungs- oder Schall-energieverhältnis zugeordnet werden.

Beispiel
Eine Pegelerhöhung um 20 dB verzehnfacht den Schalldruck und vergrössert die Schallenergie auf das Hundertfache.

11

Tab. 1.5: Pegeldifferenzen

Pegeldifferenz $L_2 - L_1$	Schalldruckverhältnis $p_2 : p_1$	Schalleistungs- bzw. Schallenergieverhältnis $(p_2 : p_1)^2$
0 dB	1,0 : 1	1,0 : 1
3 dB	1,4 : 1	2,0 : 1
5 dB	1,8 : 1	3,2 : 1
6 dB	2,0 : 1	4,0 : 1
10 dB	3,2 : 1	10,0 : 1
20 dB	10,0 : 1	100,0 : 1

1.2.9.3 Mittelung von Schallpegeln

Muss ein Mittelwert aus mehreren Schallpegeln gebildet werden (z.B. Messwerte), ist eine arithmetische Mittelwertbildung zulässig, wenn die Differenz zwischen Kleinst- und Höchstwert 5 dB nicht überschreitet. Andernfalls ist eine energetische Mittelung nach der folgenden Beziehung vorzunehmen:

$$L = 10 \lg \left\{ \frac{1}{n} \sum_{i=1}^{n} 10^{0,1 \cdot L_i} \right\} \quad [dB] \qquad [GL\ 1.7]$$

L = Mittelwert in dB
n = Anzahl der zu mittelnden Schallpegel
L_i = Einzelschallpegel in dB

Für häufigere Anwendungen ist es sinnvoll, die [GL 1.7] auf einem programmierbaren Taschenrechner zu speichern.

1.2.9.4 Addition von Schallpegeln

Hat man eine Vielzahl gleicher Schallpegel zu addieren, wendet man die folgende Gleichung an:

$$L_{total} = L_n + 10 \lg n \quad [dB] \qquad [GL\ 1.8]$$

L_n = Schallpegel der einzelnen Schallquelle in dB
n = Anzahl Schallquellen

Sind mehrere ungleiche Schallpegel zu addieren, kann dies mit der nachstehenden allgemein gültigen Beziehung durchgeführt werden:

$$L_{total} = 10 \lg 10^{\frac{L_1}{10}} + 10^{\frac{L_2}{10}} + \ldots + 10^{\frac{L_n}{10}} \quad [dB] \quad [GL\ 1.9]$$

$L_1 \ldots L_n$ = zu addierende Schallpegel in dB

Auch die [GL 1.9] eignet sich sehr gut, um auf einem Taschenrechner gespeichert zu werden.

Für überschlagsmässige Pegelberechnungen genügt die Vereinfachung in Tabelle 1.6 (nur Addition von ganzen Zahlenwerten).

Tab. 1.6: Vereinfachte Pegeladdition

Differenz beider Einzelpegel	Der Gesamtpegel übertrifft den höheren Einzelpegel um
0 − 1 dB	3 dB
2 − 3 dB	2 dB
4 − 9 dB	1 dB
> 9 dB	0 dB

1.2.10 Frequenzanalysen

Oft wird der hörbare Frequenzbereich in mehrere Frequenzbänder unterteilt und der Schallpegel in jedem Frequenzband bestimmt. Die in der Akustik übliche Analyse beruht auf Frequenzbändern, deren Breite proportional zur Mittenfrequenz zunimmt (im Gegensatz dazu arbeitet die «Fourier − Analyse» mit konstanter Bandbreite).

International genormt (IEC 225) sind Oktavbänder, deren Mittenfrequenzen sich von 1 000 Hz aus jeweils durch Verdoppelung bzw. Halbierung ergeben:

31,5	63	125	250	500	1 000	2 000	4 000	8 000	16 000	Hz

Für genauere Analysen wird jedes Oktavband in drei Terzbänder unterteilt, deren Mittenfrequenzen ebenfalls festgelegt sind:

13

25	50	100	200	400	800	1 600	3 150	6 300	12 500	Hz
31,5	63	125	250	500	1 000	2 000	4 000	8 000	16 000	Hz
40	80	160	315	630	1 250	2 500	5 000	10 000	20 000	Hz

In der Bau- und Raumakustik schränkt man diesen Bereich aus praktischen Gründen ein und misst:

- in den Oktavbändern von 125 bis 4 000 Hz
- in den Terzbändern von 100 bis 3 150 oder 5 000 Hz

Frequenzanalysen werden meist als Balken- oder Strichdiagramme dargestellt (Bild 1.9). Auf der horizontalen Achse folgen sich die Frequenzbänder. Vertikal entspricht die Balkenlänge dem Pegel im entsprechenden Band.

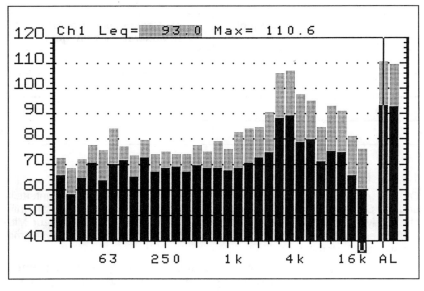

Bild 1.9:
Terzbandspektrum auf einem Echtzeitanalysator

Frequenzbereiche allgemein

Die nachfolgenden Beispiele in Tabelle 1.7 illustrieren, wie ungeheuer gross die Frequenzbereiche sind, die einerseits in der Natur vorkommen und andererseits mit Hilfe technischer Mittel erzeugt werden können:

Tab. 1.7: Übersicht Frequenzbereiche

	Erzeugung	Wahrnehmung
Tiere		
Bär	50 – 8 000 Hz	50 – 10 000 Hz
Hund	450 – 1 100 Hz	15 – 50 000 Hz
Katze	750 – 1 500 Hz	60 – 65 000 Hz
Vögel	2 000 – 13 000 Hz	250 – 21 000 Hz
Delphin	7 – 120 kHz	150 Hz – 150 kHz
Fledermaus	10 – 120 kHz	1 – 120 kHz
Heuschrecke	7 – 100 kHz	0,1 – 15 kHz
Mensch	85 – 1 100 Hz	20 – 15 000 Hz
Technik		
Radio	15 – 30 000 Hz	
Orgel	20 – 8 000 Hz	
Klavier	27 – 4 186 Hz	
Ultraschallverfahren industriell	20 – 100 kHz	
Ultraschall – Medizintechnik	1 – 15 MHz	
Hyperschall	> 10 GHz	

1.2.11 Schallsignale

1.2.11.1 Ton

Ein Schalleindruck wird als reiner Ton bezeichnet, wenn ihm eine Sinusschwingung zugrunde liegt. Als Mass für die Tonhöhe dient die Frequenz f. Man nennt den tiefsten Ton Grundton, die Schwingungen mit höheren Frequenzen Obertöne. Falls die Obertöne ganzzahlige Vielfache der Grundtonfrequenz sind, heissen sie harmonische Töne. Sind sie ganzzahlige Bruchteile der Grundtonfrequenz, spricht man von subharmonischen Tönen.

Bild 1.10:
Reiner Ton

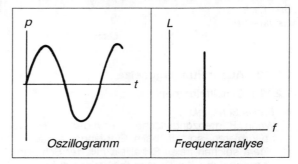

Oszillogramm   Frequenzanalyse

15

1.2.11.2 Klang

Ein Klang setzt sich aus mehreren Tönen zusammen.

Bild 1.11:
Klang

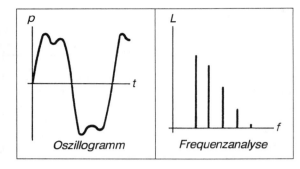

Oszillogramm | Frequenzanalyse

Unser Ohr unterscheidet an einem Klang:

1. **Tonhöhe**, durch den Grundton f_1 bestimmt
2. **Klangfarbe**, durch die relativen Amplitudenverhältnisse gegeben
3. **Lautstärke** (Lautheit), bzw. Empfindung der Schallintensität

1.2.11.3 Geräusch

Schallschwingungen mit kontinuierlichem, zeitlich nicht periodischem Frequenzspektrum nennen wir Geräusche. Dem Geräusch fehlt das Merkmal der Tonhöhe, es sei denn, dass eine Frequenz besonders stark vertreten ist. Das Geräusch lässt sich durch das Frequenzspektrum charakterisieren.

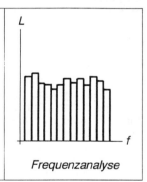

Bild 1.12:
Geräusche

Oszillogramm | Frequenzanalyse

1.2.12 Ausbreitungsgesetze

1.2.12.1 Schallfeldtypen

● *Freies Schallfeld*
Wenn Begrenzungsflächen entweder fehlen oder den Schall wirksam absorbieren, so trifft beim Empfänger ausschliesslich Direktschall ein. In einem solchen freien Schallfeld fällt der Schalldruck einer Quelle mit jeder Verdoppelung der Distanz theoretisch auf die Hälfte, d.h. der Schallpegel vermindert sich jeweils um 6 dB.

● *Diffuses Schallfeld*
Voraussetzung für ein diffuses Schallfeld sind Begrenzungsflächen, die den Schall grösstenteils zurückwerfen. Die Reflexionen treffen aus allen Richtungen ein und folgen sich so rasch, dass kein einzelnes Echo herauszuhören ist.

In Räumen mit einem diffusen Schallfeld ist der Schalldruckpegel an jedem beliebigen Punkt nahezu gleich.

1.2.12.2 Schallausbreitung im Freien

Bei allen folgenden Lärmausbreitungsmodellen wird keine distanzproportionale Ausbreitungsdämpfung berechnet. Diese kann, je nach Abstand, ein beträchtliches Ausmass erreichen. So liegt z.B. die Luftdämpfung für 4 kHz bei 20 bis 30 dB/km. Dies ist auch der Grund, warum man aus der Ferne nur ein dumpfes Donnergrollen vernimmt, während ein naher Blitzeinschlag von hellem Krachen begleitet wird.

● *Punktförmige Schallquelle*
Kennt man von einer Schallquelle den in einem Abstand r_1 gemessenen Schalldruckpegel L_1, lässt sich der Schalldruckpegel L_2 in einem Abstand von r_2 wie folgt berechnen:

$$L_2 = L_1 - 20 \lg \frac{r_2}{r_1} \quad [dB] \qquad [GL\ 1.10]$$

Daraus ergibt sich bei einer Abstandsverdoppelung eine Schalldruckpegelabnahme von 6 dB.

In der Praxis hat man es meistens mit punktförmigen Schallquellen zu tun, insbesondere dann, wenn die Abmessungen der Schallquelle im Verhältnis zur Messdistanz klein sind (z.B. Luftansaugöffnung in 20 m Abstand, Schornsteinmündung in 25 m Abstand, usw.). Als Richtwert gilt hier, dass die Abmessungen der Schallquelle mind. 3mal kleiner sein müssen als die Messdistanz.

Spezialfall Schalleistung
Will man von einer punktförmigen Schallquelle, deren Schalleistungspegel L_W bekannt ist, in einem bestimmten Abstand unter idealisierten Voraussetzungen (auch hier keine Berücksichtigung der Ausbreitungsdämpfung) den Schall*druck*pegel L_p berechnen, braucht man nur den Abstand des gefragten Punktes, sowie die *Ausbreitungscharakteristik* der Quelle zu kennen. Die allgemeine Beziehung lautet:

$$L_p = L_W - 10 \lg S \quad [dB] \qquad [GL\ 1.11]$$

17

S = Hüllfläche in m^2, im Freien meist als Kugeloberfläche. Steht die Quelle auf dem Boden (was in der Praxis meistens üblich ist), ist die Hüllfläche die Oberfläche einer Halbkugel, d.h.:

$$S = 2 \cdot \pi \cdot r^2 \quad [m^2] \qquad \text{[GL 1.12]}$$

Beispiel zur Bestimmung des Schalleistungspegels
Für einen auf dem Boden montierten Lüftungsschacht (mit einem Gitter abgedeckt), der sich in einem Industrieareal befindet, wird in 6 m Abstand ein Schalldruckpegel L_p von 78,5 dB(A) gemessen. Wie gross ist der Schalleistungspegel L_W dieses Lüftungsschachtes ?

Lösung:
Die Hüllfläche ergibt sich aus dem Messabstand von 6 m als Oberfläche der entsprechenden Halbkugel:

$$S = 2 \cdot \pi \cdot 6^2 = 226 \, m^2$$

Jetzt muss nur noch die [GL 1.11] nach L_W umgeformt werden:

$$
\begin{aligned}
\mathbf{L_W} &= L_p + 10 \lg S \\
&= 78 + 10 \lg 226 = 78,5 + 23,5 \\
&= \mathbf{102 \, dB(A)}
\end{aligned}
$$

Sie sehen, so einfach ist die praxisorientierte Anwendung des Schalleistungspegels !

- *Linienförmige Schallquelle*
  Für einen Abstand r_1 und einen Schalldruckpegel L_1 berechnet sich der Schalldruckpegel L_2 im Abstand r_2 wie folgt:

$$L_2 = L_1 - 10 \lg \frac{r_2}{r_1} \quad [dB] \qquad \text{[GL 1.13]}$$

Bei einer Abstandsverdoppelung nimmt der Schalldruckpegel demzufolge um 3 dB ab.

Typische Vertreter von Linienquellen sind Eisenbahnzüge, Fahrzeugkolonnen, geradlinige Rohrstücke, lange Gebäudefassaden.

- *Flächenförmige Schallquelle*
  Solange beide Dimensionen der abstrahlenden Fläche das Dreifache der Messdistanz übertreffen, bleibt der Schalldruckpegel konstant (Flächenquelle z.B. Fabrikfassade). Bis zum Abstand der kleineren Abmessung der lärmabstrahlenden Fläche nimmt der Schalldruckpegel um 3 dB pro Distanzverdoppelung ab, und zwar bis zum Abstand der grösseren Abmessung. Ab diesem Punkt wird nun die abstrahlende Fläche als Punkt-

quelle mit einer Abnahme von 6 dB pro Distanzverdoppelung betrachtet.

Bild 1.13:
Schallpegelverlauf
einer Flächen-
quelle (6 x 3 m) in
Funktion der
Distanz in einem
Raum (idealisiert)

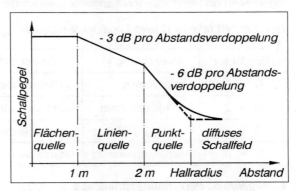

Im Freien, bei ungestörter Schallausbreitung, findet der Übergang zum diffusen Schallfeld nicht statt (kein Hallradius), und der Schallpegel nimmt weiter mit 6 dB pro Distanzverdoppelung ab, bis er im Umgebungsgeräusch verschwindet und unhörbar wird.

1.2.12.3 Schallausbreitung in Räumen

In Räumen überlagert sich das freie Schallfeld mit dem diffusen Schallfeld. Nahe der Schallquelle herrscht der Direktschall vor, und die akustischen Eigenschaften des Raumes spielen keine Rolle. In grösserer Distanz von der Quelle hingegen überwiegt der indirekte (reflektierte) Schall, und der Schallpegel ist ziemlich ortsunabhängig, kann aber durch eine Vergrösserung der Schallabsorption vermindert werden. Die Distanz, bei welcher der direkte und der diffuse Schallanteil gleich gross sind, heisst Hallradius r_H und kann wie folgt berechnet werden:

$$r_H = \frac{1}{7} \sqrt{A \cdot Q} \quad [m] \qquad [GL\ 1.14]$$

A = Schallschluckvermögen in m^2 (Ziff. 1.2.14, Seite 27)
Q = Richtfaktor

Je nach Plazierung kann eine Schallquelle ihre **Schalleistung** nicht nach allen Seiten abstrahlen, sondern nur in einen engeren Raumwinkel. Bei dieser Betrachtung gilt es zu beachten, dass die Schalleistung unabhängig von der Abstrahlcharakteristik immer konstant bleibt. Dies führt zum Umstand, dass je nach Anordnung einer Quelle im gleichen Abstand abweichende **Schalldruckpegel** erzeugt werden. Bei der Abstrahlung unterscheidet man 4 geometrisch unterschiedliche Fälle (Tabelle 1.8).

19

Bei Maschinen, die auf dem Boden eines Raumes aufgestellt werden, kann im allgemeinen ein Richtfaktor von 2 angenommen werden.

Tab. 1.8: Richtfaktor Q nach Lage der Schallquelle

Richtfaktor	Abstrahlung	Lage der Schallquelle
Q = 1	kugelförmig	in Raummitte
Q = 2	halbkugelförmig	auf Fussboden oder in Wandmitte
Q = 4	viertelkugelförmig	in einer Raumkante
Q = 8	achtelkugelförmig	in einer Raumecke

- **Allgemeine Berechnungsgrundlage**

  Bei der Berechnung des Schalldruckpegels L_p in Räumen sind neben dem Richtfaktor und der Distanz auch die akustischen Eigenschaften der Räume zu berücksichtigen. Für die Umrechnungen Schalleistungspegel − Schalldruckpegel und umgekehrt gilt die folgende, sehr wichtige und universell anwendbare Beziehung:

$$L_p = L_W + 10 \lg \left\{ \underbrace{\frac{Q}{4 \cdot \pi \cdot d^2}} + \frac{4}{A} \right\} \quad [dB] \qquad [GL\ 1.15]$$

  direkter   indirekter
  Schallanteil   Schallanteil

L_p = Schalldruckpegel in dB
L_W = Schalleistungspegel in dB
Q = Richtfaktor nach Tab. 1.8
d = Abstand Lärmquelle − Messpunkt in m
A = Schallschluckvermögen in m^2 [A = ($0{,}163 \cdot V$) / T]
(Ziff. 1.2.13.3, Seite 25)

- **Abgrenzungsmerkmale für die Raumakustik und die Schallausbreitung**

  Die Schallausbreitung in Räumen hängt von verschiedenen Einflussgrössen ab. Einerseits spielt es eine Rolle, wie gross die Schallquelle im Verhältnis zum Raumvolumen ist. Andererseits übt die raumakustische Ausstattung (schallschluckende Materialien) einen grossen Einfluss auf das Schallfeld einer Quelle aus. Die in Tabelle 1.9 aufgeführten 4 grundsätzlichen Fälle werden noch etwas näher betrachtet, wobei an dieser Stelle zum besseren

Verständnis einschneidende Vereinfachungen vorgenommen werden.
Heute verfügt man über moderne Berechnungsverfahren, meist EDV-Programme, die sehr realistische Ergebnisse liefern.

Tab. 1.9: Abgrenzungsmerkmale für die Schallausbreitung in Räumen

Schallausbreitung	Gilt für
diffus	grosse Maschinen in kleinen Räumen *)
direkt / diffus	kl. Maschinen in kubischen oder halligen Räumen
direkt / abfallend	kl. Maschinen in absorbierenden Flachräumen **)
direkt	im Freien

*) Die Abgrenzung dieses Kriteriums wird am einfachsten über das Maschinenvolumen vorgenommen. Beträgt dieses mehr als 5 % des Raumvolumens, spricht man von grossen Maschinen in kleinen Räumen.

**) Länge und Breite des Raumes sind gegenüber der Höhe um ein Vielfaches grösser.

- **Diffuses Schallfeld**

Dieser in der Praxis recht häufige Fall (grosse Maschinen) lässt sich wie folgt berechnen:

$$L_p = L_W + 10 \lg \frac{4}{A} \qquad [dB] \qquad \qquad [GL\ 1.16]$$

Der direkte Schallanteil kann also vernachlässigt werden. Das Absorptionsvermögen der Decke und der Wände beeinflusst in direktem Masse die Schallpegelreduktion. Eine Verdoppelung des Schallschluckvermögens bringt eine Schallpegelreduktion von theoretisch 3 dB(A).

- **Direktes und diffuses Schallfeld**

Dieser Fall muss raumseitig noch präziser definiert werden. Es geht hier primär um kubische Räume (Verhältnis der grössten zur kleinsten Raumabmessung nicht grösser als 3 : 1) und um Flachräume mit einer schwachen Absorption (keine Akustikdecke). Der Schalldruckpegel kann nun mit Hilfe der [GL 1.15], Seite 20, bestimmt werden.

● *Direktes und abfallendes Schallfeld*

Hier geht es um Flachräume, in denen mindestens eine leicht absorbierende Akustikdecke eingebaut ist. Zur Abschätzung der Schallpegelabnahme für grössere Distanzen berechnet man vorerst mit Hilfe der [GL 1.14], Seite 19, den Hallradius r_H. Setzt man den Hallradius anstelle von d (Abstand Lärmquelle − Beurteilungspunkt in m) in die [GL 1.15], Seite 20, lässt sich derjenige Punkt berechnen, an welchem der Direktschallanteil und der vom Raum reflektierte Schallanteil gleich gross sind:

$$L_p = L_W + 10 \lg \left\{ \frac{Q}{4 \cdot \pi \cdot r_H{}^2} + \frac{4}{A} \right\} \; [dB] \qquad \text{[GL 1.17]}$$

Mit dem aus [GL 1.17] gewonnenen Wert kann nun mit einer Schallpegelabnahme von 4 − 5 dB pro Distanzverdoppelung gerechnet werden. Ausgangspunkt für diese Abschätzung ist der Hallradius r_H.

1.2.13 Schallabsorption und Nachhallzeit

Bereits in Ziff. 1.2.4.1 (Seite 5) wurde die Schallabsorption im Zusammenhang mit der Wellenausbreitung vorgestellt. Die Eigenschaft von porösen Stoffen, Schallwellen zu absorbieren (zu «schlucken»), hat zur Entwicklung von umfangreichen Berechnungsverfahren für die Schallausbreitung in Räumen geführt. An dieser Stelle wird nur ein kurzer Abriss über die wichtigsten Grundlagen vermittelt.

1.2.13.1 Absorptionskoeffizient α_s

Der Absorptionskoeffizient α_s ist eine wichtige Grösse für die raumakustische Planung. Mit ihm wird das Vermögen eines Materials, auftreffende Schallwellen zu absorbieren, angegeben. Der Absorptionskoeffizient α_s wird in einem sog. Hallraum (sehr halliger Raum mit schallharten Raumbegrenzungsflächen, z.B. gekachelt) experimentell bestimmt und erreicht Zahlenwerte von 0 bis knapp über 1 (Bild 1.14).

1.2.13.2 Nachhallzeit T

Die Nachhallzeit ist die wichtigste Kenngrösse in der Raumakustik. Mit ihrer Hilfe kann man das Absorptionsvermögen eines Raumes beurteilen. Die Nachhallzeit kann berechnet und (mit einigem Aufwand) auch gemessen werden.

Der Schall breitet sich unabhängig von der Frequenz mit gleicher Geschwindigkeit aus (Schallgeschwindigkeit c = ca. 340 m/s).

Stellt man in einem geschlossenen Raum eine Schallquelle und ein Mikrophon auf, so legen die Reflexionen über die Raumbegrenzungsflächen einen längeren Weg zurück und treffen deshalb später auf das Mikrophon als der Direktschall.

Wird die Schallquelle abgeschaltet, vermindert sich die beim Mikrophon gemessene Energie zuerst um den Direktschall, dann kontinuierlich auch um die Reflexionen. Die im Raum vorhandenen Reflexionen nehmen allmählich ab, bis die gesamte Energie von den Begrenzungsflächen absorbiert ist. Die Zeitdauer dieses Vorganges steht in einem direkten Zusammenhang mit dem Absorptionsvermögen des Raumes (Bild 1.15) und ist wie der Absorptionskoeffizient α_s frequenzabhängig. Sie wird als **Nachhallzeit T** bezeichnet.

Die **Nachhallzeit T** wird definiert als diejenige Zeit, in der ein Schalldruckpegel nach beendeter Schallsendung um 60 dB abfällt (auf den 10^{-6} - ten Teil).

Bei einer schlechten Raumakustik (ungenügende Absorption) ergibt sich deshalb eine lange, bei einer guten Raumakustik (gute Absorption) eine kurze Nachhallzeit. Die Nachhallzeiten werden üblicherweise in den Terzbändern (100 − 5 000 Hz) angegeben (Bild 1.16).

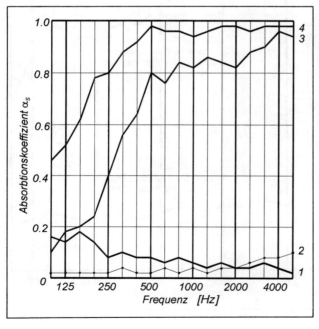

Bild 1.14:
Beispiele von
Absorptions-
koeffizienten α_s
in Abhängigkeit
von der Frequenz

1 Profilblech
2 Beton, roh
3 Holzwolle-
  Leichtbau-
  platten
4 Mineralfaser-
  platten

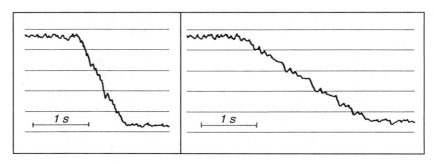

Bild 1.15:
Abklingkurven (Frequenz 1 000 Hz) bei einer kurzen (links) und einer langen Nachhallzeit (rechts)

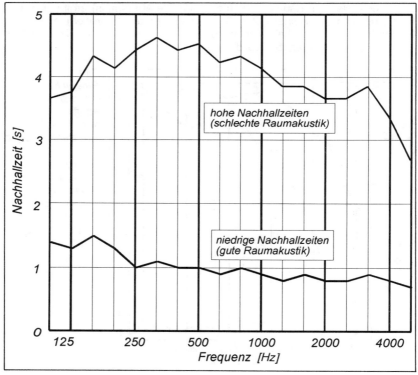

Bild 1.16:
Ergebnisse von Nachhallzeit-Messungen

24

1.2.13.3 Äquivalente Schallabsoptionsfläche A

Zur Beschreibung des Schallschluckvermögens eines Raumes fand W.C. Sabine (1868 - 1919) eine Beziehung zwischen der Nachhallzeit T in s, dem Raumvolumen V in m³, sowie der äquivalenten Schallabsorptionsfläche A:

$$A = 0{,}163 \ \frac{V}{T} \qquad [m^2] \qquad\qquad [GL\ 1.18]$$

Da A in einem engen Zusammenhang mit α_s steht, kann für eine Teilfläche S eines Raumes, z.B. die Decke, die äquivalente Schallabsorptionsfläche wie folgt berechnet werden:

$$A = \alpha_s \cdot S \qquad [m^2] \qquad\qquad [GL\ 1.19]$$

Kennt man die Absorptionskoeffizienten α_i aller Teilflächen S_i eines Raumes, lässt sich die gesamte äquivalente Schallabsorptionsfläche A berechnen:

$$A = \sum_{1}^{i} \alpha_i \cdot S_i \qquad [m^2] \qquad\qquad [GL\ 1.20]$$

Aus dem Ergebnis dieser Berechnung kann mit Hilfe der [GL 1.18] die Nachhallzeit bestimmt werden.

In bestimmten Normen (z.B. ISO 3746 und DIN 45 635) wird gezeigt, wie mit Hilfe des mittleren Absorptionskoeffizienten $\overline{\alpha_s}$ eine akustische Qualitätsbeurteilung für einen Raum vorgenommen werden kann. Der mittlere Absorptionskoeffizient lässt sich aufgrund einer Messung oder durch eine Berechnung nach der folgenden Formel bestimmen:

$$\overline{\alpha_s} = 0{,}163 \ \frac{V}{T \cdot S_v} \qquad [\ -\ ] \qquad\qquad [GL\ 1.21]$$

S_v = gesamte Raumoberfläche (Boden, Wände, Decke) in m²

1.2.13.4 Richtwerte für Nachhallzeiten

In verschiedenen Normen und Fachbüchern werden die Richtwerte für die Nachhallzeiten in Abhängigkeit der Nutzung vorgestellt. Teilweise werden diese Richtwerte auch frequenzabhängig angegeben, insbesondere für akustisch anspruchsvolle Räume.

In der folgenden Tabelle 1.10 ist eine kleine Auswahl von Nachhallzeit-Richtwerten zusammengestellt. Die Tabellenwerte gelten für die Frequenzen von 1 000 bis 4 000 Hz. Für tiefere Frequenzen sind höhere Werte zulässig, die wie folgt umzurechnen sind:

| $T_{500} = T_{1\,000} \cdot 1{,}1\ [s]$ | $T_{250} = T_{1\,000} \cdot 1{,}3\ [s]$ | $T_{125} = T_{1\,000} \cdot 1{,}55\ [s]$ |

Tab. 1.10: Richtwerte für Nachhallzeiten (optimale Nachhallzeiten) T

Raum, Raumgruppe	T [s]
Büros (Einzel- und Kleinbüros)	0,6 - 1,0
Grossraumbüros	0,4 - 0,6
Energiezentralen (Heizung, Lüftung, Klima)	0,5 - 0,7
Restaurants, Kantinen, Aufenthaltsräume	0,6 - 1,0
Auditorien, Vorlesungssäle	0,9 - 1,2
Schulzimmer	0,5 - 0,7

1.2.13.5 Industrielle Räume

Für industrielle Räume hat man ein neues Verfahren entwickelt, das die Unzulänglichkeiten der bisherigen Nachhallzeit-Berechnungsmethode für sehr grosse Räume eliminiert. In der VDI-Richtlinie 3760 (Entwurf 1993) wird dieses Verfahren ausführlich beschrieben.

Man ermittelt mit Hilfe einer punktförmigen Schallquelle den Verlauf des Schalldruckpegels in Funktion des Abstandes zu dieser Quelle und erhält so eine Schallausbreitungskurve (SAK).

Kernpunkte dieser Beurteilungsmethode sind zwei neue Begriffe:

Pegelabnahme DL2

Aus der Schallausbreitungskurve SAK wird als erste Kenngrösse das Mass DL2 ermittelt. Dieses gibt an, wie gross die mittlere Abnahme des Schalldruckpegels für einen bestimmten Entfernungsbereich je Abstandsverdoppelung ist.

Schallpegelüberhöhung DLf

Die zweite neue Kenngrösse, die Pegelüberhöhung DLf, gibt an, um wieviel der in einem Raum mit Hilfe einer Normschallquelle ermittelte Schalldruckpegel in einem bestimmten Distanzbereich über dem Schallpegel bei freier Schallausbreitung (Idealfall, ohne Reflexionen) liegt. DLf eignet sich wegen des grösseren Wertebereichs und wegen des direkteren Bezugs zur gewünschten Lärmreduktion besser zur raumakustischen Beurteilung als DL2.

Der grosse Vorteil des neuen Verfahrens besteht darin, dass die tatsächliche Schallausbreitung zur Beurteilung der raumakustischen Situation besser berücksichtigt wird. Der Einfluss der sog. Streukörper (Maschinen und Anlagen im Raum) wird korrekt erfasst. Diese Streukörper treten nicht in erster Linie als Absorber, sondern als diffus wirkende Reflexionsstellen auf.

1.2.14 Schallmesstechnik

1.2.14.1 Allgemeines

Lärmmessungen haben das Ziel, eine Lärmsituation objektiv zu erfassen. Die Ergebnisse sollen reproduzierbar sein, und zwar unabhängig vom eingesetzten Messgerät und der Person, welche die Messung vornimmt. Deshalb wurden die Eigenschaften der Messgeräte und die Messmethoden in internationalen Normen festgelegt.

1.2.14.2 Zeitbewertung

Die Zeitbewertung oder *Zeitkonstante* bestimmt die Reaktion der Anzeige auf Pegeländerungen. Die international genormten Zeitkonstanten sind in Tabelle 1.11 zusammengestellt.

Tab. 1.11: Zeitbewertungen in der Schallmesstechnik

Bezeichnung, Abkürzung		Gleichrichter	Zeitkonstante	Rücklauf
Langsam (Slow)	S	Effektivwert	1 s *)	1 s *)
Schnell (Fast)	F	Effektivwert	125 ms *)	125 ms *)
Impuls (Impulse)	I	Effektivwert	35 ms *)	3 s
Spitze [Peak (hold)]	P	Spitzenwert	$20 - 50\,\mu s$	2 s **)

*) Diese Zeitkonstanten gelten für die quadrierte Signalspannung
**) Kein Rücklauf, Zeiger bleibt auf Maximalausschlag stehen

1.2.14.3 Integrator

Der Integrator berechnet aus dem variablen Schalldruckpegel L_p den energetischen, gleichwertigen (äquivalenten) Mittelungspegel L_m. Dabei ist die Bezugszeit die Messzeit.

$$L_m = 10 \lg \left\{ \frac{1}{T_m} \int_0^{T_m} \frac{p^2(t)}{p_0^2}\, dt \right\} \quad [dB] \qquad [GL\ 1.22]$$

T_m = Messzeit
L_m = Mittelungspegel

27

Für die meisten Anwendungen in der Praxis dürfen nur Messgeräte eingesetzt werden, die diesen Mittelungspegel erfassen können, da die Schallsignale stark schwanken und von Instrumenten mit Zeigern nicht gemittelt werden können.

1.2.14.4 Messgeräte

Das wichtigste Gerät für allgemeine Schallmessungen ist der **Schallpegelmesser**. Einfache Modelle sind schon für einige hundert Mark erhältlich; sie genügen aber den IEC-Vorschriften (IEC Publication 651, Sound level meters) nicht und dürfen für genauere Messungen nicht eingesetzt werden. Die Preise einfacher Geräte (Klasse 2 nach IEC) liegen um DM 1 000.--, während für Präzisionsmessgeräte (Klasse 1) mit vielseitiger Datenerfassung und Anschlussmöglichkeiten für Zusatzgeräte bis zu DM 10 000.-- oder mehr zu bezahlen ist.

Ideal für Schallmessungen sind integrierende Schallpegelmesser, deren Eigenschaften in der IEC-Publikation 804 (Integrating-averaging sound level meters) festgelegt sind.

Messgeräte müssen vor jeder Messung mit einer **Eichschallquelle** kalibriert werden, um die Funktionstüchtigkeit und Richtigkeit der Anzeige garantieren zu können. **Pegelschreiber** registrieren den zeitlichen Ablauf des Schallpegels. Die Signale werden digital oder analog aufgezeichnet und später mit Hilfe von **Analysatoren** in ihre Bestandteile zerlegt (Frequenzanalysen).

Das Angebot von universell einsetzbaren Messgeräten ist heute sehr gross. Vor der Beschaffung eines Messsystems ist man gut beraten, wenn man neben dem Preis und der Leistungsfähigkeit auch den vorgesehenen Einsatz abklärt. Auch die Bedienungsfreundlichkeit soll beurteilt werden.

1.2.14.5 Messprotokoll

Bei der Durchführung einer Messung sind eine ganze Reihe von Daten zu erfassen. Ausführliche Hinweise sind in den entsprechenden DIN-Normen und VDI-Richtlinien zu finden.

1.3   Schallempfindung

1.3.1   Bewertete Schallpegel

Die Schallpegelangabe bei einzelnen Frequenzen erfolgt in dB. Die Angabe des Gesamtschallpegels (Schallpegel über den gesamten Hörbereich des menschlichen Gehörs) in dB dient physikalischen Vergleichen, entspricht aber nur in völlig unzureichender Weise der Lautstärkeempfindung des menschlichen Ohres. Um die Frequenzabhängigkeit der Empfindung des Ohres bis zu einem messtechnisch und apparativ tragbaren Grade nachzubilden, werden heute in die Schallpegelmesser Filterglieder mit den Bewertungskurven A und teilweise auch C und D eingebaut: Bild 1.17.

Für die in der Praxis am meisten verwendete Bewertungskurve A sind die Korrekturwerte in Tabelle 1.12 zusammengestellt.

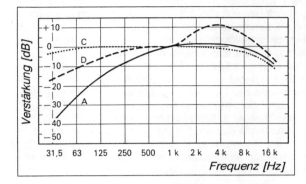

Bild 1.17:
Bewertungskurven
A, C, D
(nach IEC 651)

Tab. 1.12: Korrekturwerte Bewertungsfilter A

f [Hz]	ΔL [dB]	f [Hz]	ΔL [dB]	f [Hz]	ΔL [dB]
10	− 70,5	160	− 13,3	2 500	− 1,3
12,5	− 63,4	200	− 10,8	3 150	− 1,2
16	− 56,7	250	− 8,6	4 000	+ 1,0
20	− 50,4	315	− 6,6	5 000	+ 0,6
25	− 44,7	400	− 4,8	6 300	− 0,1
31,5	− 39,2	500	− 3,2	8 000	− 1,1
40	− 34,6	630	− 1,9	10 000	− 2,4
50	− 30,2	800	− 0,8	12 500	− 4,3
63	− 26,1	1 000	0	16 000	− 6,5
80	− 22,4	1 250	+ 0,6	20 000	− 9,2
100	− 19,1	1 600	+ 1,0		
125	− 16,0	2 000	+ 1,2		

Man misst also bei eingeschalteten Bewertungsfiltern L_A in dB(A), L_C in dB(C) und L_D in dB(D), im Gegensatz zum unbewerteten Gesamtschallpegel L in dB(lin), wobei (lin) für linear steht.

1.3.2 Geräuschbeurteilungszahlen und Grenzwertkurven

Sie sind vielleicht erstaunt, diese Werte an dieser Stelle wieder vorzufinden, nachdem sie bereits vor Jahren von der ISO zurückgezogen wurden. Meine langjährige Erfahrung zeigt aber, dass insbesondere bei raumlufttechnischen Anlagen ein Beurteilungsdefizit besteht, das mit Hilfe dieser Kurven überbrückt werden kann. Geräusche mit schmalbandigem Frequenzcharakter lassen sich durch den bewerteten Gesamtschallpegel [z.B. dB(A)] allein nur ungenügend beschreiben, da die Bewertung zu milde ausfällt. Anderseits werden breitbandige Geräusche durch die Grenzwertkurven eher unterbewertet, sodass eine Kombination aus Gesamtschallpegel und Grenzwertkurve für die Beschreibung der zulässigen Grenzwerte der Schalldruckpegel in lüftungstechnischen Anlagen sinnvoll ist. Der Verlauf der NR-Kurven ist nicht nur von der Frequenz, sondern auch vom Schalldruckpegel abhängig, d.h. je höher der Schalldruckpegel ist, umso flacher verlaufen die Kurven. Ein Geräusch, das etwa dem NR-Kurvenverlauf entspricht, wird als «weisses Rauschen» bezeichnet (das Ohr kann keinen bestimmten Einzelton analysieren). Werden Geräusche in **Terzfiltern** gemessen und beurteilt, müssen alle NR-Kurven um 5 dB nach unten verschoben werden (Addition 3 gleicher Schallpegel).

In Bild 1.18 sind diese NR-Kurven dargestellt, während in Tabelle 1.13 zum Vergleich die Gegenüberstellung mit den Gesamtschallpegeln vorgenommen wird.

Tab. 1.13: Umrechnungstabelle [Zusammenhang zwischen NR-Kurve, Gesamtschallpegel bewertet in dB(A) und unbewertet in dB]

Grenzwert-kurve NR	L_A [dB(A)]	L [dB]	Grenzwert-kurve NR	L_A [dB(A)]	L [dB]
120	126	133	60	67	84
115	121	128	55	62	79
110	116	125	50	58	76
105	111	120	45	53	72
100	106	117	40	48	58
95	101	113	35	44	64
90	96	108	30	39	59
85	92	104	25	35	55
80	87	100	20	30	51
75	82	96	15	25	47
70	77	92	10	21	42
65	72	88			

Bestimmung des massgebenden NR - Wertes

Die Geräuschbeurteilungszahl NR wird wie folgt bestimmt: Man trägt vorerst die Mess- oder Berechnungsergebnisse (in Terz- oder Oktavbändern, wobei die erwähnten Unterschiede zu beachten sind) in ein Kurvenblatt gemäss dem Muster in Bild 1.18 ein. Dann bestimmt man diejenige NR-Kurve, bei welcher kein Wert des eingezeichneten Geräuschspektrums über dieser Kurve liegt.

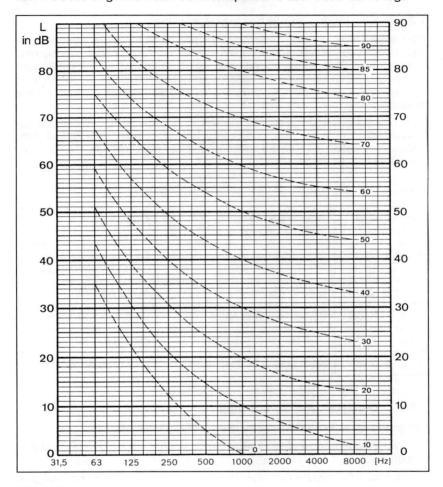

Bild 1.18:
NR-Geräuschbewertungskurven
(Noise Rating curves) nach VDI 2081 und ISO/ R 1966 – 1971

Bedingt durch die Kurvencharakteristik ist es ohne weiteres möglich, dass das Ergebnis durch die Pegel bei mittleren Frequenzen gegeben ist, obschon bei tiefen Frequenzen höhere Pegel vorliegen. Das Ergebnis wird beispielsweise wie folgt bezeichnet: NR = 32.

1.3.3 Beurteilung von Schallpegeländerungen

Oft ist die Änderung des Gesamtschallpegels, Zunahme oder Abnahme, zu bewerten. Ist der Schallpegel eines Geräusches um 10 dB höher als derjenige eines anderen Geräusches, so wird das erstere als doppelt so laut empfunden wie das zweite. Ist hingegen der Schallpegel eines Geräusches um 10 dB tiefer als derjenige eines andern Geräusches, so wird das erstere als halb so laut empfunden wie das zweite.

Eine Schallpegelveränderung soll niemals in % angegeben werden, da die Bezugsbasis für die % − Rechnung unklar ist ! Vielmehr soll eine Veränderung einer Lärmsituation mit Hilfe der Beschreibung der Wahrnehmung erfolgen, wie sie in Tabelle 1.14 dargestellt ist.

Tab. 1.14: Beurteilung von Schallpegelveränderungen

Schallpegel- änderung	Beschreibung der Wahrnehmung	Qualifikation
0 − 2 dB	nicht oder kaum wahrnehmbar	liegt meist innerhalb der Messgenauigkeit
2 − 5 dB	gerade wahrnehmbar	kleine Änderung
5 − 10 dB	deutlich wahrnehmbar	deutliche Änderung
10 − 20 dB	überzeugender Unterschied	grosse Änderung
über 20 dB	sehr grosser Unterschied	sehr grosse Änderung

1.3.4 Lästigkeit von Geräuschen

Für die Lästigkeit eines Geräusches gelten die folgenden **Regeln**:

1. Hohe Frequenzen werden im allgemeinen lästiger empfunden als tiefe Frequenzen.

2. Künstliche Geräusche (von Maschinen, Transformatoren, Küchen, sanitären Anlagen, Aufzügen, Klimaanlagen usw.) sind immer lästiger als Geräusche mit natürlichen Ursachen (Regen, Wind, fliessende Gewässer usw.).

3. Ein kontinuierliches oder in kurzen Abständen periodisch sich wiederholendes Geräusch ist lästiger, als ein vorübergehendes Geräusch von kurzer Dauer mit längeren Intervallen.

4. Die Lästigkeit von Geräuschen hängt vom zeitlichen Verlauf und von der Häufigkeit ihres Auftretens ab. Weil Flugzeuge plötzlich hörbar sind stören sie mehr als Eisenbahnzüge, deren grosse Lautstärke langsam anschwillt, beim Lastwagenverkehr wirkt die grössere Häufigkeit störend.

5. Während der Nachtzeit, über die Mittagszeit und über das Wochenende werden Geräusche als sehr viel lästiger empfunden als während der normalen Arbeitszeit. Das Ohr erreicht während des Tages selten seine volle Empfindlichkeit, da es einer grossen Schallintensität ausgesetzt ist. Nachts erholt es sich, und erreicht seine volle Empfindlichkeit, so dass Geräusche subjektiv nur nachts hörbar sind, obschon sie objektiv auch tagsüber vorhanden sind.

6. Von wesentlicher Bedeutung ist auch die Einstellung zum betreffenden Geräusch. Nach einer Definition der W.H.O. ist Lärm *unerwünschter, störender oder gesundheitsschädigender Schall*. Das Wort Lärm, abgeleitet von Alarm, ist auf den lateinischen Ausdruck "al arma" (zu den Waffen, Kriegsgeschrei) zurückzuführen und erscheint etwa um 1500 zum ersten Mal im deutschen Sprachgebrauch.

2   Strömungsakustische Grundlagen

2.1   Einleitung

Wenn von strömungsakustischen Grundlagen die Rede ist, müssen im gleichen Zug auch die Grundlagen des Flüssigkeitsschalls erwähnt werden. Alle Probleme aerodynamischer oder hydrodynamischer Herkunft gehören zum Bereich der Strömungsakustik. Bei der praktischen Umsetzung wird schnell einmal ersichtlich, dass die Probleme um den Flüssigkeitsschall weniger bekannt sind als diejenigen, bei denen es um Schall in gasförmigen Medien geht.

Beachtenswert ist die Tatsache, dass viele theoretische Grundlagen im Bereich der Strömungsakustik sowohl für gasförmige, wie auch für flüssige Medien gelten.

2.2   Allgemeines

Strömungen können Geräusche erzeugen, wenn die geräuschrelevanten physikalischen Grössen (Geschwindigkeit und Druck) im Fluid (Sammelbezeichnung für Flüssigkeiten, Gase und Dämpfe) zeitliche Schwankungen aufweisen. Solche Schwankungen führen direkt zur Schallabstrahlung dieses Fluidgebietes in das benachbarte, ungestörte Medium und damit im akustischen Frequenzbereich zu einem hörbaren Strömungsgeräusch.

Beispiel: *Luftausblasen aus einer Druckluftdüse. In der Düse wird potentielle Energie der komprimierten Luft in kinetische umgesetzt, so dass ein Luftstrahl mit hoher Geschwindigkeit entsteht. Dieser tritt in das ruhende Medium ausserhalb der Düse aus. Dadurch entstehen, insbesondere im Strahlrandbereich, starke, zeitliche Schwankungen der Geschwindigkeit, des Druckes, der Schubspannungen, der Dichte und anderer physikalischer Parameter. Durch diesen Vorgang wird Schallenergie produziert, die vom örtlich begrenzten Strahlbereich in das sich in Ruhe befindende äussere Medium abgestrahlt wird.*

Neben dieser direkten Geräuschentstehung durch strömungsmechanische Vorgänge können Strömungen auch indirekt zur Geräuschentstehung beitragen, und zwar dadurch, dass sie feste Körper (z.B. Gehäuse von Strömungsmaschinen, Wände von durchströmten Kanälen und Rohrleitungen) zu mechanischen Schwingungen anregen, so dass diese Körper Schall abstrahlen.

Im Zentrum der folgenden Ausführungen steht die direkte (strömungsmechanische) Geräuschentstehung. Physikalische Grundlage bildet hierbei die Annahme, dass es sich um homogene Newtonsche Fluide handelt (die Viskosität muss eine wirkliche Stoffkonstante sein und ist nur von der Temperatur und dem Druck abhängig).

2.3 Gegenüberstellung: Luftschall – Flüssigkeitsschall

Zwischen der Wellenausbreitung in gasförmigen und derjenigen in flüssigen Medien bestehen nur zum Teil grundsätzliche Unterschiede:

- Die Luftschallwellen sind dem höhenabhängigen, sonst aber konstanten *barometrischen* Druck überlagert.

- Die Flüssigkeitsschallwellen sind dem tiefenabhängigen, sonst aber ebenfalls konstanten *hydrostatischen* Druck überlagert.

Luftschall und Flüssigkeitsschall breiten sich nur in Form von *Längs- oder Longitudinalwellen* aus, d.h. die Mediumteilchen schwingen nur parallel zur Ausbreitungsrichtung des Schalls.

Das praktisch bedeutsamste Medium für die Ausbreitung von Flüssigkeitsschall ist Wasser. Man bezeichnet daher denjenigen Teil der Akustik, der sich mit dem Flüssigkeitsschall befasst, als **Hydroakustik**.

Auch bei der Hydroakustik kennt man einen Schalldruckpegel in dB. Der Schalldruck p_{eff} ist ebenfalls eine Wechselgrösse (als Effektivwert). Der (absolute) Schalldruckpegel L ist wie folgt definiert:

$$L = 20 \lg \frac{p_{eff}}{p_0} \qquad [dB] \qquad\qquad [GL\ 2.1]$$

p_0 = Bezugsschalldruck 1 μPa (= 1 μN/m^2)
Somit ist der Bezugsschalldruck in Wasser gegenüber demjenigen in Luft 20mal kleiner.

Vergleich Luftschalldruckpegel – Wasserschalldruckpegel

Berücksichtigt man den unterschiedlichen Bezugsschalldruck, die grössere Dichte bei Wasser, sowie die grossen Unterschiede bei der Schallausbreitungsgeschwindigkeit, ergibt sich bei gleichem Luft- und Wasserschalldruck im *Wasser* ein um etwa *36 dB höherer Schalldruckpegel*.

Schallwellen unterliegen bei der Ausbreitung in Wasser, als Folge der gegenüber Luft deutlich höheren Schallgeschwindigkeit (ca. 1440 m/s), nur einer sehr geringen Dämpfung. Akustische Signale können daher im Wasser noch auf grosse Entfernungen registriert werden, bzw. sie lassen sich über grosse Entfernungen hinweg übertragen. Jahrhundertelang wussten Seefahrer die gute Schallübertragung unter Wasser zu nutzen, um weit entfernte Schiffe zu hören.

Im Jahre 1490, zwei Jahre bevor Kolumbus Amerika entdeckte, berichtete Leonardo da Vinci: «Wenn man sein eigenes Schiff anhält und das eine Ende eines langen Schlauches ins Wasser taucht und das andere Schlauchende an sein Ohr hält, kann man die Geräusche weit entfernter Schiffe hören.»

2.4 Schallentstehung durch Strömungen

2.4.1 Quelltypen

M.J. Lighthill hat die grundlegende Theorie der aerodynamischen Geräuschentstehung für gasförmige Fluide bei Unterschallgeschwindigkeit entwickelt. Das reale Strömungsfeld wird in dieser Theorie durch ein akustisches Quellenfeld ersetzt, das sich in folgende Elementstrahler einteilen lässt:

Monopolquelle (oder Volumenquelle) Quellenform höchster Ordnung
Dipolquelle (oder Impulsquelle) Quellenform mittlerer Ordnung
Quadrupolquelle (oder freie Wirbelquelle) Quellenform niedrigster Ordnung

Werden bei einem Strömungsvorgang mehrere Quelltypen gleichzeitig wirksam, spricht man von einer Multipolquelle. Meistens ist im Multipol der Quelle mit der niedrigsten Ordnung der grösste Anteil zuzuordnen.

Diese Tatsache erlaubt die Bestimmung der einzelnen Quellenstärken in Multipolen aus den Charakteristiken des Strömungsfeldes und der von aussen wirksamen Effekte. Die Berechnung der Schallabstrahlung der Multipole und Superposition dieser Schallfelder zum gesamten Strahlungsfeld wird möglich. Grundsätzlich bietet dieses Konzept die Möglichkeit, die durch unterschiedlichste strömungsmechanische Vorgänge produzierte Schalleistung zu berechnen. Allerdings ist der erforderliche Rechenaufwand relativ gross. So muss beispielsweise die inhomogene Wellengleichung als Differentialgleichung für ein Potential, unter Verwendung retardierter Potentiale, in eine Integralgleichung umgeschrieben werden. Ausführliche Informationen zu diesem Thema findet man in Lit. [10].

Das Berechnungskonzept des aerodynamisch erzeugten Geräusches wird für die drei unterschiedlichen Elementstrahler Monopol, Dipol und Quadrupol in Bild 2.1 vorgestellt. Ausgangspunkt ist hierbei ein Multipol höherer Ordnung.

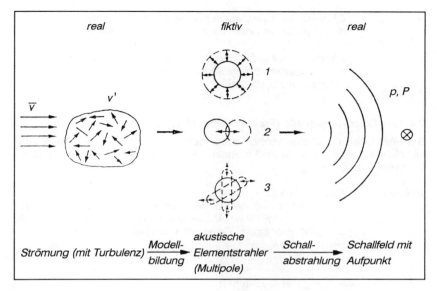

Bild 2.1:
Berechnungskonzept des aerodynamisch erzeugten Geräusches
1   *Monopolquelle*
2   *Dipolquelle*
3   *Quadrupolquelle*

2.4.1.1   Monopolquelle (Volumenquelle)

Bei einer Monopolquelle ist ein zeitlich veränderlicher Volumenfluss für die Schallentstehung verantwortlich.

Beispiele: *Pulsierende Ausströmung*
(Kolbenmotoren, Auspuff eines Verbrennungsmotors, Kolben-
pumpen, Fackeln, Öl- und Gasbrenner, Kreiskolbengebläse,
Mehrzellenverdichter, Raketenmotor, Sirenen)

Zusammenfallende Kavitationsblase
(flüssigkeitsführende Rohrleitungen und Armaturen)

2.4.1.2   Dipolquelle (Impuls- oder Wechselkraftquelle)

Bei einer Dipolquelle wird im Raummittel zu keiner Zeit Volumen zugeführt, obschon Wechselkräfte vorhanden sind.

Beispiele: *Oberflächen fester, angeströmter Körper, verursacht durch die Wirbelablösung oder durch Ungleichmässigkeiten der Anströmung (durchströmte Lüftungskanal-Bauteile und Luftgitter, Luftkühler, Hobelmaschinen, Kreissägen, Häcksler, rotierendes Schaufelgitter eines Ventilators)*

2.4.1.3 Quadrupolquelle (Freie Wirbelquelle)

Bei einer Quadrupolquelle können aus Impulserhaltungsgründen keine Wechselkräfte auftreten. Deshalb sind Wirbelquellen in freien Strömungen die Quellen niedrigster Ordnung.

Beispiele: *Freie Turbulenz (Ausströmen aus Armaturen, Reglern und Ventilen, Freistrahl von Druckluftgeräten, Abblasvorgänge an Sicherheitsventilen, Dampfstrahlanlagen, Freistrahl von Raketen, Lecks in Leitungen)*

2.4.1.4 Umwandlung der Quelltypen

Ein wichtiger Grundsatz bei der Lärmbekämpfung ist die Umwandlung einer Quelle in den nächst höheren Quelltyp, da der Wirkungsgrad η mit steigendem Quelltyp, bei dreidimensionaler Quelle ungefähr entsprechend den folgenden Potenzen der Machzahlen M abnimmt:

Volumenquelle:	η ~	M
Impulsquelle:	η ~	M^3
Freie Wirbelquelle:	η ~	M^5

Bei verschiedenen, gleichzeitig auftretenden Quelltypen treten bei zunehmender Machzahl M die Quellen höherer Ordnung gegenüber denen niedriger Ordnung stärker in Erscheinung. Dies ist auch der Grund dafür, dass in Wasser – mit meistens sehr geringer Machzahl – Quadrupolquellen (freie Wirbelquellen) praktisch ohne Bedeutung sind.

Durch Rückkoppelung können kontinuierliche Strömungsvorgänge, die nur Wirbelquellen mit geringem Wirkungsgrad enthalten, in niedrigere Quelltypen mit hoher Schalleistung umgewandelt werden (Beispiel: Brenninstabilität).

2.4.1.5 Spezialfall Überschallgeschwindigkeit

Der Vollständigkeit halber muss darauf hingewiesen werden, dass bei *Über-*

schallgeschwindigkeit ein weiterer Quelltyp auftritt. Ein mit Überschall fliegender Körper zieht in der Luft eine kegelförmige Druckwelle hinter sich her (vergleichbar mit der Bugwelle eines Schiffes). Ein Beobachter hört in dem Moment den Überschallknall (auch Stosswellenknall, Schockwellenknall, sonic boom oder sonic bang genannt), wo der Saum des Kegelmantels («Knallteppich») sein Ohr erreicht (Bild 2.2). Die Schallgeschwindigkeit ist, wie bereits in Abschnitt 1 ausgeführt, stark von der Temperatur abhängig. Sie liegt für 20°C bei 1 235 km/h, bei − 56°C (etwa 11 000 m Flughöhe) bei 1 070 km/h. Der Öffnungswinkel des in Bild 2.2 gezeigten Machschen Kegels hängt vom Verhältnis der Fluggeschwindigkeit zur Schallgeschwindigkeit ab. Je grösser die Fluggeschwindigkeit ist, desto kleiner wird dieser Winkel und um so stärker wird die Intensität des Überschallknalls. Auf die Probleme im Zusammenhang mit der Überschallgeschwindigkeit wird aber an dieser Stelle nicht weiter eingegangen.

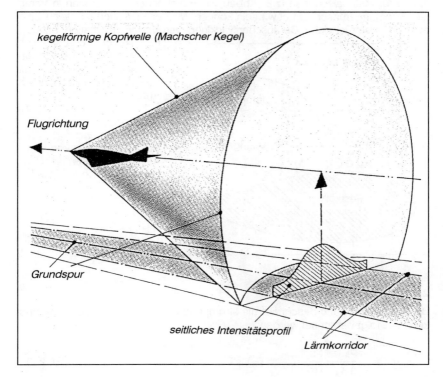

Bild 2.2:
Schallmauer: Lärmteppich eines Überschallflugzeuges

2.4.2 Kavitation

2.4.2.1 Allgemeines

Mit dem Begriff Kavitation (von lat. cavitas = Hohlraum) wird die Bildung von Hohlräumen in strömenden Flüssigkeiten bezeichnet. Sobald in einem Gebiet der strömenden Flüssigkeit ein gewisser kritischer Druck, der etwa dem Dampfdruck entspricht, erreicht oder unterschritten wird, entstehen bei Anwesenheit von Keimen mit Gas (Dampf) gefüllte Hohlräume. Kavitationskeime in Wasser sind vor allem die normalerweise vorhandenen sehr kleinen Luftbläschen. Diese, für strömende Flüssigkeiten typische Erscheinung, bezeichnet man mit Kavitation (genauer mit «Strömungskavitation»). Diese Kavitationsblasen stürzen plötzlich wieder zusammen (implodieren), wenn ihr Umgebungsdruck über den kritischen Druck ansteigt (Bild 2.3). Hierbei entstehen örtlich sehr hohe Druckspitzen, die bei starker Kavitation über 10^5 bar liegen und Grund für Materialschäden (z.b. Abbau von metallischen Werkstoffen in Ventilen, Strömungsmaschinen usw.) sein können. Mit der Kavitation ist gleichzeitig auch eine beträchtliche Geräuschentwicklung verbunden. Kavitation erzeugt ein recht charakteristisches, prasselndes, breitbandiges Geräusch mit geringen tieffrequenten Anteilen.

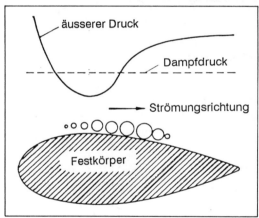

äusserer Druck

Dampfdruck

Strömungsrichtung

Festkörper

Bild 2.3:
Entstehung und
Zusammenfallen von
Kavitationsblasen an
einem umströmten Profil

2.4.2.2 Einsatz der Kavitation

Die Kavitationszahl σ beschreibt die strömungsakustischen Eigenschaften und kann wie folgt berechnet werden:

$$\sigma = \frac{p_S - p_D}{0{,}5\,\rho_0\,U^2} \qquad [-] \qquad\qquad \text{[GL 2.2]}$$

p_S = statischer Druck der ungestörten Strömung in Pa
p_D = Dampfdruck in Pa

ρ_0 = Dichte der Flüssigkeit in kg/m^3
U = typische Strömungsgeschwindigkeit in m/s
(z.B. Anströmgeschwindigkeit des Profils)

Der Kavitationseinsatzpunkt für einen bestimmten Strömungsvorgang, z.B. in Wasser, hängt nicht nur von der Kavitationszahl ab, sondern auch sehr stark vom Luftgehalt (Keimgehalt) des Wassers. Bei hohem Luftgehalt setzt die Kavitation schon bei niedrigeren Strömungsgeschwindigkeiten, d.h. bei höheren Kavitationszahlen ein. In diesem Fall steigt das Kavitationsgeräusch nur allmählich mit abnehmender Kavitationszahl. Bei geringem Luftgehalt setzt die Kavitation etwas später ein, führt dann jedoch zu einem ziemlich plötzlichen Geräuschanstieg.

2.4.2.3 Kavitationsformen

In einer gleichmässigen und nicht abgelösten Strömung (keine Hohlräume) werden die zwei folgenden Kavitationsformen unterschieden:

1. *Blasenkavitation*
   Die Kavitationsblasen bewegen sich stetig mit der Strömung längs der umströmten Wand, während sie expandieren, implodieren und ausschwingen. Der Lebenslauf individueller Blasen kann kinematographisch verfolgt werden.

2. *Schichtkavitation*
   Sehr viele kleine Blasen, deren Lebensläufe nicht zu verfolgen sind, bilden schicht-, haufen- oder streifenweise an der umströmten Wand anliegende Zweiphasengebiete. Die äussere Gestalt dieser Zweiphasengebiete erscheint dem blossen Auge als im wesentlichen stationär. In Einzelfällen konnten jedoch durch kinematographische Beobachtungen starke, zeitliche Veränderungen der Gestalt der Kavitationsgebiete nachgewiesen werden.

Das Erscheinungsbild der Kavitation kann wesentlich beeinflusst sein durch Strömungsablösungen und Turbulenzen. Kavitation kann auch in den Kernen gelöster Wirbel beobachtet werden (z.B. in den Spitzen- und Nebenwirbeln eines Propellers).

2.4.2.4 Geräuschminderung

Zur Vermeidung der Kavitation muss die Kavitationszahl [GL 2.1] erhöht werden. Dies lässt sich durch Verringerung der Strömungsgeschwindigkeit U oder durch die Erhöhung des statischen Druckes p_s bewerkstelligen. Diese Erkenntnisse setzt man z.B. bei Wasserleitungen ein.

Die intensivste Geräuschentstehung durch Kavitation erfolgt meist knapp unterhalb der kritischen Kavitationszahl. Ist die Kavitation unvermeidlich, sollte dieser Bereich nach Möglichkeit vermieden werden.

Durch Einblasen von Gasen in die Kavitationszone kann das Zusammenfallen der Blasen «abgefedert» und somit oft eine beachtliche Geräuschminderung erzielt werden.

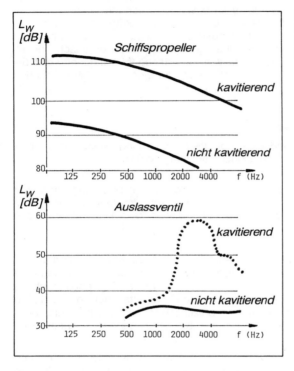

Bild 2.4:
Beispiele für
Spektren von
Kavitationsgeräuschen

2.4.3 Strömungsgeräusch

Das Strömungsgeräusch ist ein akustisches Signal, das durch einen Strömungsvorgang verursacht wird. Im wesentlichen können die drei folgenden Fälle unterschieden werden:

1. *Ungleichmässige Ausströmung*   (Volumenquelle, Ziff. 2.4.1.1, S. 37)

2. *Umströmung von Hindernissen*   (Impulsquelle, Ziff. 2.4.1.2, S. 37)

3. *Turbulente Strömung*   (Freie Wirbelquelle, Ziff. 2.4.1.3, S. 38)

Die bei einem Strömungsvorgang erzeugte Schalleistung W ist abhängig von der Art des Strömungsfeldes, von einer auf die Strömung bezogenen Fläche S und in starkem Masse von der mittleren Strömungsgeschwindigkeit U.

Auf die drei eingangs erwähnten Fälle wird nun etwas detaillierter eingegangen.

2.4.3.1 Ungleichmässige Ausströmung

Die Schallwellen, bzw. die Druckschwankungen, werden durch den ungleichmässigen Volumenzustrom oder Volumenabfluss erzeugt. Beispiele hierfür sind die ungleichmässige oder stark pulsierende Strömung an Ansaug- oder Abgasöffnungen von Explosionsmotoren, an Mündungen von Waffen beim Abschuss (Mündungsknall), beim Funkenüberschlag an Hochspannungsschaltern, an Austrittsöffnungen von Sirenen usw..

Die erzeugte *Schalleistung W* ist umso grösser, je grösser der geförderte Massenstrom ist und je ungleichmässiger die Strömung erfolgt. Bei vielen solchen Vorgängen ist die Ungleichmässigkeit α der Strömung proportional zur mittleren Strömungsgeschwindigkeit U:

$$W \sim \alpha \cdot S \cdot U^4 \quad [W] \qquad \text{[GL 2.3]}$$

W = Schalleistung in W
α = Mass für Ungleichmässigkeit der Strömung
S = auf die Strömung bezogene Fläche in m^2
U = Strömungsgeschwindigkeit in m/s

Aus der [GL 2.3] ergibt sich, dass die Schalleistung mit der 4. Potenz der mittleren Strömungsgeschwindigkeit anwächst. Die spektrale Zusammensetzung des erzeugten Schalls ergibt sich aus dem zeitlichen Verlauf des Strömungsvorgangs. Er kann ausgeprägten Klangcharakter wie bei einer Sirene oder Geräuschcharakter wie bei vielen Motoren haben. Die Schallabstrahlung erfolgt bei tiefen Frequenzen, bei denen die Öffnungsquerschnitte klein zur Wellenlänge sind (ungerichtet). Das Richtdiagramm ist kugelförmig. Bei hohen Frequenzen wird zunehmend gebündelter Schall abgestrahlt.

Die Geräuscherzeugung kann verringert werden durch:

- Herabsetzung des Volumenstroms auf die unerlässliche Mindestmenge
- Glättung des Zeitverlaufs der Strömung durch Einbau von Strömungswiderständen vor die Mündungen
- Vergrösserung der Kanal- und Mündungsquerschnitte, um die Strömungsgeschwindigkeit herabzusetzen

2.4.3.2 Umströmung von Hindernissen

Geräusche bei der Umströmung von Hindernissen entstehen durch die bei der Umströmung des Körpers auftretenden Wirbelablösungen, die zu örtlichen und zeitlichen Druckschwankungen an der Körperoberfläche führen. Diese Wirbelablösung setzt je nach Abmessung des Hindernisses bei bestimmten Strömungsgeschwindigkeiten ein.

Beispiele hierfür sind die Umströmung von Kanaleinbauten wie Leitbleche, Klappen oder Gleichrichter, die Durchströmung von Gitterelementen, die Umströmung von Maschinenteilen zur Wärmeabfuhr, aber auch sich schnell bewegende oder rotierende Teile wie Laufräder oder Propeller.

Bild 2.5:
Wirbelablösungen
bei der Um-
strömung eines
Hindernisses

Auch in diesem zweiten Fall ist die Ungleichmässigkeit der Strömung β proportional zur mittleren Strömungsgeschwindigkeit U, wie die [GL 2.4] zeigt:

$$W \sim \beta \cdot S \cdot U^6 \ [W] \qquad\qquad \text{[GL 2.4]}$$

β = Mass für den Strömungswiderstand des Hindernisses und für die Ungleichmässigkeit der Anströmung

Die abgestrahlte Schalleistung nimmt hier also mit der 6. Potenz der Strömungsgeschwindigkeit zu.

Die Geräuscherzeugung kann allgemein verringert werden durch:

● Reduktion der Anströmgeschwindigkeit
● strömungsgünstige Form der Hindernisse
● Verkleinerung der angeströmten Bauteile

2.4.3.3 Turbulente Strömung

Geräusche durch turbulente Strömungen entstehen beispielsweise in Ventilen (Bild 2.6) oder durch Freistrahlen, die Hindernisse anströmen. Diese Geräusche entstehen im hochturbulenten Strömungsbereich. In der turbulenten Strömung sind der laminaren oder gleichförmigen Strömung Wechselbewegungen überlagert, die Geräusche erzeugen.

Auch bei der turbulenten Strömung ist die Ungleichmässigkeit der Strömung γ proportional zur mittleren Strömungsgeschwindigkeit U:

$$W \sim \gamma \cdot S \cdot U^8 \ [W] \qquad\qquad \text{[GL 2.5]}$$

γ = Mass für den Turbulenzzustand

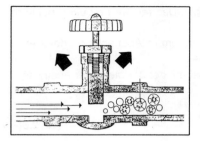

Bild 2.6:
Turbulente Strömung in einem Ventil

Der sog. **Freistrahl** kann als Sonderfall einer turbulenten Strömung bezeichnet werden. Er kommt in der Praxis sehr häufig vor, z.B. bei Druckluftwerkzeugen aller Art. Hierbei strömt aus einem gasgefüllten Behälter (in diesem Falle Druckluft), dessen Innendruck grösser als der Druck des äusseren Mediums ist, Gas über eine Öffnung in die Umgebung aus. Bei diesem Ausströmvorgang entsteht Schall.

Für die Strömung des Freistrahls sind drei schallproduzierende Vorgänge charakteristisch, die im Multiquellsystem den Elementstrahlern Monopol, Dipol und Quadrupol zugeordnet werden können: Bild 2.7.

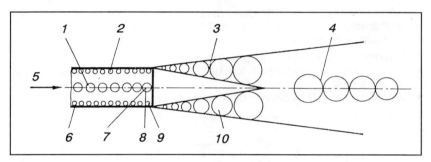

Bild 2.7:
Schematische Darstellung der Strömungsvorgänge und Schallquellen beim Freistrahl

1 *turbulente Kanalströmung*
2 *turbulente Grenzschicht*
3 *turbulente Vermischungszone*
4 *voll entwickelter turbulenter Strahl*
5 *Zuströmung*
6 *Düse*
7 *zeitliche Schwankungen des Gesamtmasseflusses im Austrittsquerschnitt (Monopolquelle)*
8 *zeitliche Schwankungen des lokalen Masseflusses im Austrittsquerschnitt (Dipolquelle)*
9 *Wechseldruckfeld auf der Kanalwand (Dipolquelle)*
10 *Schwankungen der Impulsstromdichte im Freistrahl, insbesondere in der Vermischungszone (Quadrupolquelle)*

45

Für den Freistrahl gelten Ähnlichkeitsgesetze. Das relative Frequenzspektrum ist in Bild 2.8 dargestellt.

Der Freistrahl zeigt eine Richtwirkung. Die maximale Abstrahlung erfolgt etwa 30° rotationssymmetrisch um die Strahlachse.

Die *Schalleistung W eines Freistrahls* wächst mit der 8. Potenz der Austrittsgeschwindigkeit U:

$$W \sim \frac{\rho}{c^5} \cdot S \cdot U^8 \quad [W] \qquad\qquad [GL\ 2.6]$$

ρ = Dichte des ausströmenden Mediums in kg/m^3
c = Schallgeschwindigkeit im Umgebungsmedium in m/s

Bei Ausströmgeschwindigkeiten mit mehr als doppelter Schallgeschwindigkeit wächst die Schalleistung mit U^5.

Gestörte Freistrahlen, z.B. Strahlen, die auf ein Hindernis blasen oder Strahlen in Rohrleitungen, erzeugen höhere Schalleistungen. Strahlgeräusche können reduziert werden durch:

● Verringerung der Ausströmgeschwindigkeit
● Erweiterung des Düsenquerschnittes zur Reduktion der Ausströmgeschwindigkeit
● Vermeidung von Störungen in der Strahlströmung

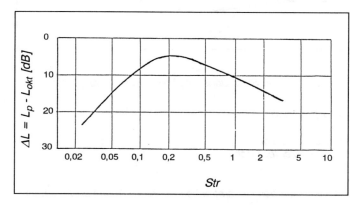

Bild 2.8:
Relatives Schalleistungsspektrum eines ungestörten Freistrahls
(Str = Strouhalzahl, dimensionslose Frequenz)

2.5   Akustische Beeinflussung

Die Schallerzeugung kann durch akustische Beeinflussung wesentlich erhöht und in der frequenzspektralen Zusammensetzung verändert werden. Zu diesen Phänomenen zählen:

- die Erhöhung der Abstrahlung
- die Anregung von Resonatoren
- die akustische Rückkoppelung

Aus einer grossen Vielfalt von Beispielen werden einige vorgestellt:

- Von einer Rohrmündung wird mehr Schall abgestrahlt, wenn sie auf der Fläche einer grösseren Wand mündet, als bei freiem Ende in der Mitte eines Raumes. Dieser Effekt wird verstärkt durch Vorsetzen eines Trichters. Eine Erhöhung der Abstrahlung entsteht auch dann, wenn die Mündung in einer Raumkante oder in einer Raumecke liegt. Bei Sirenen und Lautsprechern wird die Erhöhung der Abstrahlung auf diese Weise gezielt genutzt. Durch Elemente, die die Abstrahlung einer Schallquelle erhöhen, wird auch die Rückwirkung auf die Quelle verändert.

- Durch die Strömungen können Eigenschwingungen von angekoppelten Resonatoren angeregt werden. Dies kann beim Überströmen von Hohlräumen (sog. Helmholtz-Resonatoren), oder von offenen, oder einseitig geschlossenen Kanalstücken (sog. offenen oder gedackten Pfeifen) geschehen. Diese Resonanzanregung erzeugt stark tonale Geräusche.

Bild 2.9:
Prinzip der
Geräuscherzeugung
beim Überströmen
von Hohlräumen

- Durch Rückkoppelung kann eine Strömung so gesteuert werden, dass sehr laute Töne oder stark tonale Geräusche entstehen. Beim Durchströmen von scharfkantigen Löchern, die sich in einer Platte befinden und einen Durchmesser von ein- bis zweifacher Plattendicke aufweisen, entstehen an der vorderen Lochkante Ringwirbel, die von der hinteren Lochkante akustisch so beeinflusst werden, dass ein sehr lauter Ton erzeugt wird. Ähnliches kann beim Überströmen eines regelmässigen Gitters auftreten.

Allgemeine Regeln zur Reduktion der Strömungsgeräusche

Aufgrund der theoretischen Erkenntnisse ergeben sich die folgenden Regeln:

47

- Die erste und wichtigste Forderung lautet:
  Strömungsgeschwindigkeit so niedrig wie möglich halten!
- Pulsierende Aus- und Zuströmungen glätten
- Maschinenteile, die umströmt werden müssen, so formen, dass sie als möglichst kleine Strömungswiderstände wirksam werden.
- Hindernisse in der Strömung vermeiden
- Überströmung von Resonatoren (Hohlräume oder Kanalstücke) vermeiden
- akustische Rückkoppelung unterbinden
- Abstrahlbedingungen ungünstig gestalten (damit wenig Schall abgestrahlt werden kann)

2.6 Allgemeine Lärmminderungsmassnahmen

2.6.1 Anströmvorgänge

Beim Anströmen von festen Körpern bildet sich, ab einer charakteristischen Reynoldzahl, eine Wirbelstrasse. Es handelt sich dabei um einen periodischen Vorgang, der zu Druckschwankungen an der Oberfläche des angeströmten Hindernisses führt. Diese Druckschwankungen sind Ursache für die Schallentstehung.

Kann die Ablösung durch strömungsgünstige Gestaltung des Hindernisses vermieden werden, kommt es zu keiner Geräuschemission.

Häufig werden Hindernisse jedoch aus unterschiedlichen Richtungen angeströmt, so dass eine strömungsgünstige Gestaltung nicht möglich ist. In solchen Fällen ist eine Verringerung der Wirbelablösung durch Störkörper eine brauchbare Lärmminderungsmassnahme.

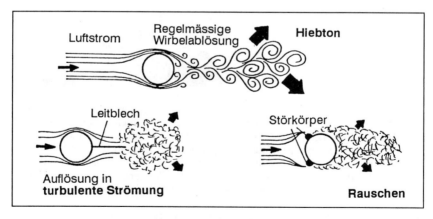

Bild 2.10:
Störkörper zur Verkürzung der Wirbelstrasse

Durch Störkörper zerfallen die regelmässigen Wirbel, und es bildet sich eine turbulente Nachlaufstrecke aus, die ein breitbandigeres und niedrigeres Geräusch erzeugt: Bild 2.10 (S. 48) und 2.11.

Solche Massnahmen reduzieren den tonalen Anteil des Geräusches, bewirken allerdings eine Erhöhung des Rauschanteils. Sie sind nur dann sinnvoll, wenn die Anströmrichtung wechselt, wie beispielsweise bei Bauwerken im Freien, und keine anderen Massnahmen möglich sind.

Die Schalleistung eines angeströmten Körpers hängt zudem von seinem Widerstandsbeiwert ab. Bei einer Reduktion des Widerstandsbeiwertes auf die Hälfte nimmt die Schalleistung um knapp 10 dB ab.

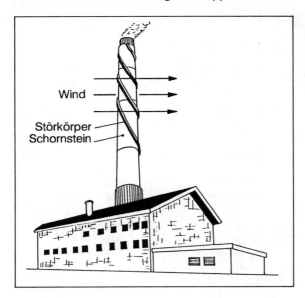

Bild 2.11:
Störkörper an einem
Schornstein zur
Reduktion der
Windgeräusche

Wind

Störkörper
Schornstein

2.6.2   Turbulenter Freistrahl

Bedingt durch die hohen Strömungsgeschwindigkeiten treten beim turbulenten Freistrahl sehr hohe Schalleistungen auf. Der Schall entsteht in der Vermischungszone in Strömungsrichtung, mehrere Düsendurchmesser vom Austritt entfernt.

Je grösser die Geschwindigkeitsunterschiede zwischen dem umgebenden Medium und der Strömung sind, desto ausgeprägter ist die Bildung von freien Wirbeln und damit die Geräuschabstrahlung.

Freistrahlgeräusche weisen ein breitbandiges Geräuschspektrum mit einem Maximum bei mittleren Frequenzen auf. Befinden sich jedoch im Freistrahl

Störkörper, oder trifft der Freistrahl auf ein Hindernis (z.B. auf eine Platte), können tonale Komponenten auftreten, die die Schalleistung um bis zu 20 dB erhöhen. Dieser Effekt wird in Bild 2.12 und 2.13 an einem Beispiel vorgestellt.

Eine Reduktion der Strömungsgeschwindigkeit ist immer dann möglich, wenn mehrstufige Entspannungsvorgänge einen Prozess nicht beeinträchtigen. Realisierbar ist diese Technik bei Sicherheitsventilen oder Armaturen durch nachgeschaltete Drosselstrecken, wie sie in Bild 2.14 dargestellt sind. In Bild 2.15 ist die frequenzspektrale Zusammensetzung der Geräusche von Sicherheitsventilen dargestellt.

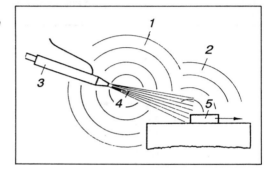

Bild 2.12:
Strahl- und Aufprallgeräusch
bei einer Druckluftdüse

1 Strahlgeräusch
2 Aufprallgeräusch
3 Ausblaspistole mit Düse
4 Freistrahl
5 wegzublasender Teil

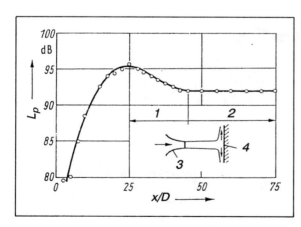

Bild 2.13:
Verhältnis zwischen
Strahl- und Aufprall-
geräusch bei einer
angeblasenen,
ebenen Platte

1 Bereich mit über-
* wiegendem Auf-*
* prallgeräusch*
2 Bereich mit über-
* wiegendem*
* Strahlgeräusch*
3 Düse
4 Prallplatte
x Abstand
* Düse – Platte*
D Durchmesser

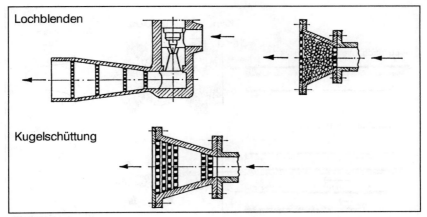

Bild 2.14:
Drosselstrecken

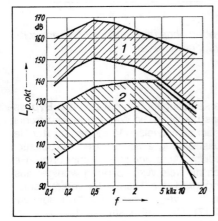

Bild 2.15:
Schalleistungspegel von Sicherheitsventilen (Kernkraftwerke)

1 Abstrahlung von der
   Ausblasöffnung
2 Abstrahlung vom Ventilgehäuse

Technische Daten der Ventile:
Kesseldruck 0,44 ... 15,8 MPa (Ü)
Durchsatz 6 ... 50 kg/s
Dampftemperatur 450 ... 810 K
Durchmesser der Ausblasöffnung
0,3 ... 0,8 m

2.6.2.1 Blaspistolen

Lässt sich die Anwendung eines turbulenten Freistrahls zur Kühlung oder zum
Transport nicht durch ein anderes technologisches Verfahren ersetzen, so sind
Mehrloch- oder Bypassdüsen zu wählen (Bild 2.16).

Bei Ausblas- oder Reinigungsvorgängen sollte nach Möglichkeit auf andere
Verfahren (beispielsweise mechanische) zurückgegriffen werden.

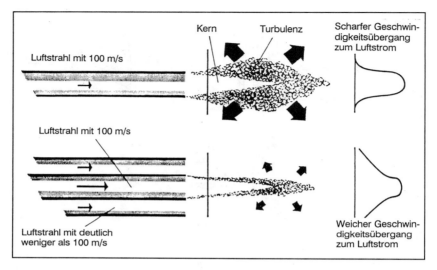

Bild 2.16:
Geräuschbildung an einem Luftaustritt, oben ohne und unten mit Nebenstrom
Die Pegelsenkung mit Nebenstrom beträgt etwa 20 dB.

2.6.2.2 Bypass bei Triebwerken

Bei Strahltriebwerken von modernen Verkehrsflugzeugen hat sich das Bypass-triebwerk (Mantelstromtriebwerk) bestens bewährt. Die Wirkung eines solchen Triebwerkes besteht im wesentlichen in der schrittweisen Verringerung der Geschwindigkeitsunterschiede bei der Ausströmung zwischen dem turbulenten Freistrahl und dem umgebenden Medium. Aufgrund der verringerten Geschwindigkeitsdifferenzen entwickelt sich die freie Wirbelbildung weniger ausgeprägt, ohne dass hierbei der Wirkungsgrad des Triebwerks verschlechtert wird. Die Schallabstrahlung geht daher trotz vergrösserter Fläche insgesamt um bis zu 20 dB zurück (siehe Bild 2.17). Das Nebenstromverhältnis muss mindestens 5 : 1 betragen, wobei dieses Verhältnis bei neusten Konstruktionen noch deutlich höher liegt. Bei Kampfflugzeugen, aber auch bei einer ganzen Serie von Kleinjets, lassen sich diese Erkenntnisse schon aus Platzgründen leider nicht realisieren.

2.6.2.3 Sicherheitsventile

Bei Sicherheitsventilen, bei denen Gase oder Dämpfe mit hoher Geschwindigkeit austreten, werden Geräusche erzeugt, deren Maximum zwischen 500 und 1 000 Hz liegt. Bei Dampf- oder Gasmengen zwischen 50 und 200 t / h werden

Schalleistungspegel von bis zu 170 dB erreicht. Eine ausgeprägte Richtcharakteristik tritt nicht auf. Zur Vorausberechnung der Schalleistungspegel von Sicherheitsventilen (ohne Schalldämpfer, Lochscheiben usw.) kann man die beiden folgenden Gleichungen verwenden, sofern das Druckverhältnis mindestens 3 ist:

$$L_W \approx [17 \lg Q + 50 \lg T - 5] \qquad [dB] \qquad [GL \ 2.7]$$

$$L_W \approx [87 + 10 \lg Q + 20 \lg c] \qquad [dB] \qquad [GL \ 2.8]$$

Q = Massenfluss in t / h
T = absolute Temperatur in K
c = Schallgeschwindigkeit in m/s

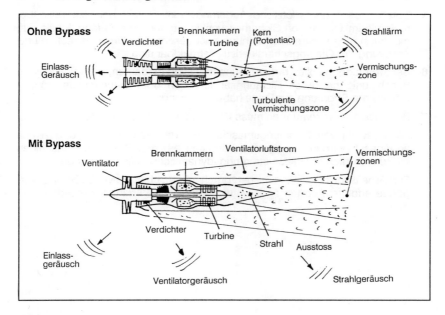

Bild 2.17:
Strahltriebwerk ohne und mit Bypass

2.6.3   Zusammenfassung

Im Sinne einer Zusammenfassung der unter den vorangegangenen Punkten 2.6.1 und 2.6.2 aufgeführten Möglichkeiten zur Lärmminderung können allgemeine **Grundregeln** angegeben werden:

1. Durch niedrigere Strömungsgeschwindigkeiten können, je nach Ordnung der hauptgeräuscherzeugenden Mechanismen, erhebliche Verringerungen der abgestrahlten Schalleistung erreicht werden.

2. Bei allen Ausströmvorgängen sollten Strömungen mit Überschallgeschwindigkeit vermieden werden. Erweiterte Düsen (Düsen mit zunehmender Querschnittsfläche oder sog. Lavaldüsen) vermeiden.

3. Turbulente Strömungsvorgänge bewirken hohe Schallabstrahlungen. Durch mehrstufige Entspannungen, bzw. durch strömungsgünstige Gestaltung von Bauteilen, lässt sich der Turbulenzgrad verringern.

4. Die Linearabmessungen von Strömungslärmquellen sollen so klein wie möglich gewählt werden, da mit zunehmender Grösse die Schallabstrahlung linear wächst (Achtung: Strömungsgeschwindigkeitserhöhung).

5. Durch grosse und plötzliche Änderungen im Druck, beispielsweise bei ruckartigem Öffnen von Sicherheitsventilen, treten sog. Anfangsknalle auf, die durch mehrstufige Entspannung nachgeschalteter Drosselstrecken und Änderung der Öffnungscharakteristik vermeidbar sind.

6. Bei Strömungen sollen nur strömungsgünstige Einbauten, die keine weitere Beschleunigung durch Richtungsänderungen oder Querschnittsveränderungen der Strömung zur Folge haben, Anwendung finden.

7. Bei Flüssigkeitsströmungen muss Kavitation vermieden werden.

8. Die Auswahl von Strömungsmaschinen sollte ihrem Verwendungszweck angepasst werden. Am geräuschärmsten arbeiten Strömungsmaschinen im Bereich ihres optimalen strömungsdynamischen Wirkungsgrades.

9. Für Arbeitsvorgänge, die bisher durch geräuschintensive Strömungsvorgänge erfolgten, sollten andere technologische Verfahren gefunden werden.

3   Ultraschall in Flüssigkeiten

3.1   Einleitung

Ein Spezialfall der strömungsakustischen Grundlagen wird an dieser Stelle näher vorgestellt: Ultraschall in Flüssigkeiten. Dieser Fall kommt recht häufig vor, denken wir doch nur an die vielen Ultraschallbäder in Betrieben und Labors, ja sogar in Büros und Arztpraxen. Ebenfalls in diesen Abschnitt gehören die Betrachtungen zum Thema der Unterwassertechnik (z.B. SONAR-Anlagen).

Nicht behandelt wird in diesem Abschnitt die Ultraschallanwendung in der *Medizin*. Eine ganze Reihe von Fachbüchern behandelt das breit gefächerte Thema ausführlich und informiert umfassend über Untersuchungsmethoden, Therapie- und Operationstechniken mit Hilfe von Ultraschall.

Die Tierwelt hat sich den Unterwasser-Ultraschalleffekt schon zunutze gemacht, als die Technik diesen Begriff noch gar nicht kannte. Der Delphin und der bis zu 120 t wiegende Blauwal senden Signale aus, die nachgewiesenermassen bis 170 000 Hz reichen. Die im Wasser sich ausbreitenden Schwingungen gelangen unmittelbar zum Innenohr, wo sie verarbeitet werden. Ein Delphin kann beispielsweise einen einige Meter entfernten kleinen Fisch orten, der ausserhalb seines begrenzten Sehbereiches schwimmt (experimentell bewiesen an Delphinen mit verbundenen Augen). Mit einer Vielzahl von Ultraschallimpulsen peilt er seine im Wasser schwimmende Mahlzeit an (Bild 3.1).

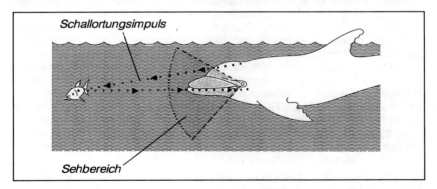

Schallortungsimpuls

Sehbereich

Bild 3.1:
Delphin bei der Nahrungssuche

3.2 Erzeugung von Ultraschall

Die beiden häufigsten Arten, Ultraschall für die Ausbreitung in Flüssigkeiten zu erzeugen, basieren auf der Magnetostriktion und dem Piezoeffekt. Am Beispiel eines Ultraschallbades wird die Magnetostriktion erläutert (Bild 3.2).

Bild 3.2:
Grundsätzlicher Aufbau einer
magnetostriktiven Ultraschall-
Reinigungsanlage.

1   Ultraschallisolationsschicht
2   tragende Unterlage für den
*   Reinigungsbehälter*
3   Reinigungsbehälter
4   Reinigungsflüssigkeit
5   zu reinigendes Objekt,
*   befestigt an einer*
*   Haltevorrichtung*
6   magnetostriktiver
*   Ultraschallschwinger*
7   Ultraschallgenerator

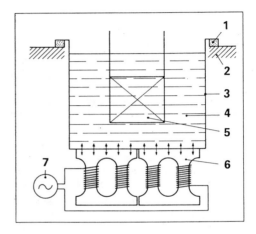

3.3 Die Ultraschallreinigung

3.3.1 Prinzip

Hauptbestandteil jeder Ultraschall-Reinigungsanlage ist die Reinigungswanne, die mit dem flüssigen Reinigungsmittel gefüllt ist. In ihr wird nun mit geeigneten Schallsendern ein kräftiges Ultraschallfeld erzeugt. Bei ausreichender Intensität tritt an festen Grenzflächen Kavitation auf. Der Schallwechseldruck führt in der Flüssigkeit zur Bildung kleiner Gasblasen, die in der folgenden Überdruck-phase mit grosser Geschwindigkeit zusammenbrechen. Dabei werden Ener-gien frei, die Überdruck in der Grössenordnung von 100 MPa erzeugen und zu einer Mikroströmung führen. Als Kavitationskeime kommen neben Verunreini-gungen in Flüssigkeiten die Grenzflächen zwischen Flüssigkeit und Festkörper in Betracht. Die zum Kavitationseinsatz erforderliche Schallintensität nimmt mit wachsender Viskosität der Flüssigkeit und mit wachsender Ultraschallfrequenz zu. Als Richtwerte für die Praxis können für wässrige Lösungen Leistungen von 5 bis 25 W/l angegeben werden. Meistens verwendet man Arbeitsfrequenzen, die zwischen 20 und 40 kHz liegen. Als Vergleich: in Leitungswasser liegt die Kavitationsgrenze bei 15 kHz zwischen 0,16 und 2,6 W/cm^2.

In geeigneten Waschflüssigkeiten genügen Reinigungszeiten von wenigen Sekunden bis maximal einigen Minuten. Es gibt Kleinbäder mit weniger als 1 Liter Inhalt bis hin zu Grosswaschanlagen mit einigen 100 Litern Fassungs-vermögen.

Dass die Ultraschallreinigung allen anderen Verfahren deutlich überlegen ist, zeigt die Gegenüberstellung in Bild 3.3.

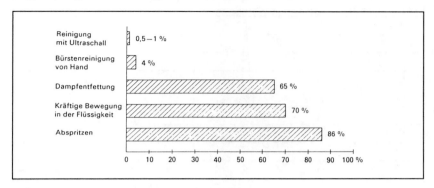

Bild 3.3:
Rückstände nach verschiedenen Reinigungsverfahren. Die Restverschmutzung wurde mit Hilfe von radioaktiven Markierungen (sog. Tracern) erfasst.

3.3.2 Messtechnik

3.3.2.1 Luftschall

An die Messtechnik zur Erfassung von Ultraschall als Luftschall werden sehr hohe Anforderungen gestellt. Sowohl Mikrophone wie Messverstärker müssen einen Frequenzgang besitzen, dessen obere Grenze im Bereich von 40 bis 50 kHz liegt.

Zur Bestimmung der Geräuschschwerpunkte eignet sich eine Schmalbandanalyse mit Filtern konstanter Bandbreite (Fourieranalyse). Bei Oktav- oder Terzbandanalysen können die Arbeitsfrequenz, sowie die harmonischen und subharmonischen Schwingungen (ganzzahlige Teile oder Vielfache der Arbeitsfrequenz) nicht oder nur unvollständig nachgewiesen werden.

Bild 3.4 zeigt die Ergebnisse der Messung (Schmalbandanalyse) eines Ultraschallbades mit 120 Litern Inhalt.

3.3.2.2 Flüssigkeitsschall

Um den Flüssigkeitsschall direkt zu messen, benötigt man spezielle Messmikrophone, sog. **Hydrophone** (Wasserschallempfänger). Diese verfügen gegenüber den üblichen Mikrophonen über einen deutlich grösseren Messbereich, wie der Frequenzgang in Bild 3.5 zeigt. Hydrophone werden meistens in der Luft mit den üblichen Eich- oder Kalibrierquellen geprüft, wobei die in Ziff. 2.3, Seite 35, erwähnte Korrektur berücksichtigt werden muss.

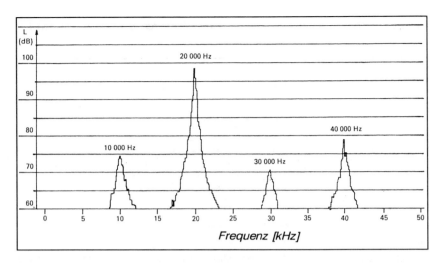

Bild 3.4:
Schmalbandanalyse (Filter mit konstanter Bandbreite von 125 Hz) eines Ultraschallbades. Die Arbeitsfrequenz beträgt 20 kHz. Die Messstelle liegt in 1,5 m Abstand in einem Winkel von 45 ° nach oben.
Beachtenswert sind die harmonischen Schwingungen bei 30 und 40 kHz, sowie die erste subharmonische Schwingung bei 10 kHz.

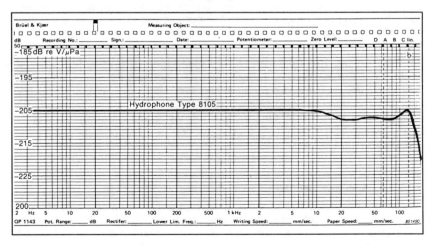

Bild 3.5:
Frequenzgang eines Hydrophons (Quelle: Brüel & Kjær)

3.3.3 Lärmbekämpfungsmassnahmen

Als wirkungsvolle Massnahme bei Ultraschallbädern hat sich die Kapselung gezeigt. Hierbei müssen nicht nur die Seitenwände des Bades eingeschalt werden, sondern es muss auch ein dichter Deckel montiert werden. Leider kann bei Anlagen, die automatisch bedient werden, diese Forderung nicht immer erfüllt werden. Die Wirkung einer Kapselung mit Deckel zeigt Bild 3.6.

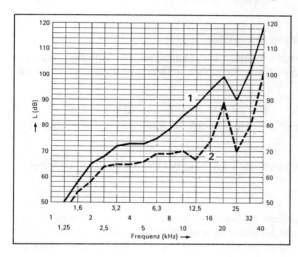

Bild 3.6:
Lärmpegel einer
Ultraschall-
Grosswaschanlage mit
und ohne Kapselung

$\Delta L = 18$ *dB (linear)*

1 ohne Kapselung
2 mit Kapselung

3.4 Unterwassertechnik

3.4.1 Geschichte

In der Unterwassertechnik hat die Akustik bereits eine lange Geschichte, die zu Beginn dieses Jahrhunderts ihren Anfang nahm, Bild 3.7.

Bild 3.7:
Unterwasser-
glocke als
Vorläufer des
Echolots

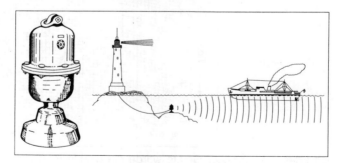

Vorläufer des SONAR-Gerätes waren Unterwasserglocken, die Schiffe vor gefährlichen Untiefen warnen sollten. 135 Küstenleuchtfeuer überall in der Welt waren mit derartigen Geräten ausgestattet. Ein von einem Metallgehäuse umschlossener Mechanismus erzeugte Schwingungen, die sich im Wasser ausbreiteten und die Schiffe bei jedem Wetter bis auf 24 km Entfernung (!) erreichten. Die Signale konnten an Bord der Schiffe mit Hilfe von Mikrophonen aufgefangen werden.

3.4.2 Schallausbreitung in Wasser

Die Schallausbreitungsgeschwindigkeit c in Meerwasser ist abhängig von der Temperatur ϑ, dem Salzgehalt s und der Wassertiefe d und wird nach der folgenden Beziehung berechnet:

$$c = 1492,9 + 3\,(\vartheta - 10) - 6 \cdot 10^{-3} \cdot (\vartheta - 10)^2 - 4 \cdot 10^{-2}\,(\vartheta - 18)^2$$
$$+ 1,2\,(s - 35) - 10^{-2}\,(\vartheta - 18)\,(s - 35) + d/61 \quad [\text{m/s}] \qquad [\text{GL 3.1}]$$

ϑ = Temperatur in °C
s = Salzgehalt in % (durchschnittlich 3,5 %; in der Ostsee weniger, im Mittelmeer mehr)
d = Wassertiefe in m

Schon früh erkannte man die Notwendigkeit, mit Hilfe von Messungen die Temperatur in Funktion der Meerestiefe aufzuzeichnen (Bathythermogramm). So entwickelte man den sog. Bathythermografen, der den Temperaturverlauf registriert: Bild 3.8.

Bild 3.8:
Beispiel für ein
Bathythermogramm

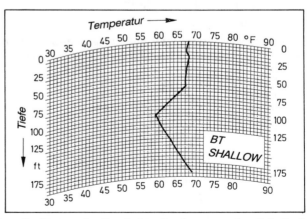

Mit Hilfe elektronischer Geräte wurde die direkte Bestimmung der Schallgeschwindigkeit in unterschiedlichen Tiefen möglich, Bild 3.9.

Bild 3.9:
*Typisches Tiefsee-Schall-
geschwindigkeitsprofil*

1 Oberflächenschicht
*2 Wasserschicht mit
jahreszeitabhängigem
Temperaturgradienten*
*3 Wasserschicht mit
dem grössten
Temperaturgradienten*

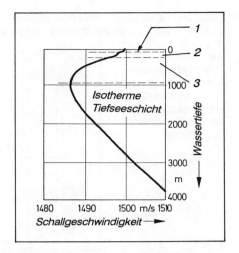

Der Verlauf der drei Parameter Temperatur, Salzgehalt und Schallgeschwindigkeit ist in Bild 3.10 in Funktion der Tiefe bis 5 000 m dargestellt. Auffallend
ist hierbei, dass die Temperatur und der Salzgehalt ab etwa 1 800 m Tiefe konstant bleiben, während die Schallgeschwindigkeit mit grösserer Tiefe zunimmt.

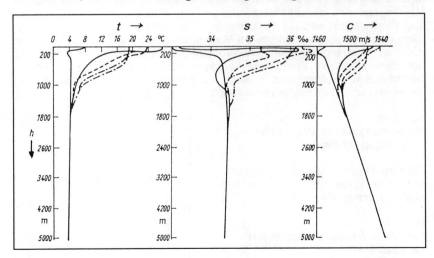

Bild 3.10:
*Temperatur-, Salzgehalts- und Schallgeschwindigkeitsprofile an verschiedenen
Stellen des Atlantiks*

Dass die Schallgeschwindigkeit bis etwa 150 m Tiefe (in sog. Flachwasser) zudem von der Tageszeit abhängt, zeigt Bild 3.11.

Bild 3.11:
Typische tageszeit-
liche Schwankungen
des Geschwindig-
keitsprofils in den
oberen Schichten
des Meeres

c in m/s

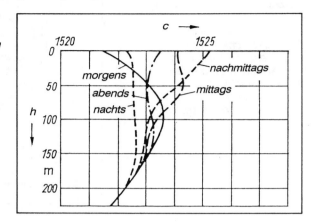

3.4.3 Schallabsorption in Meerwasser

Die Schallabsorption in Meerwasser ist frequenzabhängig, wie in anderen Medien ebenfalls. Im weiteren ist sie relativ bescheiden, wie Bild 3.12 zeigt. In Meeresgegenden mit verhältnismässig geringen Wassertiefen (z.B. 10 – 30 m, sog. Flachwasser) wird die im tieffrequenten Bereich wirksame Dämpfung vor allem durch Dämpfungsverluste am Meeresboden und durch Streuverluste an der durch Seegang bewegten Wasseroberfläche bestimmt. Um die in Bild 3.12 bei den niedrigen Frequenzen angegebenen, ausserordentlich kleinen Dämpfungswerte überhaupt messen zu können, sind Messstrecken von mehreren hundert Kilometern erforderlich.

Bild 3.12:
Schallabsorption im Meerwasser
in Abhängigkeit der Frequenz

Die gestrichelte Linie kennzeichnet die
klassische Absorption, die nur durch
Reibung zustande kommt.

Beispiel:
Bei 10 kHz beträgt die Absorption
ca. 1 dB/ km !

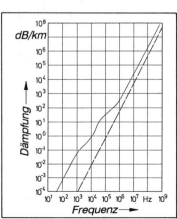

3.4.4 Schallreflexionen im Meer

An der Meeresoberfläche und am Meeresboden wird Wasserschall sowohl reflektiert, wie auch gestreut. Die Beeinflussung der Schallausbreitung durch den Meeresboden ist wegen seiner mehrschichtigen Zusammensetzung wesentlicher komplizierter, als diejenige durch die Wasseroberfläche.

Der Oberflächeneinfluss auf die Schallausbreitung und -übertragung ist überall dort sehr gross, wo Sender und/oder Empfänger sich nur in relativ geringer Wassertiefe befinden. Bei völlig ruhiger und wellenfreier See stellt die Wasseroberfläche einen idealen Schallreflektor dar. Ist die Wasseroberfläche dagegen rauh, und das ist in vielen Teilen unserer Meere meistens der Fall, ergeben sich Reflexionsverluste. Im Frequenzbereich zwischen ungefähr 25 und 30 kHz ist bei 30 cm hohen Wellen und bei einem Schalleinfallswinkel im Bereich von 10° im Mittel mit einem Reflexionsverlust von etwa 3 dB zu rechnen.

Eine starke Sonneneinstrahlung auf das Meer bei fehlendem Seegang, d.h. bei mangelnder Wasserdurchmischung, führt zur Bildung eines negativen Temperaturgradienten bis an die Oberfläche. Dadurch können Schallstrahlenbrechungen und -reflexionen resultieren, die eine akustische Schattenzone zur Folge haben, Bild 3.13.

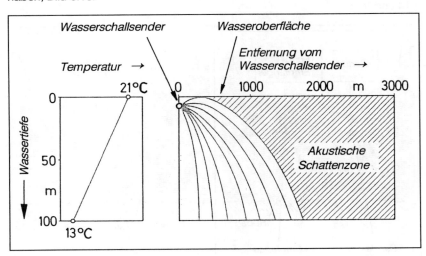

Bild 3.13:
Schallstrahlendiagramm für einen stark negativen Temperaturgradienten

Die Wasseroberfläche ist durch Sonneneinstrahlung erwärmt und vermischt sich bei ruhigem Seegang nicht mit den unteren, kälteren Wasserschichten.

63

Unter einer *Schattenzone* versteht man in der Unterwasserakustik nicht etwa einen Bereich, in den keine Schallenergie gelangt, sondern vielmehr ein Gebiet, in dem die auftretenden Schalldruckpegel ausgesprochen klein sind. Aus Messungen ist bekannt, dass z.B. die Intensität eines 24 kHz-Signals innerhalb einer Schattenzone 40 bis 60 dB niedriger sein kann als ausserhalb derselben im freien Schallfeld. Die Schattenzonen sind meistens sehr scharf begrenzt, insbesondere bei hohen Frequenzen.

3.4.5 SONAR-Ortung

Das Akronym SONAR (**So**und **N**avigation **A**nd **R**anging) entstand während des zweiten Weltkrieges und ist ein Gegenstück zum damals bereits bekannten Akronym RADAR (**Ra**dio **D**etecting **A**nd **R**anging).

Die (aktive) SONAR-Ortung stellt im Prinzip eine Echolotung dar. Bei der Echolotung unterscheidet man grundsätzlich zwischen der *Vertikallotung* und der *Horizontallotung*. Zudem unterscheidet man zwischen einer *bistatischen* und einer *monostatischen Betriebsweise*. Im ersten Fall werden zum Senden und Empfangen zwei getrennte Schallwandler verwendet, während im zweiten Fall mit demselben Wasserschallwandler gesendet und empfangen wird: Bild 3.14 und 3.15.

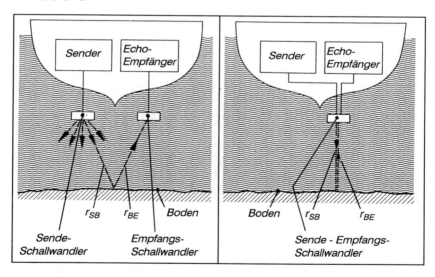

Bild 3.14:
Prinzip der Echolotung (vertikale Schallortung)
links: bistatischer Betrieb, rechts: monostatischer Betrieb (Sende- und Empfangsschallwandler am gleichen Ort)

Mit der Vertikallotung bestimmt man die Wassertiefe unter dem Kiel und sucht Fischschwärme. Bei der Horizontallotung werden die Schallimpulse horizontal abgestrahlt. Hierbei kann man nicht nur die Entfernung, sondern auch die Winkellage relativ zum ortenden Schiff bestimmen.

Bild 3.15:
Echolotung

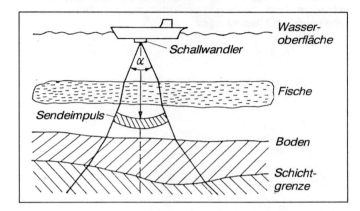

Die grösstmögliche horizontale Ortungsentfernung ist begrenzt. Sie hängt vor allem von der Intensität des Sendesignals, der Empfindlichkeit des Empfängers, sowie vom Ausmass auftretender Störungen ab. Die (theoretisch) *grösstmögliche Ortungsreichweite* $r_{0\,max}$ berechnet sich mit Hilfe der SONAR-Gleichung:

$$r_{0\,max} = \sqrt[4]{\frac{W_S \cdot G^2 \cdot \lambda^2 \cdot \sigma}{(4\,\pi)^3 \cdot W_{E\,min}}} \quad \text{[m]} \qquad \text{[GL 3.2]}$$

W_S = abgestrahlte Sendeleistung in W
G = Leistungsgewinn des gemeinsamen, gerichteten Sende-Empfangs-Schallwandlers in W
λ = Wellenlänge in m
σ = Rückstreufläche oder Rückstrahlquerschnitt des Objekts in m^2
$W_{E\,min}$ = kleinstmögliche Empfangsleistung in W

3.4.6 Zusammenfassung

Über die Probleme der Schallwellenausbreitung in Meerwasser existieren unzählige Publikationen. Insbesondere über SONAR-Anlagen und ihre geschichtliche Entwicklung, Funktionsweise und Einsatzgebiete wurde schon viel geschrieben. Noch heute gibt es Forschungsvorhaben, die sich mit diesen Themen eingehend beschäftigen.

4 Praktische Strömungsakustik

4.1 Überblick

In diesem Abschnitt werden einige ausgewählte Beispiele aus dem Bereich der strömungsakustischen Praxis vorgestellt. Die Beispielsammlung erhebt, schon aus Platzgründen, keinen Anspruch auf Vollständigkeit, zeigt aber eindrücklich die Vielfalt der strömungsakustischen Probleme im industriellen Alltag.

Die folgenden Maschinen und Anlagen mit ihren strömungsakustischen Problemen werden in den Abschnitten 5 bis 12 vorgestellt:

- Ventilatoren (Ziff. 5)
- Pumpen (Ziff. 6)
- Rohrleitungen und Ventile (Ziff. 7)
- Ölhydraulische Anlagen (Ziff. 8)
- Kanalsysteme für raumlufttechnische Anlagen (Ziff. 9)
- Schalldämpfer (Ziff. 10)
- Heizungsanlagen (Ziff. 11)
- Kälteanlagen (Ziff. 12)

Auf die Lösung von Lärmproblemen bei Sanitäranlagen kann in diesem Buch nicht eingegangen werden, weil die Darlegungen zu umfangreich sind.

4.2 Pneumatische Anlagen

4.2.1 Blaspistolen

4.2.1.1 Allgemeines

Blaspistolen sind als Arbeitshilfsmittel sehr weit verbreitet. Der Benützer ist sich oft gar nicht bewusst, wie gross die Lärmentwicklung beim Aus- oder Abblasen ist. Beim Einsatz älterer Modelle werden – im Abstand von 1 m – Lärmspitzen bis zu 110 dB(A) gemessen ! Insbesondere die sog. Injektor- oder Venturidüsen erreichen sehr hohe Lärmpegel. Für den Betrieb von Blaspistolen wird aus Lärmgründen ein maximaler Druck von 3 bis 3,5 bar vorgeschlagen (und z.T. auch vorgeschrieben), der in der Praxis aber oft massiv überschritten wird. Druckreduzierventile beim Blaspistolenanschluss lassen sich leicht manipulieren und werden oft schon aus Kostengründen abgelehnt.

Die heutigen, modernen Blaspistolen erfüllen die Anforderungen an die Sicherheit, und die eingebauten Druckreduzierventile limitieren den Blasdruck und somit auch die Geräuschentstehung. Argumente wie «zu kleine Blaskraft» oder «zu geringe Reinigungsleistung» können widerlegt werden, wenn man moderne Blaspistolen mit älteren Modellen vergleicht, Bild 4.1.

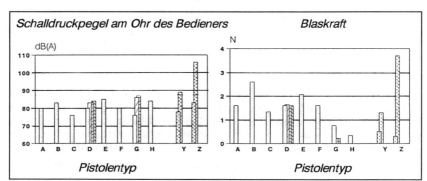

Bild 4.1:
Schalldruckpegel und Blaskraft verschiedener Blaspistolen

Anwendung	Pistolentyp	Einsatzgebiet
Flächenreinigung	B, C, F	Holzbearbeitung, Giessereien, usw.
gezieltes Ausblasen	A, D, E	mechanische Fertigung

Bei den Blaspistolen Y und Z handelt es sich zu Vergleichszwecken um ältere Modelle.

In vielen Fällen ist es sinnvoll, sich über den Einsatz von Blaspistolen grundsätzliche Gedanken zu machen. Vor allem moderne Fertigungstechniken stellen solche Hilfsmittel in Frage. Die Blaspistole wird häufig zum Abblasen von Teilen nach der Tauchreinigung benutzt. Der Einsatz von Lösungsmitteln, die schnell trocknen und beim Trocknungsvorgang keine Flecken hinterlassen, sollte in diesem Falle geprüft werden.

4.2.1.2 Bauart einer modernen Blaspistole

Eine moderne Blaspistole verfügt sowohl über ein eingebautes Sicherheits-Druckreduzierventil als auch über eine spezielle Blasdüse. Das Geheimnis der lärmarmen Düsen – auch Flüsterdüsen genannt – besteht in der Aufteilung eines einzelnen Luftstroms in verschiedene Teil-Luftströme. Das Prinzip wird in Bild 4.2 gezeigt.

Eine andere Möglichkeit, die Ausblasgeräusche zu reduzieren, ist die praktische Umsetzung des sog. Mantelstromeffektes, wie er bereits in Ziff. 2.6.2, Seite 49, beschrieben wurde. Ein Beispiel hierzu zeigt das Bild 4.3.

Bild 4.2:
Funktions-
Prinzip einer
modernen
Blaspistole

L_1 *und* L_2*:*
Distanz mit der
grössten
Blaskraft

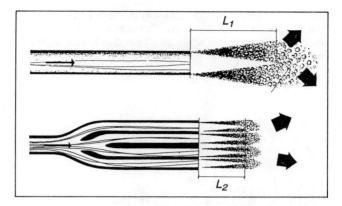

Bild 4.3:
Das Abblasen
eines
gereinigten
Gehäuses
mit einer
lärmarmen
Blaspistole
führt zu
deutlich
weniger Lärm.

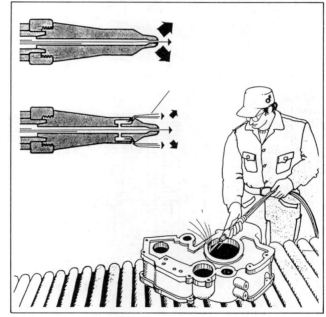

4.2.1.3 Beispiel

Die Lärmpegelminderung, wie sie durch den Einsatz einer lärmarmen Blaspistole möglich ist, zeigt das folgende Beispiel. Beim Abblasen von Rohrbündeln nach der Tauchreinigung (Bild 4.4) mit der Einlochdüse entstand ein Schall-druckpegel von 109 dB(A), am Ohr des Arbeiters gemessen (Bild 4.5). Nach dem Auswechseln der alten Blasdüse durch eine moderne Vielröhrchendüse wurde der Schalldruckpegel auf 96 dB(A) gesenkt (Bild 4.5).

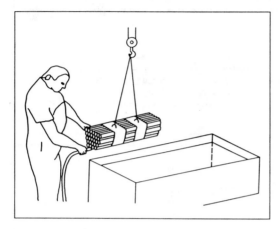

Bild 4.4:
Abblasen von
Rohrbündeln

Bild 4.5:
Lärm beim
Einsatz von
Blasdüse mit
Einlochdüse
(Kurve 1) und
Vielröhrchen-
düse (Kurve 2)

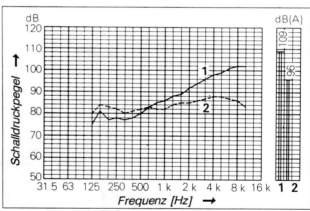

4.2.2   Druckluft-Werkzeuge

4.2.2.1 Geräuschursachen

Druckluft-Werkzeuge werden vorwiegend in der Industrie und im Baugewerbe häufig eingesetzt. Druckluft-Werkzeuge sind sehr robust und betriebssicher. Die Lärmentwicklung der einzelnen Werkzeug-Kategorien kennt man heute zum Teil sehr genau (z.B. VDI 3749, Blatt 1 bis 6).

Üblicherweise wird, entsprechend den einschlägigen Vorschriften (DIN 45 635 Teil 20 und E DIN ISO 4871), der A-bewertete Schalleistungspegel (L_{WA}), sowie der Emissionswert am Arbeitsplatz (L_{pA}) angegeben.

Die namhaften Hersteller von Druckluft-Werkzeugen haben in den letzten Jahren einen grossen Aufwand betrieben, um ihre Produkte leiser zu konstruieren. Eine möglichst kleine Lärmentwicklung ist auch hier zu einem starken Verkaufsargument geworden.

Die Geräuscherzeugungsmechanismen von Druckluft-Werkzeugen sind in Bild 4.6 dargestellt.

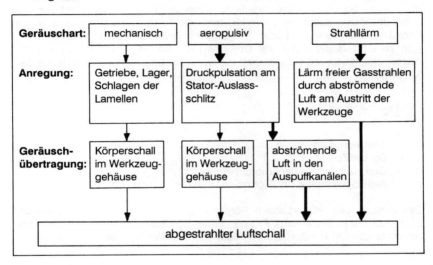

Bild 4.6:
Geräuscherzeugungsmechanismen von Druckluft-Werkzeugen

Bei den meisten Maschinen ist der Anteil der *mechanisch erzeugten Geräusche* klein und kann gegenüber den restlichen Geräuschursachen vernachlässigt werden. Probleme treten nur dann auf, wenn das Getriebe nicht nach dem aktuellen Stand der Geräuschminderungstechnik (z.B. Schrägverzahnung) gebaut ist oder Mängel aufweist.

Die *Strömungsgeräusche* entstehen durch die mit einem bestimmten Restdruck abströmende Druckluft an den Austrittsöffnungen der Maschine. Der Strömungslärm wird massgeblich durch Ablöse- bzw. Verwirbelungserscheinungen, sowie durch Turbulenzen im freien Luftstrom verursacht.

Die *Druckpulsation* im Abluftsystem prägt das Geräuschverhalten der Maschi-

71

ne im wesentlichen. Ausgeprägte Pegelspitzen treten bei den folgenden Frequenzen f_D auf:

$$f_D = k \cdot \frac{n}{60} \qquad \text{[Hz]} \qquad \text{[GL 4.1]}$$

n = Rotordrehzahl in min^{-1}
k = Ganze Zahl (1, 2, 3, ...)

Während des Arbeitsprozesses eines Druckluftmotors expandiert das zwischen zwei Lamellen des Rotors enthaltene Luftvolumen. Es wird jedoch dabei nicht völlig auf den Umgebungsdruck entspannt und entweicht bei der Freigabe des Auslassschlitzes durch die erste der beiden Lamellen impulsartig in das Maschinengehäuse. Dieser Vorgang wiederholt sich periodisch und zeigt sich im Geräuschverhalten als Drehklang mit der Frequenz f_L, die von der Anzahl der Kammern des Rotors, die von den Lamellen z gebildet werden, abhängt:

$$f_L = k \cdot \frac{n \cdot z}{60} \qquad \text{[Hz]} \qquad \text{[GL 4.2]}$$

f_L = Drehklangfrequenz in Hz
k = Ganze Zahl (1, 2, 3, ...)
n = Drehzahl des Antriebsmotors in min^{-1}
z = Anzahl Kammern des Rotors, die von den Lamellen gebildet werden

Der Einfluss des abgestrahlten Körperschalls ist in den meisten Fällen von untergeordneter Bedeutung. Er kann dann eine Rolle spielen, wenn alle anderen Massnahmen zur Geräuschminderung erfolgreich angewendet wurden.

4.2.2.2 Schleifer

Die häufigsten Ausführungsarten von Schleifern sind:

- Radial-Schleifer
- Vertikal-Schleifer
- Winkel-Schleifer

Sie werden im allgemeinen bis etwa 4 kW Leistung angeboten, wobei der Betriebsdruck üblicherweise bei 6 bar liegt.

Der Stand der Lärmminderungstechnik kann VDI 3749, Blatt 5, entnommen werden. Die Schalleistungsbereiche der angebotenen Produkte sind allerdings sehr gross. Die Tabelle 4.1 vermittelt einen Überblick.

Bei Vertikal-Schleifern hat sich der Einbau eines Drosselungs-Schalldämpfers im Handgriff bewährt (Bild 4.7). Allerdings sind dieser Massnahme gewisse

Grenzen gesetzt, da bei hohem Luftverbrauch eine Vereisungsgefahr besteht.

Tab. 4.1: Durchschnittliche Emissionswerte (A-Schalleistungspegel) für Schleifer im Leerlauf; in Klammer Bandbreite. Insgesamt wurden 102 Schleifer untersucht (Quelle: VDI 3749, Blatt 5).

Leistungsbereich	bis ca. 1 kW	über 1 kW
Radial-Schleifer	90 (80 - 101) dB	95 (88 - 103) dB
Vertikal-Schleifer	–	97 (92 - 103) dB
Winkel-Schleifer	86 (81 - 99) dB	94 (91 - 99) dB

Bild 4.7:
Drosselungs-
Schalldämpfer,
der im Handgriff
eines
Vertikal-Schleifers
eingebaut ist

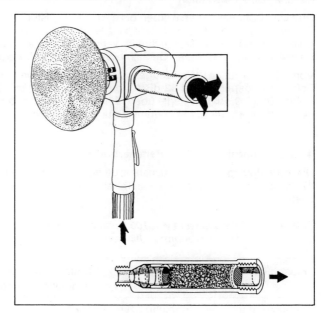

4.2.2.3 Schrauber

Die Leistung von üblichen Schraubern liegt meistens deutlich unter 1 kW, bei einem Betriebsdruck von 6 bar. Handgehaltene Schrauber werden für Schraubendurchmesser bis etwa 8 mm angeboten, während grössere Schrauber mit Hilfe von Halterungen in Vorrichtungen eingebaut werden.

Von 108 geprüften Werkzeugen liegt der Mittelwert des A-bewerteten Schalleistungspegels bei 89 dB(A), bei einer Bandbreite von 74 - 102 dB(A), siehe

VDI 3749, Blatt 6. Moderne Werkzeuge haben einen Schalleistungspegel von etwa 80 dB(A), d.h. er liegt im unteren Bereich der Bandbreite.

Zur Lärmminderung bei Schraubern haben sich die folgenden konstruktiven Massnahmen am besten bewährt:

• Auswahl eines lärmarmen Getriebes, Entkoppelung des Getriebegehäuses vom Rest der Maschine mittels flexibler Bauteile (Gummi, Kunststoff)
• Änderung in der Lauffläche des Stators; Auslassschlitze in Drehrichtung verlegen, Nuten im Stator in Umfangsrichtung entgegen dem Drehsinn anlegen
• Gummilagerung des Lamellenmotors im Gehäuse

4.2.2.4 Bohrmaschinen

Druckluft-Bohrmaschinen werden bis etwa 2 kW Leistung eingesetzt, bei einem Betriebsdruck von 6 bar. Praktisch alle modernen Maschinen werden mit geräuschmindernden Massnahmen verkauft, so dass auf die recht hohen Emissionswerte von älteren Geräten nicht eingegangen werden muss.

Von 53 geprüften Werkzeugen liegt der Mittelwert des A-bewerteten Schalleistungspegels bei 92 dB(A), bei einer Bandbreite von 84 - 100 dB(A), siehe VDI 3749, Blatt 4. Pegel über 100 dB werden nicht berücksichtigt, da sie nicht mehr dem Stand der Lärmminderungstechnik entsprechen.

4.2.2.5 Bohrhämmer und Hammerbohrmaschinen

Diese Werkzeuge werden ausnahmslos im Baugewerbe eingesetzt. Nach VDI 3749, Blatt 3, ergeben sich die in Tabelle 4.2 zusammengestellten Emissionswerte.

Tab. 4.2: *Emissionswerte von 103 Bohrhämmern und 44 Hammerbohrmaschinen*

Maschinenart	Ausführung	Emissionskennwert L_{WA} in dB Mittelwert (Minimum - Maximum)
Bohrhämmer (bis zu 30 kg)	handgeführt bzw. stützengeführt	118 (108 - 126)
Hammerbohr- maschinen (über 30 kg)	lafettengeführt	122 (112 - 132)

4.2.2.6 Pneumatische Steuerungen

Pneumatische Steuerungen von bestimmten Fabrikationsabläufen sind sehr weit verbreitet. Zur Hauptsache geht es darum, eine meist repetitive Bewegung möglichst schnell, präzis und zuverlässig zu vollziehen. Pneumatische Steuerungen werden beispielsweise in folgenden Bereichen eingesetzt:

- bei Stanzautomaten zur Regelung des Bandvorschubs
- zur Steuerung von Handlinggeräten an Produktionsautomaten
- zur Betätigung der Schliessmechanismen von Schutzvorrichtungen
- als Einspanneinrichtungen an Bearbeitungsmaschinen
- als Press- und Stanzmaschinen
- als Zylinder für Hubbewegungen (Autowerkstätten, Verpackungsmaschinen, Arbeitstische usw.)

Das Funktionsprinzip ist praktisch immer gleich: aus einem Druckluftnetz strömt die Luft in Pneumatikzylinder, welche, durch Ventile geregelt, die gewünschte Bewegung machen. In den meisten Fällen wickeln sich diese Vorgänge ausgesprochen geräuscharm ab. Die Umgebungsgeräusche sind oft so hoch, dass die pneumatische Steuerung beinahe «übertönt» wird.

Allerdings gibt es einen wichtigen Punkt, der Probleme verursachen kann: der *Luftaustritt*. Die Prozessluft muss in den Umgebungsdruck entspannt werden. Dieser Entspannungsvorgang kann die Ursache für erhebliche Lärmspitzen sein.

Grundsätzlich sind die Luftaustritte mit Schalldämpfern auszurüsten. Dafür eignen sich die speziellen Sintermetall-Schalldämpfer, welche in grosser Vielfalt angeboten werden. Der aus dieser Massnahme zu erwartende Druckverlust ist, gemessen an der Gesamtdruckdifferenz einer Anlage, sehr bescheiden. Eine andere Möglichkeit besteht darin, die Abluft durch spezielle Sammelleitungen an eine lärmunempfindliche Stelle zur Entspannung zu leiten. Dieser Variante wird bei grossen Luftmengen der Vorzug gegeben, weil der Druckverlust klein ist.

Schalldämpfer für ausströmende Druckluft sind sehr wirkungsvoll, Pegelreduktionen von 20 bis 30 dB(A) sind ohne weiteres realisierbar.

Beispiel

Es wird die Lärmentwicklung eines Druckluftaustritts von 10 mm Durchmesser und einem Druck von 8,5 bar, mit und ohne Schalldämpfer untersucht. Den Aufbau des eingebauten Schalldämpfers zeigt Bild 4.8.

Die Wirksamkeit dieses kleinen Schalldämpfers ist recht beeindruckend, wie man Bild 4.9 entnehmen kann: Ohne Schalldämpfer beträgt der Schalldruckpegel in 1 m Abstand 108 dB(A), mit Schalldämpfer noch 71 dB(A), was einer Pegelsenkung von 37 dB(A) entspricht.

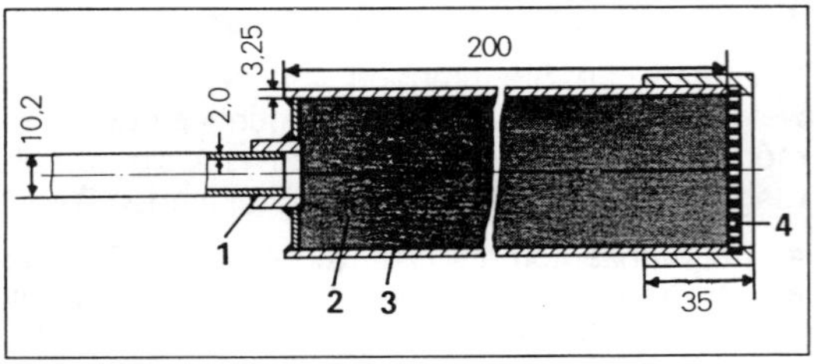

Bild 4.8:
Schalldämpfer für aus-
strömende Druckluft
1 Gewinde
2 Messingwolle
3 Rohr
4 Sieb mit einem Lochflä-
chenanteil von 50 %

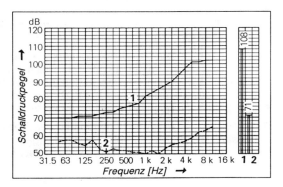

Bild 4.9:
Schalldruckpegel durch
ausströmende Druckluft
ohne Schalldämpfer
(Kurve 1) und mit
Schalldämpfer (Kurve 2)

4.3 Kompressoren

4.3.1 Bauarten

Kompressoren gehören heute zur Grundausstattung jedes Betriebes, um Gase zu fördern oder zu verdichten. Die Druckluft liefernden Maschinen stellen in vielen Fällen eine unangenehme Lärmquelle dar. Auf die folgenden wichtigsten Bauformen wird kurz eingegangen (die Nr. beziehen sich auf Bild 4.10):

- Turbokompressor axial (1)
- Turbokompressor radial (2)
- Hubkolbenkompressor (3)
- Drehschieber-Rotationskompressor (4)
- Rootskompressor (5)
- Schraubenkompressor (6)

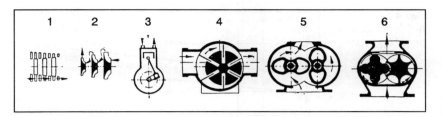

Bild 4.10:
Bauarten von Kompressoren

Zur akustischen Beurteilung wird die VDI-Richtlinie 3731, Blatt 1 [35], herangezogen.

4.3.2 Emissionskennwerte von Kompressoren

4.3.2.1 Turbokompressoren

Turbokompressoren werden in verschiedenen Bauarten hergestellt, wobei sich
die charakteristischen Konstruktionsmerkmale stark unterscheiden können.
Bild 4.11 zeigt den A-Schalleistungspegel für den Antriebsleistungsbereich von
300 bis 30 000 kW. Im Bereich des Kennfeldes liegen die Turbokompressoren
mit integriertem Getriebe und Kühler. Topfbauarten liegen etwa 10 dB unterhalb der unteren Kennfeldlinie.

Bild 4.11:
A-Schalleistungs-
pegel L_{WA} von
Turbo-
kompressoren
(radial und axial)

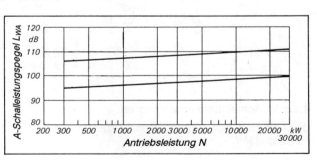

4.3.2.2 Hubkolbenkompressoren

Bild 4.12 zeigt den A-Schalleistungspegel für den Antriebsleistungsbereich von
20 bis 3 000 kW. Trockenlaufkompressoren sind um ca. 5 dB lauter als
geschmierte Maschinen. Bei Antriebsleistungen über 200 kW verhalten sich
liegende Kompressoren günstiger als stehende.

Bild 4.12:
A-Schalleistungs-
pegel L_{WA} von
Hubkolben-
kompressoren

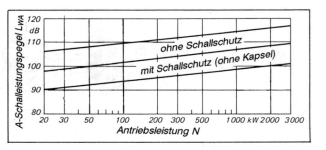

4.3.2.3 Roots- und Drehschieber-Rotationskompressoren

Bild 4.13 zeigt den A-Schalleistungspegel für den Antriebsleistungsbereich von 3 bis 600 kW.

Bild 4.13:
A-Schalleistungs-
pegel L_{WA} von
Roots- und
Drehschieber-
Rotations-
kompressoren

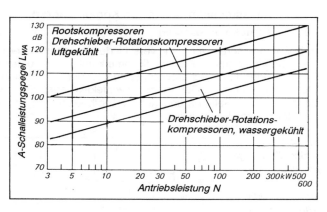

4.3.2.4 Schraubenkompressoren

Bild 4.14 zeigt den A-Schalleistungspegel für den Antriebsleistungsbereich von 10 bis 800 kW.

4.3.2.5 Bemerkungen

Bei Kompressoren kann generell festgestellt werden, dass mit sinkendem Druckverhältnis auch der A-Schalleistungspegel sinkt. Sind hohe Druckverhältnisse erforderlich, ist es akustisch günstiger, mehrstufige Kompressoren einzusetzen.

Ein Vergleich zwischen einzelnen Kompressoren zeigt, dass bestimmte Bauarten akustisch günstigere Werte liefern. Jeder Kompressor hat aber seine verfahrenstechnischen und betrieblichen Leistungsgrenzen.

Bild 4.14:
A-Schalleistungs-
pegel L_{WA} von
Schrauben-
kompressoren

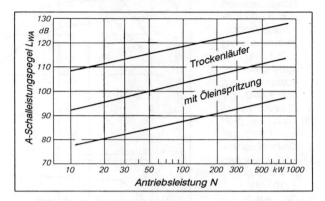

Im Teillastbetrieb ist die Emission stark von der Regelart abhängig und kann erheblich höher als unter Nennbedingungen sein.

Im Regelfall strahlen die am Kompressor (Roots-, Schrauben- und Turbokompressor) ohne Schalldämpfer angeschlossenen, produktführenden Rohrleitungen und Kühler einen um 10 bis 20 dB höheren Schalldruckpegel ab.

Für die vorgestellten Bauarten können zur Bestimmung der Oktav-Schalleistungspegel Bild 4.15 und 4.16 verwendet werden. Der relative Oktav-Schalleistungspegel ist hierbei die Differenz zwischen dem A-Gesamtschalleistungspegel L_{WA} und dem Oktav-Schalleistungspegel $L_{W,okt}$. Dargestellt wird die Mittellinie eines Streubandes von etwa ± 10 dB Breite, das sich durch die konstruktiven Unterschiede zwischen den einzelnen Kompressoren ergibt.

1   *Serienmässige*
    Hubkolben-
    kompressoren
2   *Prozess-*
    Hubkolben-
    kompressoren
3   *Turbo-*
    kompressoren

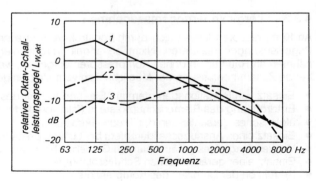

Bild 4.15:
Relative Oktav-Schalleistungsspektren für Hubkolben- und
Turbokompressoren

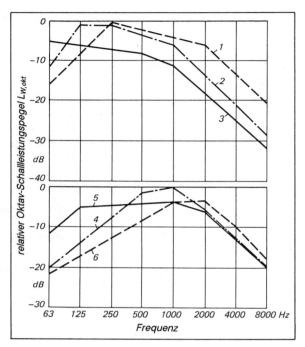

1 symm. Roots-
  kompressoren
  $n = 3\,000\,min^{-1}$
2 symm. Roots-
  kompressoren
  $n = 1\,500\,min^{-1}$
3 symm. Roots-
  kompressoren
  $n = 1\,000\,min^{-1}$
4 Drehschieber-
  kompressoren
  $n = 1\,500\,min^{-1}$
5 Drehschieber-
  kompressoren
  $n = 500\,bis$
  $1\,000\,min^{-1}$
6 Schrauben-
  kompressoren

Bild 4.16:
Relative Oktav-Schalleistungsspektren für Drehkolbenkompressoren

4.3.3 Lärmminderungsmassnahmen

An Kompressoren lassen sich durch konstruktive Verbesserungen erhebliche Pegelsenkungen realisieren. Nicht behandelt werden hier bauseitige Massnahmen an Räumen, in denen Kompressoren aufgestellt werden. Die nachstehende Zusammenfassung der Möglichkeiten vermittelt einige Anhaltspunkte:

- Einsatz von Pulsationsdämpfern am Ein- und Austritt des Kompressors
- Entdröhnung des Riemenschutzkastens (falls vorhanden)
- akustisches Verschliessen der Triebwerksbelüftung
- Einsatz eines Ansaugschalldämpfers bei Luftkompressoren
- Verwendung eines geräuscharmen Getriebes bzw. geräuscharmen Motors
- Einsatz einer geräuscharmen Schmierölpumpe
- Reduktion der Drehzahl des Kompressors
- Verwendung eines Direktantriebs
- Einbau eines formstabilen Kurbelgehäuses (bei Hubkolbenkompressoren)
- Einsatz von geräuscharmen Ölanlagen

- Vermeidung von Resonanzeffekten in den angeschlossenen Rohrleitungen
- elastische Verbindung zwischen Kompressor und Rohrleitungen
- Voll- oder Teilkapselung des Kompressors
- Einsatz getrennter Pumpen für Schmier-, Sperr- und Regelöl
- Einsatz von Schraubenspindel- oder Kreiselpumpen anstelle von Zahnradpumpen
- Montage der Pumpen auf dem Grundrahmen und nicht auf dem Öltank
- Einsatz von lärmarmen Druckreduzierventilen
- Ausgiessen des Grundrahmens mit Beton
- Lagerung des Kompressors auf Schwingungsdämmelementen

Diese Auflistung, die nicht abschliessend ist, zeigt eindrücklich, dass eine Kompressoranlage viele Möglichkeiten zur Lärmreduktion bietet.

4.4 Verbrennungsmotoren

4.4.1 Geräuschursachen

Verbrennungsmotoren sind hinsichtlich ihrer Geräuschentstehungsmechanismen sehr komplexe Lärmquellen. Es ist an dieser Stelle nicht möglich alle Einzelheiten darzulegen. Trotzdem wird versucht, einen Überblick über die wichtigsten Probleme zu vermitteln, wobei die strömungsakustischen Vorgänge im Zentrum der Ausführungen stehen.

Dynamische Vorgänge im Motor erzeugen direkt Luftdruckschwankungen und somit Luftschall. Massgeblichen Anteil haben:

- Ansaug- und Auspuffgeräusche (Druckausgleichsvorgänge zwischen Über- und Unterdruck im Zylinder)
- Verbrennungsgeräusche
- Strömungsgeräusche
- Gebläse- und Lüftergeräusche

4.4.2 Abschätzung der Emissionspegel

Der A-bewertete Schalleistungspegel L_{WAE} von Verbrennungsmotoren bei Nennleistung W_e und Nenndrehzahl kann [nach Placzek] wie folgt abgeschätzt werden:

$$L_{WAE} = 10 \lg \frac{W_e}{W_{e0}} + 97 \quad [dB] \qquad [GL\ 4.3]$$

W_e = Effektive Leistung in kW
W_{e0} = Bezugsleistung in kW

Wesentlichen Einfluss auf die Geräuschentstehung hat die *Motordrehzahl*.

81

Nach verschiedenen Untersuchungen steigt oder fällt der Schalleistungspegel mit der 5. Potenz der Drehzahländerung. Bei Dieselmotoren ist diese Abhängigkeit etwas kleiner.

4.4.3 Schwerpunkte bei den Lärmminderungsmassnahmen

Es wäre vermessen an dieser Stelle, im Sinne von Empfehlungen an die Automobilhersteller, Massnahmen zur Lärmminderung vorzuschlagen. Die Bestrebungen der Hersteller und die internationalen Vorschriften haben bewirkt, dass die Fahrzeuge generell ruhiger geworden sind. Es muss auch beachtet werden, dass mit zunehmender Fahrgeschwindigkeit der Anteil des eigentlichen Motorgeräusches abnimmt und das Rollgeräusch überhand nimmt.

Und trotzdem, Verbesserungen sind immer noch möglich. Zur weiteren Verringerung der Motorgeräusche können die folgenden Massnahmen beitragen:

● wirkungsvoller Auspuffschalldämpfer
● Reduktion der Schallabstrahlung des Motorblocks durch konstruktive Änderungen
● Teil- oder Vollkapselung der Antriebseinheit

Verschiedene Forschungsergebnisse zeigen auch, dass noch Möglichkeiten bestehen, den Lärm weiter zu senken. Der Aspekt der Wirtschaftlichkeit und die unumgänglichen Mehrkosten haben allerdings bis heute die meisten Hersteller davon abgehalten, positive Ergebnisse in der Grossserienproduktion umzusetzen. Immerhin gelang es, die Emissionswerte der Motorfahrzeuge in den letzten zehn Jahren im Mittel um 3 bis 5 dB(A) zu verringern.

4.4.4 Beispiele

4.4.4.1 Lastkraftwagen

An einem 7,5 t - Lkw der Firma IVECO MAGIRUS wurden die folgenden Massnahmen realisiert [Lit. 51]:

● Ersatz des Saugmotors durch einen mild aufgeladenen Motor
● wesentlich verbesserte Auspuffanlage
● Kapselung von Motor und Getriebe
● schallabsorbierende Zu- und Abluftkanäle

Diese Massnahmen bewirkten eine Pegelsenkung von 90 auf 77 dB(A) und führten zu einem Mehrgewicht von 120 kg. Interessant ist die Tatsache, dass eine bestimmte Modellpalette standardmässig nach diesen neuen Erkenntnissen gefertigt wird.

4.4.4.2 Personenkraftwagen

An einigen Versuchsfahrzeugen wurden nach [Lit. 51] die folgenden Massnahmen realisiert:

- niedertourige Auslegung der Motoren
- Kapselung der Motoren und der Getriebe
- verbesserte Auspuffanlagen

Die erzielte Pegelsenkung kann Tabelle 4.3 entnommen werden.

Die Erkenntnisse dieser Versuchsreihe haben zu einem grossen Teil Eingang in die Serienfertigung gefunden.

Tab. 4.3: Lärmgeminderte Pkw und erzielte Ergebnisse

Typ *)	Hubraum cm³	Leistung kW	Ausgangs-zustand dB(A)	Endzu-stand dB(A)	Differenz dB
VW Golf O	1 500	51	79	72	7
VW Golf O/A	1 500	51	76	71	5
VW Golf D	1 500	37	78	72	6
VW Golf O	1 500	37	79	73	6
VW Passat O	1 600	55	79	75	4
Daimler Benz 240 D	2 400	53	80	74	6

*) *O Ottomotor*
    D Dieselmotor
    A Automatikgetriebe

4.5   Fackeln

4.5.1   Geräuschentstehung

Fackeln von Prozessöfen gehören zu den intensivsten Geräuschquellen in Raffinerien und petrochemischen Anlagen. Die Schallemissionen setzen sich aus den folgenden Geräuschanteilen zusammen, wobei jeder der genannten Geräuschanteile pegelbestimmend sein kann:

- Verbrennungsgeräusch durch Turbulenz im Flammenbereich. Das Verhältnis der Massenströme Verbrennungsluft / Fackelgas, sowie deren Mischgeschwindigkeit beeinflussen die Schalleistung. Der Geräuschcharakter ist niederfrequent.
- Gasentspannungsgeräusch beim Ausströmen und Entspannen des Fackelgases in die Atmosphäre. Die Schalleistung ist stark von der Ausströmgeschwindigkeit abhängig.

- Entspannungsgeräusch durch Zumischen von Wasserdampf. Es entsteht ein Strahlgeräusch, dessen Schalleistung von der Austrittsgeschwindigkeit des Strahls aus den Treibdampfdüsen abhängt. Der Geräuschcharakter ist hochfrequent.
- Schwingungen bei Hochfackeln durch eine instabile Lage der Flammenbasis bei speziellen Betriebszuständen. Es kann ein niederfrequentes Zusatzgeräusch entstehen, wobei im Extremfall sogar explosionsartige Geräusche auftreten können.

4.5.2 Maschineneinteilung

Nach VDI 3732 werden Fackeln zur Angabe von Emissionskennwerten in drei Gruppen eingeteilt, wie Tabelle 4.4 zeigt.

Tab. 4.4: Gruppeneinteilung von Fackeln

Gruppe	Merkmale
1	*Hochfackeln* Fackelbrenner mit Treibdampf-Freistrahlen bei überkritischer Dampfentspannung (die Ausströmgeschwindigkeit im Brenner ist gleich der Schallgeschwindigkeit des ausströmenden Dampfes)
2	*Hochfackeln* Fackelbrenner mit Treibdampf-Freistrahlen bei unterkritischer Dampfentspannung (die Ausströmgeschwindigkeit im Brenner liegt unterhalb der Schallgeschwindigkeit des ausströmenden Dampfes) Fackelbrenner mit Treibdampfejektoren (kombinierte Dampf- und Luftzugabe) Fackeln mit kombinierten Brennern
3	*Bodenfackeln* Fackeln ohne oder mit Dampfzugabe

4.5.3 Emissionskennwerte

Die Geräuschemissionen von Fackeln sind in Bild 4.17 in Abhängigkeit der abgefackelten Gasmenge für Hoch- und Bodenfackeln dargestellt. Die abgebildeten Kurven sind das Ergebnis von Messungen im Jahre 1980 an 19 verschiedenen Fackeln. Neuere Resultate liegen nicht vor. Allerdings kann davon ausgegangen werden, dass die abgebildeten Kurven auch heute noch Gültigkeit haben.

Bild 4.17:
Emissionskennwerte
von Fackeln in Abhän-
gigkeit vom rauchlos
verbrannten Fackel-
gasmassenstrom
(1 bis 3 bezieht sich auf
die Gruppeneinteilung
nach Ziff. 4.5.2)

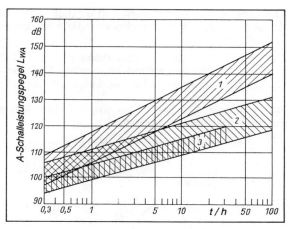

4.6 Windkraftanlagen

Windkraftanlagen werden im Leistungsbereich von 450 bis 800 kW angeboten. Noch fehlen breit abgestützte Untersuchungen über die Lärmentwicklung, und nur wenige Hersteller sind in der Lage, diesbezügliche Angaben zu machen.

Aus den wenigen Messungen, die bereits durchgeführt wurden, kann die Schallemission (Schalleistungspegel) mit etwa 100 dB(A) angegeben werden. Da der Lärmentwicklung solcher Anlagen bei der Genehmigung und Akzeptanz eine zentrale Bedeutung zukommt, dürfte sich die Situation sehr bald ändern.

Bereits ist ein Trend feststellbar, wonach die meisten Hersteller versuchen, hohe Blattspitzengeschwindigkeiten bei hohen Drehzahlen zu vermeiden und generell niedrige Drehzahlen planen. Der Drehzahlbereich der zur Zeit auf dem Deutschen Markt angebotenen Windkraftanlagen liegt zwischen etwa 15 und 40 min^{-1}, wobei die meisten Anlagen für den Minimalbetrieb 3 m/s Wind benötigen und bei etwa 12 bis 15 m/s ihre maximale Leistung bringen.

4.7 Aktive Schallunterdrückung

4.7.1 Prinzip

Die Idee, störenden Schall mittels «Gegenschall» auszulöschen, ist nicht neu. Bereits vor mehr als 50 Jahren wurden die ersten Artikel zu diesem Thema veröffentlicht. Die Realisierbarkeit scheiterte an den fehlenden technischen Einrichtungen.

Bei der aktiven Schallunterdrückung wird durch Lautsprecher ein zweites, dem

Lärm entgegengesetztes Schallfeld erzeugt. Durch Überlagerung der beiden Schallfelder, d.h. des störenden und des künstlich erzeugten, wird der Lärm ausgelöscht.

Das Prinzip der aktiven Schallunterdrückung wird heute in geschlossenen Kanal- und Leitungssystemen angewandt. Im freien oder diffusen Schallfeld (z.B. in Räumen) ist diese Technik noch nicht realisierbar.

Bild 4.18 und 4.19 zeigen am Beispiel einer Rohrleitung, wie das System strömungsakustisch funktioniert.

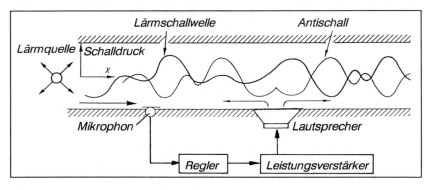

Bild 4.18:
Prinzip der Überlagerung von Lärm und Antischall in einer Rohrleitung

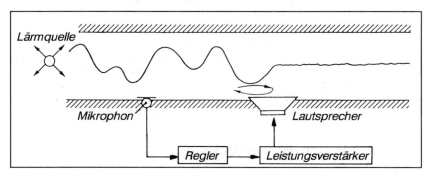

Bild 4.19:
Resultierendes Schallfeld nach der Überlagerung von Lärm und Antischall
Die Lärmschallwelle wird durch den Antischall-Lautsprecher fast vollständig reflektiert, während nach dem Lautsprecher eine Auslöschung erfolgt.

Lärm, verursacht z.B. durch ein Gebläse, bewegt sich als ebene Schallwelle entlang der Rohrleitung. Ein Lautsprecher in der Rohrwand erzeugt den «Antischall» als Spiegelbild des Lärms, so dass sich diese beiden Schallwellen nach dem Lautsprecher gegenseitig auslöschen. Um den «Antischall» zu berechnen wird etwa 2 m vor dem Lautsprecher mit einem Mikrophon der einfallende Lärm gemessen. Dieses Signal wird von einem digitalen Regler verarbeitet, der daraus das entsprechende Gegensignal berechnet, das über einen Leistungsverstärker den Lautsprecher ansteuert. Der Lautsprecher strahlt die gleiche Schallwelle in Richtung Lärmquelle ab. Die aktive Schallunterdrückung wirkt akustisch wie ein offenes Rohrende und erzeugt einen Schalldruckknoten an der Stelle des Lautsprechers. Die Schallwelle wird somit fast vollständig reflektiert (Bild 4.19, Seite 86).

Mit konventionellen Mitteln ist es oft schwierig, tieffrequenten Lärm zu bekämpfen, da entsprechende Schalldämpfer grosse, aufwendige Konstruktionen ergeben. Der Einbau eines solchen Schalldämpfers in ein bereits bestehendes Gebäude oder eine Anlage erfordert zudem häufig Bauarbeiten, die zusätzliche Kosten verursachen. Solche Problemfälle können mit aktiver Schallunterdrückung einfacher und oft auch kostengünstiger gelöst werden.

4.7.2   Anwendungen in Leitungen und Kanälen

Beim heutigen Entwicklungsstand eignet sich die aktive Schallunterdrückung hauptsächlich zur Bekämpfung von Lärm in Rohrleitungen im Frequenzbereich von 20 Hz bis etwa 500 Hz. In besonderen Fällen ist die aktive Schallunterdrückung schon jetzt eine gute Alternative zu passiven Schalldämpfern. Die Vorteile sind:

* kleine Abmessungen, besonders auch für tiefe Frequenzen
* einfache Installation, wichtig bei nachträglichem Einbau
* vernachlässigbare Strömungsverluste (kleine Querschnittsverengung)
* gezielte Unterdrückung der hervorstechenden reinen Töne im Lärmspektrum, die besonders störend sind

Die aktive Schallunterdrückung eignet sich sowohl zur Dämpfung reiner Töne (Reduktion bis 30 dB), als auch von breitbandigem Lärm (Reduktion etwa 5 dB bis 15 dB). Die Methode hat nicht nur in Laborversuchen, sondern auch in der Praxis bereits gute Resultate erzielt, Bild 4.20.

In einem anderen Fall gelang es, die durch das pulsierende Ansaugen eines Kompressors verursachten Druckwellen, die sich entlang der Ansaugleitung fortpflanzten und von der Ansaugöffnung als Lärm in die Umgebung abgestrahlt wurden, deutlich zu reduzieren. Die in der Ansaugleitung eingebaute Gegenschallanlage reduziert das Geräusch in 1 m Abstand um 13 dB(A) auf 72 dB(A). Obschon im Innern der Rohrleitung ein hoher Schalldruckpegel von 113 dB(A) vorhanden ist, genügen 4 W elektrische Leistung für die Lautsprecher.

Bild 4.20:
Beispiel der Lärmreduktion durch aktive Schallunterdrückung.
In der Anordnung, wie sie Bild 4.11 zeigt, wurde einem 100-Hz-Sinuston und einem Bandrauschen (20 Hz bis 250 Hz) ein «Antischall» überlagert.

Das resultierende Signal ist mit der ausgezogen Kurve dargestellt. Bemerkenswert ist die Dämpfung des Sinustons um etwa 30 dB. Die Dämpfung beim Schmalbandrauschen ist um 10 dB geringer.

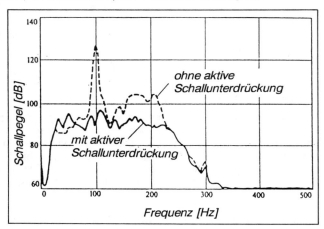

4.7.3   Anwendung im Fahrzeugbau

Im Fahrzeugbau eröffnen sich für die Konstruktion der Auspuffanlagen durch den Einsatz der aktiven Schallunterdrückung völlig neue Perspektiven. Der Hersteller von Auspuffanlagen, Walker Deutschland GmbH, hat eine solche Anlage gebaut: Bild 4.21.

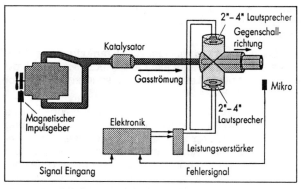

Bild 4.21:
Aktive Schallunterdrückung bei der Auspuffanlage eines Pkws
[Quelle: Walker, VDI-Nachrichten]

Die Ergebnisse der Untersuchungen sind interessant: durch den Einsatz der aktiven Schallunterdrückung anstelle des bisher notwendigen Schalldämpfers ist es möglich, bei Oberklassemodellen etwa 27 kg Gewicht einzusparen. Gleichzeitig kann eine Motor-Mehrleistung von bis zu 5 % erwartet werden, da der Gasfluss hinter dem Katalysator ungehindert strömen kann.

4.8 Flugzeugtriebwerke

Als Folge der steigenden Verkehrsdichten und des wachsenden Umweltbewusstseins der Bevölkerung wird durch Erlass von Triebwerkszulassungsrichtlinien durch die Luftfahrtbehörden versucht, den Flugzeuglärm zu begrenzen.

Der durch Triebwerke verursachte Schallpegel wird bestimmt durch die Lärmcharakteristik der einzelnen Komponenten und der damit verbundenen Frequenzspektren, der Betriebsweise des Triebwerks und der Schallausbreitung in der Atmosphäre. In der Startphase überwiegt im wesentlichen der Strahllärm, während bei der Landung aufgrund gedrosselter Betriebsweise der Verdichter- (insbesondere Fan) und Turbinenlärm in den Vordergrund tritt.

Seit die ersten Strahlflugzeuge in Verkehr gesetzt wurden, konnte der Lärmpegel von ursprünglich 120 EPNdB (Equivalent Perceived Noise level in dB), je nach Abfluggewicht, auf 90 bis 100 EPNdB gesenkt werden (seitliche Messpunktlinie in 450 m Abstand vom Flugzeug). Somit sind die Zeiten lärmiger Flugzeuge vorbei, denn es sind nur noch Typen zugelassen, die nach der Richtlinie FAR Part 36, Stufe 3 erheblich leiser sind als frühere Stufe 1- und 2- Flugzeuge (Tabelle 4.5).

Tab. 4.5: Zeitliche Entwicklung des Flugzeuglärms, Stufe 1 bis 3, nach den Richtlinien der FAR

Jahre	Stufe	Kulminationspunkt der max. Lärmentwicklung
1958 - 1990	1	1970 (ca. 1 800 Flugzeuge)
1966 - 2008	2	1979 (ca. 4 400 Flugzeuge)
1979 - ?	3/1	1989 (ca. 4 600 Flugzeuge)
1979 - ?	3/2	laufend zunehmend (2008: 7 600 Flugzeuge)

Um gegenüber den heutigen Vorschriften weitere Lärmreduktionen zu erreichen, sind triebwerkseitig zusätzliche Massnahmen möglich. Zur Senkung des Strahllärms ist im allgemeinen der Einbau von Mischern vorteilhaft. Grosse Abstände zwischen den Gittern, niedrige Machzahlen in den Triebwerkskomponenten und längere Strömungskanäle erlauben eine Verminderung der Schallausbreitung.

Schon heute ist klar, dass nach Erreichen eines bestimmten Lärmpegels der Triebwerke weitere Massnahmen an Triebwerken überflüssig werden, da die

Lärmentwicklung des Flugzeuges selbst dominiert. Aus diesem Grunde sind Modifikationen an den Steuerflächen, den Vorflügeln sowie dem Fahrwerk des Flugzeuges notwendig.

4.9 Bolzensetzwerkzeuge

4.9.1 Der Knall als Energie- und Geräuschquelle

Der durch eine Explosion erzeugte Knall ist das Paradebeispiel für eine direkte Geräuscherzeugung. An Explosivstoffe wird die Anforderung gestellt, in kurzer Zeit eine grosse Energie freizusetzen. Durch die Menge und die Art des verwendeten Explosivstoffes wir diese Energie reguliert. Das ist nicht nur bei Felssprengungen so, wo der Sprengstoff den Felsabtrag und die Zerstückelung der Gesteinsbrocken übernehmen muss, sondern auch bei Bolzensetzwerkzeugen. Je nach zu lösender Aufgabe wird die Ladung entsprechend dosiert.

Die Lärmminderungsmassnahmen lassen sich am Gerät, aus technischen Gründen aber nicht an der Geräuschquelle (Explosionsvorgang) realisieren.

4.9.2 Geräuschursachen

Bolzensetzwerkzeuge verwendet man zum Eintreiben von Setzbolzen mittels Pulverkraft in harte Baustoffe wie Beton oder Baustahl. Durch das Zünden einer Pulvertreibladung entstehen hochgespannte Gase (bis 1 400 bar), welche die Antriebsenergie für das Eindringen des Setzbolzens liefern.

Heute verwendet man aus sicherheitstechnischen Gründen nur noch Geräte, bei denen die Kraft indirekt mittels eines Kolbens übertragen wird.

4.9.3 Geräuschcharakteristik

Durch Zünden der Pulvertreibladung wird ein Explosionsknall erzeugt, welcher mit demjenigen von Handfeuerwaffen vergleichbar ist. Das akustische Signal ist durch einen hohen Spitzenwert bestimmt, der innerhalb von etwa 0,5 ms abklingt. Die Gesamtdauer liegt in der Grössenordnung von etwa 20 ms (Bild 4.22).

Zur Messung der Geräusche von Bolzensetzwerkzeugen müssen spezielle Messgeräte eingesetzt werden. Zudem sind die entsprechenden Messvorschriften zu beachten (z.B. DIN 45 635, Teil 34).

4.9.4 Lärmminderungsmassnahmen

Da für die Lärmentwicklung praktisch allein der Drucksprung der Explosionsgase massgebend ist, müssen die Massnahmen bei diesem Problem ansetzen. Nach Beendigung der Kolbenbewegung herrscht ein Druck von etwa 200 bar, der bei einem Werkzeug ohne Schalldämpfer beim Austritt immer noch über 50 bar betragen kann. Die aus der Laufmündung ausströmenden Gase expandieren so lange, bis der Gasdruck gleich dem Umgebungsdruck ist.

Die Schalleistung lässt sich verkleinern, indem man die Strömungsgeschwindigkeit herabsetzt und zusätzlich den Drucksprung, durch die stufenweise Entspannung der Gase, bereits im Werkzeug möglichst klein hält. Dies lässt sich realisieren durch:

- Verminderung des Gasdruckes
- Wärmeentzug
- Vergrösserung der Querschnitte
- Glättung des Druckverlaufes der Strömung

Zur Erzielung möglichst grosser Pegelminderungen ist eine Kombination dieser Massnahmen sinnvoll.

Bild 4.22:
Schalldruckverlauf des
Explosionsknalls eines
Bolzensetzwerkzeuges

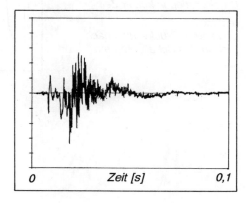

$$0 \qquad Zeit\ [s] \qquad 0,1$$

4.9.5 Beispiel

Der Gerätehersteller Hilti GmbH, München, hat die Ergebnisse seiner Untersuchungen in [51] vorgestellt. Der eingesetzte Schalldämpfer folgt drei Wirkungsprinzipien:

1. *Reflexionsschalldämpfung*
   Der Schalldurchgang im Kanal wird durch Reflexion zur Schallquelle vermindert. Als Reflexionsstellen wirken Querschnittssprünge und Umlenkungen.

2. *Drosseldämpfung*
   Die Schallenergie wird durch Umwandlung in Wärme vermindert. Die Wärme wird durch Reibung an stark ausgeprägten Querschnittsverengungen erzeugt.

3. *Glättung des Druckverlaufs*
   Glättung des Druckverlaufs der Strömung durch Einbau von Strömungswi-

derständen (Bild 4.23)

Durch die praktische Umsetzung dieses Konzeptes gelang es, den Geräusch-pegel um durchschnittlich 7 dB(A) pro Knall zu reduzieren. Dies bedeutet, umgerechnet auf den energieäquivalenten Dauerschalldruckpegel L_{pAeq} , dass gegenüber den früheren Geräten anstelle von 170 Knallen pro Tag nun 1 000 erlaubt sind, ohne dass persönliche Gehörschutzmittel getragen werden müs-sen (das diesbezügliche Berechnungsmodell wird in der EG-Richtlinie 86/188 vom 12. Mai 1986 vorgestellt und soll hier nicht näher beschrieben werden).

Bild 4.23:
Glättung des Druckverlaufs

links:
ursprünglicher Zustand mit steilem
Druckanstieg in kurzer Zeit

rechts:
geglätteter Druckverlauf nach
Einbau des Schalldämpfers

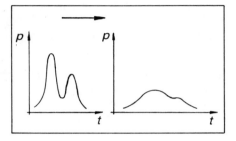

5   Ventilatoren

5.1   Einleitung

Ventilatoren stellen in den meisten raumlufttechnischen Anlagen die Haupt-lärmquelle dar. Auch in industriellen Anlagen (Prozessluft, Absaugungen) hat die Lärmentwicklung von Ventilatoren eine grosse Bedeutung.

Ventilatoren lassen sich aufgrund der sehr guten, allgemeinen Berechnungsun-terlagen schalltechnisch berechnen ([26], [36]). Die entsprechenden Verfahren werden nachstehend vorgestellt. Von namhaften Ventilator-Herstellern stehen für die Praxis gut brauchbare Unterlagen zur Verfügung, auf die an dieser Stel-le speziell hingewiesen wird.

Eine Vielzahl von Messungen, die von Herstellern durchgeführt wurden, sowie Forschungsarbeiten an Instituten von Hochschulen haben zu allgemeinen Konstruktionshinweisen geführt, um die Lärmentwicklung von Ventilatoren zu senken. Entsprechende Vorschläge ergänzen diesen Abschnitt.

5.2   Bauarten von Ventilatoren

Bezüglich der Konstruktionsart von Ventilatoren werden die folgenden Baufor-men unterschieden:

- Radialventilatoren   (Bild 5.1)
- Axialventilatoren   (Bild 5.2)
- Trommelläufer   (Bild 5.3)

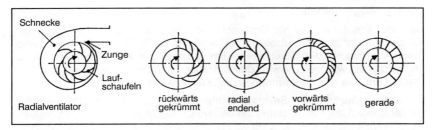

Bild 5.1:
Bauformen von Radialventilatoren

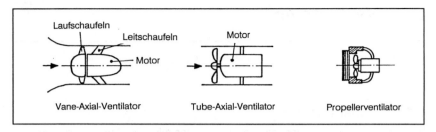

Bild 5.2:
Bauformen von Axialventilatoren

Bild 5.3:
Trommelläufer,
zweiflutig

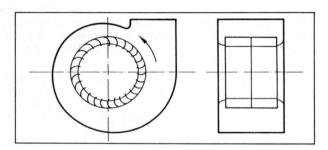

Bei der theoretischen Berechnung nach den einschlägigen Richtlinien können die Trommelläufer den Axialventilatoren gleichgesetzt werden. Diese Näherung ist in Anbetracht der Berechnungsunsicherheiten zu verantworten.

5.3 Geräuschursachen

5.3.1 Allgemeines

Das vom Ventilator erzeugte Geräusch wird fast ausschliesslich in das angeschlossene Kanalsystem abgestrahlt (Kanalgeräusch). Ein kleiner Teil gelangt durch Abstrahlung des Gehäuses in den umgebenden Raum (Ventilatorraumgeräusch), ein weiterer Teil wird durch Körperschall-Längsleitung auf das Fundament und die anschliessenden Bauteile übertragen.

Die Luftschalleistung der Sekundärlärmquellen (Antriebsmotor, Riementriebe, Getriebe usw.) liegt im allgemeinen wesentlich niedriger als die der Ventilatoren (Primärlärmquellen), so dass es normalerweise nicht erforderlich ist, ihren Pegel speziell zu bestimmen. Voraussetzung dafür ist eine einwandfreie Körperschall- und Schwingungsdämmung dieser Aggregate und der an sie angeschlossenen Systeme.

Der Hauptlärmanteil eines Ventilators stellt das Strömungsrauschen dar. Massgebend wird dieses vom Turbulenzgrad der anströmenden Luft, von der Grenzschichtturbulenz an den Schaufeloberflächen sowie von Wirbelablösungen von den Schaufelkanten erzeugt. Diese Erscheinungen führen zu einem breitbandigen Geräusch, das nur ein flaches Maximum hat und sich wie ein «Rosa Rauschen» anhört (Testsignal für akustische Messungen, das über alle Frequenzen einen konstanten Pegel liefert).

5.3.2 Drehklang

Der Drehklang entsteht durch Druckschwankungen infolge des Vorbeigleitens von Schaufel und Zwischenraum an einem ortsfesten Element, wie der Zunge eines Radialventilators oder dem Leitgitter eines Axialventilators. Die Drehklangfrequenz f_D beträgt:

$$f_D = \frac{n \cdot z}{60} \qquad [\text{Hz}] \qquad\qquad [\text{GL 5.1}]$$

z = Schaufelzahl
n = Drehzahl des Ventilators in min^{-1}

Je höher die Schaufelzahl, und je grösser der Abstand zwischen den Schaufeln und dem festen Lenkelement ist, umso weniger macht sich der Drehklang bemerkbar.

5.3.3 Turbulenzgeräusch

Das geschwindigkeitsabhängige Turbulenzgeräusch ist bei jeder Art Kanalströmung vorhanden. Es lässt sich nicht vermeiden, wird jedoch im Ventilator vom Wirbelgeräusch übertönt.

5.3.4 Wirbelgeräusch

Das Wirbelgeräusch ist die dominierende Geräuschquelle im Ventilator. Wirbel entstehen bei örtlicher Verzögerung der Strömung im Schaufelkanal und in der Spirale. Die sich bildenden Ablösungen sind wesentlich von den Strömungsbedingungen abhängig (Teillast- und Überlastbereich!).

5.3.5 Gesamtgeräusch

Das von einem Ventilator erzeugte Gesamtgeräusch entsteht aus der Überlagerung der Geräuschanteile nach Ziff. 5.3.2 bis 5.3.4. Es lässt sich als Schallleistungspegel des Ventilators physikalisch formulieren und ist belastungs- und drehzahlabhängig.

5.4 Bestimmung des Schalleistungspegels nach VDI 2081 (1983)

5.4.1 Genauigkeit der Methode

In der Einleitung wurde auf die allgemeinen Berechnungsmethoden hingewiesen. In diesem Abschnitt geht es speziell um die Methode nach VDI 2081. Auch wenn in der Zwischenzeit die Ergebnisse einiger Forschungen gezeigt haben, dass teilweise mit massiven Abweichungen in der Praxis zu rechnen ist, handelt es sich nach wie vor um ein gutes Verfahren zur Abschätzung des Schalleistungspegels.

Allerdings kann eine noch so korrekte Berechnung eine fachgerechte Messung nicht ersetzen. Immerhin dienen die berechneten Werte dem projektierenden Ingenieur als Orientierung. Eine auf der Basis VDI 2081 durchgeführte Berechnung liefert Daten, die eine recht zuverlässige **Abschätzung** der zu erwartenden Lärmsituation einer gesamten Anlage zulassen.

Die Berechnungsergebnisse liegen innerhalb einer Streuung von ± 4 dB, wenn der in Ziff. 5.4.2 erwähnte Bereich für die Ventilator-Typenkennzahl σ nicht über- oder unterschritten wird.

Für die Berechnung von raumlufttechnischen Anlagen soll dieses Verfahren bevorzugt werden, wenn keine produktspezifischen Herstellerangaben zur Verfügung stehen.

5.4.2 Berechnung des Schalleistungspegels

Der von einem Ventilator insgesamt (druck- und saugseitig) abgegebene Schalleistungspegel L_W (Kanalgeräusch) lässt sich für den optimalen Wirkungsgrad wie folgt berechnen:

$$L_W = L_{Ws} + 10 \lg \dot{V} + 20 \lg \Delta p_t \qquad [dB] \qquad \text{[GL 5.2]}$$

L_{Ws} = spezifischer Schalleistungspegel in dB
folgende Werte sind wahlweise einzusetzen:

$$L_{Ws} = 1 \pm 4 \quad [dB] \qquad \text{mit } \dot{V} \text{ in } m^3/h$$

$$L_{Ws} = 37 \pm 4 \quad [dB] \qquad \text{mit } \dot{V} \text{ in } m^3/s$$

$\dot{V}$ = Volumenstrom in m^3/s
Δp_t = Gesamtdruckdifferenz in Pa (1 Pa = 1 Nm^2 , 1 bar = 10^5 Pa)

In Bild 5.4 ist [GL 5.2] graphisch dargestellt, wobei die Toleranzen in dieser Darstellung nicht berücksichtigt werden.

Für raumlufttechnische Anlagen werden meistens Ventilatoren verwendet, deren **Typenkennzahl** $\sigma = 0,35 - 1,6$ beträgt. σ kann nach der folgenden Beziehung [GL 5.3] berechnet werden:

$$\sigma = 2{,}1 \cdot n \cdot \frac{\dot{V}^{0,5}}{(\Delta p_t / \rho)^{0,75}} \quad [-] \qquad\qquad [GL\ 5.3]$$

n = Drehzahl in s^{-1}
ρ = Luftdichte in kg/m^3

Für alle Ventilatoren, die der obigen Bedingung von σ entsprechen, ergibt sich ein gemeinsamer Wert für den spezifischen Schalleistungspegel L_{Ws}, wenn sie mit niedrigen und mittleren Umfangsgeschwindigkeiten von etwa 10 bis 90 m/s, bei Drehzahlen $\leq$ 3 000 min^{-1}, in der Nähe ihres optimalen Betriebspunktes mit ungestörter An- und Abströmung des Laufrades arbeiten.

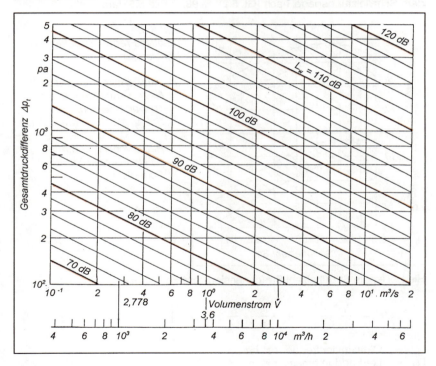

Bild 5.4:
Gesamtschalleistungspegel L_W des Ventilators im Wirkungsgradoptimum
(Kanalgeräusch, druck- und saugseitig gleich)

Die Gesamtschalleistung wird – im Gegensatz zu andern Berechnungsverfahren – unabhängig vom Ventilatortyp berechnet. Da die Laufschaufeln der im Zentrum dieser Betrachtung stehenden Ventilatortypen relativ kurz sind (d.h. $d_1/d_2 > 0,5$), wird die Schalleistung zu etwa gleichen Teilen druck- und saugseitig abgestrahlt.

5.4.3 Abschätzen des Oktav-Schalleistungspegels

Die Oktavpegel der Schalleistung sind von der Bauart des Ventilators abhängig. Sie setzen sich im wesentlichen aus dem Turbulenzgeräusch und dem Drehklang zusammen. Der grundsätzliche Verlauf des Turbulenzgeräusches, bestimmt aus der Auswertung zahlreicher gemessener Geräuschspektren von Ventilatoren, ist als Differenz zwischen dem Oktav-Schalleistungspegel und dem Schalleistungspegel nach [GL 5.2], S. 96, in Bild 5.5 dargestellt.

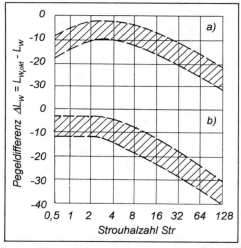

Bild 5.5:
Relative Frequenzspektren von Ventilatoren

a. Axialventilatoren und Radialventilatoren mit vorwärts gekrümmten Schaufeln (Trommelläufer)

b. Radialventilatoren mit rückwärts gekrümmten Schaufeln

Hierbei ist die Strouhalzahl Str (dimensionslose Frequenz):

$$Str = \frac{f_m \cdot D_2}{u_2} = \frac{f_m \cdot 60}{\pi \cdot n} \qquad [\,-\,] \qquad\qquad [GL\ 5.4]$$

f_m = Oktavmittenfrequenz in Hz
D_2 = Laufraddurchmesser in m
u_2 = Umfangsgeschwindigkeit in m/s
n = Ventilatordrehzahl in min^{-1}

Zur vereinfachten Berechnung von Ventilatoren wird Bild 5.5 in Tabelle 5.1 dargestellt.

Tab. 5.1: *Relative Frequenzspektren von Ventilatoren*
$\Delta L_W = L_{W,okt} - L_W$ *in dB*

Strouhalzahl	0,5	1	2	4	8	16	32	64	128
a. Axialventilatoren und Radialventilatoren (vorwärts gekrümmte Schaufeln)	- 13	- 9	- 6	- 6	- 8	- 11	- 15	- 21	- 26
b. Radialventilatoren mit rückwärts gekrümmten Schaufeln	- 7	- 7	- 7	- 9	- 13	- 18	- 23	- 29	- 35

Axialventilator und Trommelläufer besitzen nach Bild 5.5 (S. 98) das gleiche Frequenzspektrum. Bei gleichen Förderdaten Δp_t und $\dot{V}$, sowie dem entsprechend gleichen Schallleistungspegel L_W, ergibt sich jedoch, infolge der höheren Drehzahl des Axialventilators gegenüber dem Trommelläufer, ein höherer Gesamtschallleistungspegel. Hieraus darf nicht ohne weiteres gefolgert werden, dass beispielsweise ein Trommelläufer auch zwangsläufig leiser ist als ein Axialventilator, da bei gleicher Schallleistung die vorherrschenden hochfrequenten Anteile eines Axialventilators durch das angeschlossene Kanalsystem stärker gedämpft werden können, als die das Trommelläufergeräusch bestimmenden tieffrequenten Geräuschanteile.

Die Bauweise eines Ventilators kann den Schallleistungspegel wesentlich beeinflussen. Störungen im Strömungsfeld in der Umgebung des Laufrades können Überhöhungen im Oktavleistungspegel von 10 bis 15 dB(A) verursachen. Daraus entstehen die Unsicherheiten bei der Vorausbestimmung der Spektren von Ventilatoren.

Für die schalltechnische Berechnung von Ventilatoren ist es zweckmässig, einen **Zuschlag im Oktavband des Drehklanges** [GL 5.1], S. 95, vorzunehmen, und zwar für

- Axialventilatoren und Radialventilatoren
  mit rückwärts gekrümmten Schaufeln: + 5 dB
- Radialventilatoren mit vorwärts gekrümmten Schaufeln: + 3 dB

5.4.4 Geräuschverhalten bei vom Bestpunkt abweichender Ventilatordimensionierung

Wird der Ventilator nicht für seinen optimalen Betriebspunkt dimensioniert, nimmt der Schallleistungspegel L_W mit der 5. Potenz der Umfangsgeschwin-

Ventilatoren

digkeitsänderung u_1/u_2 zu:

$$\Delta L_W = 50 \lg u_1/u_2 \qquad [dB] \qquad [GL\ 5.5]$$

Diese Beziehung gilt für alle Ventilatortypen und ist auch in Bild 5.6 dargestellt. Bei Drehzahlverdoppelung, also Verdoppelung des Volumenstroms und Vervierfachung der Gesamtdruckdifferenz, steigt der Schalleistungspegel somit um ca. 15 dB.

Bild 5.6:
Geräuschverhalten bei vom Bestpunkt abweichender Auslegung

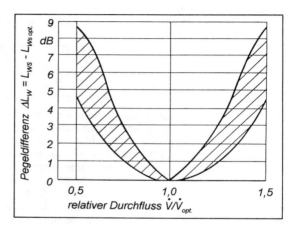

5.5 Ventilator-Kenndaten nach VDI 3731, Blatt 2 (1990)

5.5.1 Zweck und Geltungsbereich der Richtlinie

Die VDI-Richtlinie 3731, Blatt 2, vermittelt einen Überblick über die Ventilatorbauarten und erlaubt, Emissionswerte zu bestimmen. Die Richtlinie bietet dem Anwender (Planer, Hersteller, Betreiber und Institutionen, die sich mit der Beurteilung, Prüfung oder Überwachung der Geräuschemissionen von Ventilatoren befassen) eine Entscheidungshilfe für die akustische Beurteilung.

Untersucht wurden Radialventilatoren mit rückwärts gekrümmten Schaufeln und Trommelläufer in ein- und zweiseitig saugender Bauart, sowie Axialventilatoren mit und ohne Nachleitrad, die als Arbeitsmaschinen zur Förderung gasförmiger Medien dienen.

Die Ergebnisse der Messungen werden in der Form von dimensionslosen Kurven in Ziff. 5.5.2 dargestellt. Hierbei verwendet man die folgenden dimensionslosen Kennzahlen:

φ = Lieferzahl (normierter Volumenstrom)
ψ = Druckzahl (normierte Gesamtdruckerhöhung)
η_{tL} = Wirkungsgrad

100

σ = Schnellaufzahl
δ = Durchmesserzahl
D_s / D_2 = Durchmesserverhältnis

In Tabelle 5.2 sind die Datenbereiche der durch Versuche erfassten Ventilatoren zusammengestellt.

Tab. 5.2: Übersicht über den Bereich der untersuchten Ventilatortypen

	AV ohne Leitrad *)	AV mit Leitrad *)	Trommel-läufer	Radial-ventilatoren **)
Volumenstrom $\dot{V}$ in m³/s	1 - 620	3 - 600	0,1 - 2,3	0,4 - 81
Druckdifferenz Δp_t in Pa	60 - 650	440 - 10 400	215 - 2 100	200 - 19 000
Ventilatorleistung P in kW	0,2 - 220	30 - 4 266	0,03 - 3	0,3 - 2 025
Ventilatordrehzahl n in min⁻¹	86 - 2 925	600 - 2 943	546 - 2 915	880 - 5 500
Laufradduchmesser D_2 in mm	450 - 9 150	500 - 3 758	160 - 630	280 - 2 500
Umfangsgeschwindigkeit u_2 in m/s	25 - 92	77 - 176	12 - 38	23 - 190
Wirkungsgrad η_{tL}	0,54 - 0,76	0,85 - 0,89	0,55 - 0,7	0,57 - 0,87

*) *Axialventilatoren*
**) *Radialventilatoren mit rückwärts gekrümmten Schaufeln*

5.5.2 Emissionskennwerte der Ventilatoren: Ausblas-Schalleistung

5.5.2.1 Datensammlung

Es würde den Rahmen dieses Abschnittes sprengen, wenn alle Daten, die in der VDI 3731 zusammengestellt sind, wiedergegeben würden. Aus diesem Grunde sollen nur die wichtigsten Beziehungen, die für das praktische Arbeiten erforderlich sind, zusammengefasst werden.

Es wird davon ausgegangen, dass die Ventilatoren in der Nähe ihres optimalen Betriebspunktes arbeiten werden. Die spektrale Verteilung der vom Ventilator abgestrahlten Schalleistung wird analog Ziff. 5.4.3, Seite 98, durch normierte Oktavspektren beschrieben. Zur Bestimmung der Strouhalzahl Str kann die [GL 5.4], S. 98, verwendet werden. Auf die Standardabweichungen wird nicht eingegangen. Diese sind in der VDI-Richtlinie ausführlich beschrieben.

Auch bei diesem Verfahren wird ein Zuschlag bei der Drehklangfrequenz vorgeschlagen, auf den speziell eingegangen wird.

5.5.2.2 Radialventilatoren mit rückwärts gekrümmten Schaufeln

Der Schalleistungspegel L_W wird wie folgt berechnet:

$$L_W = 85,2 + 10 \lg \left\{ \frac{\dot{V}}{\dot{V}_0} \frac{\Delta p_t}{\Delta p_0} \left[\frac{1}{\eta_{tL}} - 1 \right] \right\}$$

$$+ 15,3 \lg \left\{ \frac{u_2}{a} \right\} \qquad \text{[dB]} \qquad\qquad \text{[GL 5.6]}$$

$\dot{V}$ = Volumenstrom in m³/s
$\dot{V}_0$ = 1 m³/s
Δp_t = Gesamtdruckdifferenz in Pa
Δp_0 = 1 Pa
η_{tL} = Wirkungsgrad
u_2 = Umfangsgeschwindigkeit in m/s
a = Schallgeschwindigkeit im Medium in m/s

Die [GL 5.6] kann auch als Diagramm dargestellt werden: Bild 5.7.

Bild 5.7:
Gemessener linearer Schalleistungspegel L_W von Radialventilatoren mit rückwärts gekrümmten Schaufeln in Abhängigkeit von der Umfangsmachzahl u_2/a

Legende vgl. Erklärungen zu [GL 5.6]

*) *siehe folgende Seite*

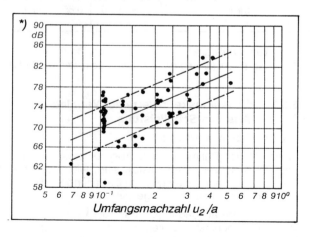

*) Auf der Ordinate wird der folgende Ausdruck dargestellt:

$$L_W - 10 \lg \left\{ \frac{\dot{V}}{\dot{V}_0} \frac{\Delta p_t}{\Delta p_0} \left[\frac{1}{\eta_{tL}} - 1 \right] \right\}$$

Mit Hilfe von Bild 5.8 können die Oktav-Schalleistungspegel $L_{W,okt}$ bestimmt werden. Das Diagramm gilt für Hochdruckventilatoren ($\sigma = 0,07$ bis $0,20$) und basiert auf dem folgenden Zusammenhang:

$$\Delta L_{W,okt} = - [6 + 12 (\lg Str - 0,13)^2] \quad [dB] \qquad [GL 5.7]$$

Str = Strouhalzahl

Für diesen Ventilatortyp muss, je nach Bauart, ein Schaufelfrequenz-Pegelzuschlag von $\Delta L_{Wd} = 0$ bis 8 dB gemacht werden.

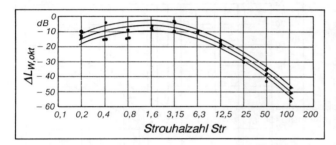

Bild 5.8:
Normiertes
Oktavspektrum
für Radialventi-
latoren mit
rückwärts
gekrümmten
Schaufeln,
Hochdruck-
ventilatoren

Für Mitteldruckventilatoren ($\sigma = 0,21$ bis $0,65$) liegt der Schaufelfrequenz-Pegelzuschlag bei $\Delta L_{Wd} = 0$ bis 6 dB. Das normierte Oktavspektrum folgt der Gesetzmässigkeit:

$$\Delta L_{W,okt} = - [5 + 5 (\lg Str + 0,39)^2] \quad [dB] \qquad [GL 5.8]$$

Diese Beziehung ist in Bild 5.9 dargestellt.

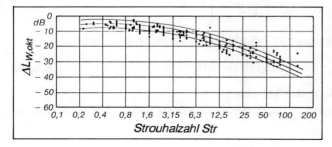

Bild 5.9:
Normiertes
Oktavspektrum
für Radialventi-
latoren mit
rückwärts
gekrümmten
Schaufeln,
Mitteldruck-
ventilatoren

103

5.5.2.3 Trommelläufer

Der Schalleistungspegel L_W für diesen Fall wird wie folgt bestimmt:

$$L_W = 85,2 + 10 \lg \left\{ \frac{\dot{V}}{\dot{V}_0} \frac{\Delta p_t}{\Delta p_0} \left[\frac{1}{\eta_{tL}} - 1 \right] \right\}$$

$$+ 15,5 \lg \left\{ \frac{u_2}{a} \right\} \qquad \text{[dB]} \qquad \text{[GL 5.9]}$$

Legende siehe [GL 5.6], S. 102

Die [GL 5.9] wird ebenfalls als Diagramm in Bild 5.10 dargestellt.

Bild 5.10: Gemessener linearer Schallei- stungspegel L_W von Trommelläu- fern in Abhängig- keit von der Umfangsmachzahl u_2/a

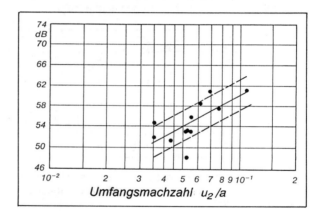

Legende vgl. Erklärungen zu [GL 5.6], S. 102

*) Auf der Ordinate wird der folgende Ausdruck dargestellt:

$$L_W - 10 \lg \left\{ \frac{\dot{V}}{\dot{V}_0} \frac{\Delta p_t}{\Delta p_0} \left[\frac{1}{\eta_{tL}} - 1 \right] \right\}$$

Die Bestimmungsgleichung für das normierte Oktavspektrum lautet:

$$\Delta L_{W,okt} = - [5 + 5 (\lg Str + 0,15)^2] \qquad \text{[dB]} \qquad \text{[GL 5.10]}$$

Diese Beziehung ist in Bild 5.11 dargestellt.

Ein Schaufelfrequenz-Pegelzuschlag ΔL_{Wd} muss in diesem Fall nicht gemacht werden.

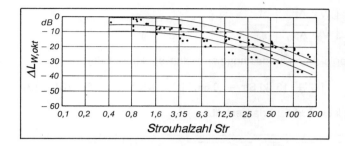

Bild 5.11:
Normiertes
Oktavspektrum
von Trommel-
läufern

5.5.2.4 Axialventilatoren mit Nachleitrad

Hier wird der Schalleistungspegel L_W wie folgt bestimmt:

$$L_W = 90,4 + 10 \lg \left\{ \frac{\dot{V}}{\dot{V}_0} \frac{\Delta p_t}{\Delta p_0} \left[\frac{1}{\eta_{tL}} - 1 \right] \right\}$$

$$+ 15,6 \lg \left\{ \frac{u_2}{a} \right\} \qquad [dB] \qquad\qquad [GL 5.11]$$

Legende siehe [GL 5.6], S. 102

Die [GL 5.11] ist in Bild 5.12 dargestellt.

Bild 5.12:
Gemessener
linearer Schallei-
stungspegel L_W
von Axialventilato-
ren mit Leitbe-
schaufelung in
Abhängigkeit von
der Umfangs-
machzahl u_2 /a

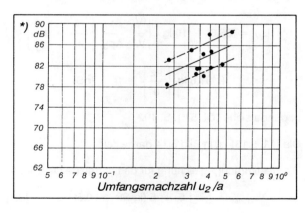

Legende vgl.
Erklärungen zu
[GL 5.6], S. 102

*) Auf der Ordinate wird der folgende Ausdruck dargestellt:

105

Ventilatoren

$$L_W - 10 \lg \left\{ \frac{\dot{V}}{\dot{V}_0} \frac{\Delta p_t}{\Delta p_0} \left[\frac{1}{\eta_{tL}} - 1 \right] \right\}$$

Die Bestimmungsgleichung für das normierte Oktavspektrum lautet:

$$\Delta L_{W,okt} = - [6 + 13 (\lg Str - 0,66)^2] \qquad [dB] \qquad\qquad [GL 5.12]$$

Diese Beziehung ist in Bild 5.13 dargestellt.

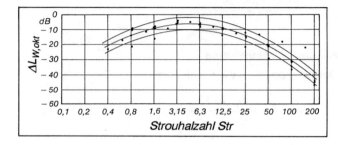

Bild 5.13:
Normiertes
Oktavspektrum
von
Axialventilatoren
mit Nachleitrad

Der Schaufelfrequenz-Pegelzuschlag liegt bei ΔL_{Wd} = 0 bis 6 dB.

5.5.2.5 Axialventilatoren ohne Nachleitrad

Der Schalleistungspegel wie folgt bestimmt:

$$L_W = 96,6 + 10 \lg \left\{ \frac{\dot{V}}{\dot{V}_0} \frac{\Delta p_t}{\Delta p_0} \left[\frac{1}{\eta_{tL}} - 1 \right] \right\}$$

$$+ 31,6 \lg \left\{ \frac{u_2}{a} \right\} \qquad [dB] \qquad\qquad [GL 5.13]$$

Legende siehe [GL 5.6], S. 102

Die [GL 5.13] ist in Bild 5.14 dargestellt.

Die Bestimmungsgleichung für das normierte Oktavspektrum lautet:

$$\Delta L_{W,okt} = - [5 + 5 (\lg Str - 0,56)^2] \qquad [dB] \qquad\qquad [GL 5.14]$$

Diese Beziehung ist in Bild 5.15 dargestellt.

106

Bild 5.14:
Gemessener
linearer Schallei-
stungspegel L_W
von Axialventilato-
ren ohne Leitbe-
schaufelung in
Abhängigkeit von
der Umfangs-
machzahl u_2/a

Legende vgl.
Erklärungen zu
[GL 5.6], S. 102

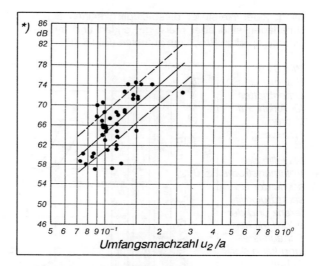

*) Auf der Ordinate wird der folgende Ausdruck dargestellt:

$$L_W - 10 \lg \left\{ \frac{\dot{V}}{\dot{V}_0} \frac{\Delta p_t}{\Delta p_0} \left[\frac{1}{\eta_{tL}} - 1 \right] \right\}$$

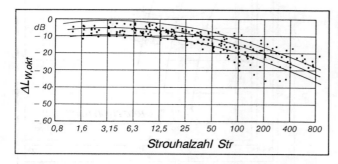

Bild 5.15:
Normiertes
Oktavspektrum
von Axial-
ventilatoren
ohne
Nachleitrad

Ein Schaufelfrequenz-Pegelzuschlag ΔL_{Wd} muss hier nicht gemacht werden.

5.6   Herstellerunterlagen

Es wurde bereits in Ziff. 5.1 darauf hingewiesen, dass viele Ventilator-Hersteller Berechnungsunterlagen für ihre Produkte zur Verfügung stellen. Allerdings

Ventilatoren

pflegt jeder Hersteller diesbezüglich seinen eigenen «Darstellungs-Stil». Die
Unterlagen sind aber meist gut erklärt und mit Beispielen illustriert, so dass
eigentlich selten Probleme auftreten (Bild 5.16).

*Bild 5.16:
Beispiel eines
Datenblattes
für Axialventi-
latoren
[Troxvent]*

*Mit Hilfe des
Volumenstroms
sowie der Ge-
samtdruckdif-
ferenz und der
erforderlichen
Schaufelstel-
lung kann der
Schall-
leistungspegel
ermittelt wer-
den.*

*Mit einer
Tabelle, in der
die relativen
Frequenzspek-
tren zusam-
mengestellt
sind, kann man
zudem die
Oktavband-
Schall-
leistungspegel
berechnen.*

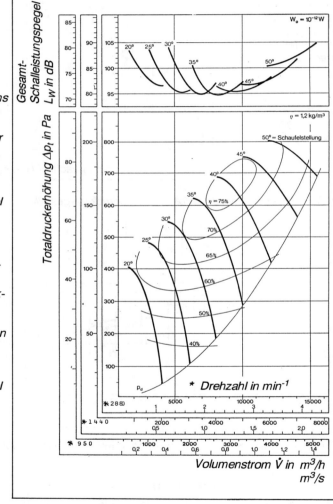

108

5.7 Messverfahren zur Bestimmung der Schalleistung von Ventilatoren

5.7.1 Übersicht

Es gibt mehrere Messverfahren, um die unterschiedlichen Schalleistungspegel von Ventilatoren zu bestimmen. Eine Übersicht vermittelt Tabelle 5.3.

Tab. 5.3: Zusammenstellung der Messverfahren zur Bestimmung der Schalleistungspegel von Ventilatoren

Kenngrösse	Messverfahren
Saugseitiger oder druckseitiger Kanalschalleistungspegel	Kanal
Saugseitiger oder druckseitiger Kanalschalleistungs-pegel des offenen Ventilators	Kanal
Gehäuseschalleistungspegel	Hallraum Freifeld
Saugseitiger oder druckseitiger Schalleistungspegel des einseitig offenen Ventilators	Hallraum Freifeld
Saugseitiger oder druckseitiger Schalleistungspegel des beidseitig offenen Ventilators	Hallraum Freifeld

5.7.2 Internationale Normung

Man hat schon vor Jahren erkannt, dass akustische Messungen an Ventilatoren nach einheitlichen Kriterien durchgeführt werden müssen um vergleichbare Ergebnisse zu erhalten. Dies hat zu einer ganzen Reihe von Normen und Richtlinien geführt, auf die nicht im Detail eingegangen wird.

Im Jahre 1994 ist die DIN EN 25 136 (identisch mit ISO 5136 - 1993) herausgegeben worden mit dem Titel «Bestimmung der von Ventilatoren in Kanäle abgestrahlten Schalleistung (Kanalverfahren)». Da diese Norm gleichzeitig vom CEN (Comité Européen de Normalisation) übernommen wurde, hat sie verbindlichen Charakter. Es ist vorgesehen, noch eine ganze Reihe weiterer Normen zum Thema zu erarbeiten.

5.7.3 Kanalschalleistungspegel

Der Kanalschalleistungspegel ist derjenige Wert, dem in der Praxis die grösste Bedeutung zukommt. Insbesondere für die akustische Berechnung von raum-

109

lufttechnischen Anlagen muss man von Ventilatoren die entsprechenden Daten kennen.

5.8 Allgemeine Konstruktionshinweise für lärmarme Ventilatoren

5.8.1 Zielsetzung

Man kennt heute sehr viele Massnahmen, mit deren Hilfe ein Ventilator geräuscharm konstruiert werden kann. In der Fachliteratur, z.B. [2], [36], finden sich detaillierte Hinweise. In den beiden folgenden Abschnitten werden stichwortartig die wichtigsten Massnahmen aufgelistet.

5.8.2 Radialventilator

- Die Relativgeschwindigkeit zwischen den Schaufeln und dem Strömungsmedium soll bei gleicher Förderleistung möglichst klein sein; dies ist erreichbar durch:
  - Erhöhung der Flügelzahl
  - Verringerung der Ventilatordimensionen
  - Verringerung der Druckverluste durch strömungstechnisch günstige Ausbildung des Einlaufes (Vorsicht: Diffusor mit Leitschaufeln)
  - nach Möglichkeit Verwendung von vorwärts gekrümmten Schaufeln

- Der Abstand Zunge-Laufrad soll stets so gross sein, wie das strömungstechnisch noch zulässig ist.

- Vergrösserung des Zungenradius auf ca. 10 % des Laufraddurchmessers

- Versetzen der Schaufeln bei Laufrädern mit zwei Einlässen oder zwei Schaufelreihen

- Verkleinerung des Ringspaltes zwischen der Einlaufdüse und der Eintrittsöffnung des Laufrades

- Schrägungswinkel zwischen Laufradschaufeln und Gehäusezunge vorsehen. Gehäusezunge und die Hinterkanten der Laufradschaufeln nicht parallel zur Drehachse anordnen. Die Schrägung muss mindestens eine Laufradbreite überspannen.

- Die Schaufelfrequenz darf nicht mit einer Resonanzfrequenz des Gehäuses oder der Schnecke übereinstimmen.

- Hindernisse und Störungen im Einlauf sind zu vermeiden.

- Beidseitige Schaufelspannungen sind zu vermeiden.

- Wahl einer grossen Flügelzahl

5.8.3   Axialventilator

- Die Relativgeschwindigkeit zwischen den Schaufeln und dem Strömungs-medium soll bei gleicher Förderleistung möglichst klein sein; dies ist er-reichbar durch:
  - Erhöhung der Flügelzahl (Bild 5.17)
  - Vergrösserung der Schaufelbreite
  - Vergrösserung des Flügeldurchmessers
  - profilierte Schaufeln
  - strömungstechnisch günstige Ausbildung des Einlaufs und Auslaufs zur Verringerung des Druckverlustes (Diffusoren, Nabenkonus)
  - grosse Anstellwinkel
  - nachgeschaltete, strömungsoptimierte Leitapparate

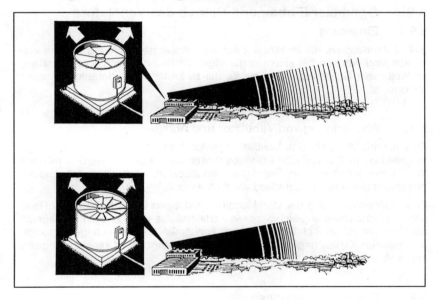

Bild 5.17:
Eine Erhöhung der Flügelzahl bei einem Axialventilator führt zur Anhebung der Drehklangfrequenz und somit zu einer Verringerung der Schallabstrahlung.

- Vergrösserung des Abstandes zwischen Lauf- und Leitschaufeln
- Schrägstellung der Leitschaufeln gegenüber der Laufradachse oder in Umfangsrichtung geneigte Leitschaufeln
- unregelmässige Anordnung der Leitschaufeln
- unregelmässige Anordnung der Laufradschaufeln

111

- in Umfangsrichtung geschwungene Laufradschaufeln
- Verringerung des Spaltabstandes zwischen Laufrad und Gehäuse
- Vorleitapparate sind zu vermeiden.
- Der Abstand Laufrad-Nachleitapparat soll mindestens 20 − 30 Verdrängungsdicken betragen.
- Auf strömungstechnisch günstige Ausbildung des Einlaufes ist zu achten. Hindernisse und Störungen im Einlauf sind zu vermeiden.
- Die Wirbelablösung an den Laufschaufeln kann durch Massnahmen an deren Hinterkante reduziert werden.

5.9 Optimaler Einbau und Betrieb des Ventilators

5.9.1 Einleitung

Selbst Ventilatoren, die im Hinblick auf die Geräuschentwicklung optimal konstruiert sind, können bei einem ungünstigen Einbau oder schlechter Betriebsart weit mehr Schall erzeugen, als für die zu leistende Förderaufgabe unvermeidbar ist.

5.9.2 Abstimmung von Ventilator und Anlage

Eine richtige Auswahl des Ventilators treffen bedeutet, dass die strömungstechnischen **und** akustischen Gegebenheiten berücksichtigt werden müssen. Ventilatoren arbeiten in der Regel dann am leisesten, wenn sie im Arbeitspunkt des maximalen Wirkungsgrades betrieben werden.

Eine Übereinstimmung der Drehklangfrequenz eines Ventilators mit der Resonanzfrequenz eines angeschlossenen Kanalsystems kann zu starken Pegelzunahmen führen. Als Richtwert kann man annehmen, dass die Länge des angeschlossenen Kanals ungleich der halben Wellenlänge der Drehklangfrequenz sein soll.

5.9.3 Zuströmbedingungen

Durch eine strömungsgünstige Anordnung des Ventilators im Kanalsystem können Turbulenzen, die zu Geräuschen führen, weitgehend vermieden werden (Bild 5.18). Hindernisse in unmittelbarer Nähe des Ventilators können ebenfalls zu Pegelerhöhungen führen (Bild 5.19).

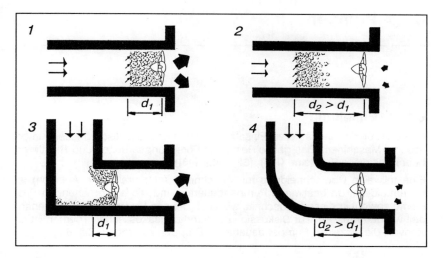

Bild 5.18:
Einbau des Ventilators im Kanalsystem

1,2   Zwischen Klappen und Ventilator muss eine genügend grosse Distanz
*   sein, damit sich die Strömung beruhigen kann.*
3   Bei Kniestücken ist eine Ventilatoranordnung ungünstig: es entstehen
*   Turbulenzen und somit Geräusche.*
4   Gute Anordnung des Ventilators nach einem Bogen mit genügend
*   Abstand zu diesem.*

Bild 5.19:
Im Ansaug-
kanal dürfen
sich unmittel-
bar vor dem
Ventilator kei-
ne Hindernis-
se befinden,
da solche un-
weigerlich zu
Turbulenzen
und somit zu
Geräuschen
führen.

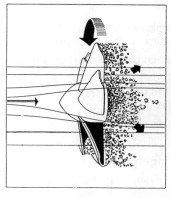 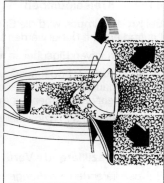

6 Pumpen

6.1 Einleitung

Pumpen für den industriellen Einsatz sind strömungsakustisch äusserst interessante Maschinen. Eine ganze Reihe von Forschungsarbeiten und Richtlinien behandelt diese Probleme ([19], [35], [42], [43]).

Eine teilweise Überschneidung mit Abschnitt 8 (öl-hydraulische Anlagen) ist unvermeidlich, da bestimmte Pumpenbauarten und die entsprechenden Probleme sowohl in diesem Abschnitt, wie auch bei den Hydraulikanlagen behandelt werden müssen. Zur Diskussion der strömungsakustischen Themen ist es sinnvoll, die einzelnen Pumpenbauarten in Gruppen zu ordnen (Ziff. 6.2).

6.2 Bauarten

6.2.1 Übersicht

Die verschiedenen Bauarten von Pumpen werden in der Praxis drei Hauptgruppen zugeordnet:

- Kreiselpumpen   (Ziff. 6.2.2)
- Oszillierende Verdrängerpumpen   (Ziff. 6.2.3)
- Rotierende Verdrängerpumpen   (Ziff. 6.2.4)

6.2.2 Kreiselpumpen

Bei Kreiselpumpen wird die Energie der Förderflüssigkeit durch ein rotierendes Laufrad erhöht. Dabei werden Laufschaufeln umströmt.

Die konstruktiven Eigenheiten führen zur folgenden Einteilung:

- Spiral- oder Ringgehäusepumpen
- Leitschaufelpumpen mit Rückführung
- Rohrgehäusepumpen mit Axialrad

Bild 6.1 zeigt das Prinzip einer Kreiselpumpe.

6.2.3 Oszillierende Verdrängerpumpen

Bei oszillierenden Verdrängerpumpen wird die Energie der Förderflüssigkeit durch einen oder mehrere oszillierende (hin- und hergehende) Verdränger im Zusammenwirken mit den sie umgebenden Gehäuseteilen erhöht.

Bild 6.1:
Prinzip einer Kreiselpumpe

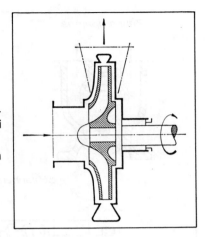

Man unterscheidet je nach Bauart:

● Reihenkolbenpumpen
● Membranpumpen

Bei den Reihenkolbenpumpen überwiegen in der Praxis die Bauarten mit drei Verdrängern.

Membranpumpen werden mechanisch oder hydraulisch angesteuert.

6.2.4   Rotierende Verdrängerpumpen

Bei den rotierenden Verdrängerpumpen wird die Energie der Förderflüssigkeit durch einen oder mehrere rotierende (umlaufende) Verdränger im Zusammenwirken mit den sie umgebenden Gehäuseteilen erhöht.

Diese Kategorie von Pumpen wird unterteilt in (Bild 6.2):

● Schraubenspindelpumpen
● Zahnradpumpen
● Kreiskolbenpumpen

Schraubenspindelpumpen werden meistens mit zwei oder drei aussengelagerten Spindeln eingesetzt.

Am häufigsten werden in diesem Einsatzbereich aussenverzahnte Zahnradpumpen eingesetzt.

An dieser Stelle geht es hauptsächlich um Kreiskolbenpumpen mit zwei mehrflügeligen Verdrängern bei einseitiger Lagerung.

6.3   Geräuschursachen

Bei allen Pumpen-Bauarten liegt die Hauptursache für die Geräuschentwicklung bei den durch die Förderung der Flüssigkeit erzeugten Wechseldrücken und der daraus resultierenden Pulsation. Bei der akustischen Betrachtung einer Gesamtanlage fallen zudem die zu- und wegführenden Leitungen mit ihren Armaturen stark ins Gewicht. Die Berechnung von Rohrleitungen, und die erforderlichen Massnahmen werden in Abschnitt 7 (Rohrleitungen und Ventile) näher vorgestellt.

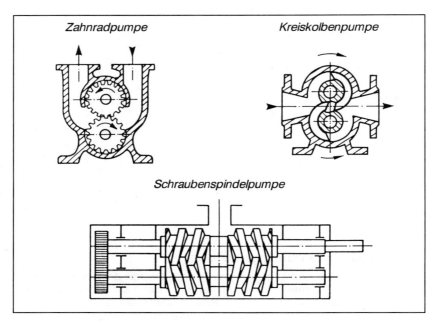

Bild 6.2:
Bauformen der unterschiedlichen Verdrängerpumpen

6.4 Emissionskennwerte

6.4.1 Grundlagen

In den VDI-Richtlinien 3743, Blatt 1 und 2 ([42], [43]) sind Emissionskennwerte für eine ganze Reihe von Pumpen zusammengestellt. Die Werte bieten dem Anwender (Planer, Hersteller, Betreiber und Institutionen, die sich mit der Beurteilung, Prüfung oder Überwachung der Geräuschemissionen von Pumpen beschäftigen) eine Entscheidungshilfe für die akustische Beurteilung.

Die Darstellung der Emissionskennwerte ist nach Ziff. 6.2.1, Seite 114, gegliedert. Den Diagrammen und Berechnungsverfahren sind eine Reihe von normgerechten Messungen zugrunde gelegt.

Bei allen Pumpen wird immer der zu erwartende mittlere A-Schalleistungspegel L_{WA} in Abhängigkeit vom Leistungsbedarf P angegeben. Gleichzeitig wird der Gültigkeitsbereich festgelegt. Im Gegensatz zu den Emissionskennwerten der Ventilatoren werden bei den Pumpen keine Oktavleistungsspektren bestimmt.

6.4.2 Kreiselpumpen

6.4.2.1 Spiral- oder Ringgehäusepumpen

$$L_{WA} = 71 + 13,5 \lg (P / P_0) \qquad \text{[dB]} \qquad \text{[GL 6.1]}$$

Gültig für den Bereich $4\,kW \geq P \geq 2\,000\,kW$

P = Leistungsbedarf in kW
P_0 = 1 kW

[GL 6.1] ist in Bild 6.3 dargestellt.

Bild 6.3:
Schalleistungspegel
L_{WA} in Funktion des
Leistungsbedarfs für
Spiral- oder Ring-
gehäusepumpen

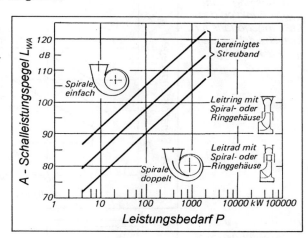

6.4.2.2 Leitschaufelpumpen mit Rückführung

$$L_{WA} = 83,5 + 8,5 \lg (P / P_0) \qquad \text{[dB]} \qquad \text{[GL 6.2]}$$

Gültig für den Bereich $4\,kW \geq P \geq 20\,000\,kW$

P = Leistungsbedarf in kW
P_0 = 1 kW

[GL 6.2] ist in Bild 6.4 dargestellt.

6.4.2.3 Rohrgehäusepumpen mit Axialrad

$$L_{WA} = 21,5 + 8,5 \lg (P / P_0) + 57 (Q / Q_{opt}) \qquad \text{[dB]} \qquad \text{[GL 6.3]}$$

Gültig für den Bereich $10 \, kW \geq P \geq 1\,300 \, kW$
$$0{,}77 \geq Q / Q_{opt} \geq 1{,}25$$

P	=	Leistungsbedarf in kW
P_0	=	1 kW
Q / Q_{opt}	=	Verhältnis Förderstrom im Messpunkt zum Förderstrom im Optimalpunkt

[GL 6.3] ist in Bild 6.5 dargestellt.

Bild 6.4:
Schalleistungspegel
L_{WA} in Funktion des
Leistungsbedarfs für
Leitschaufelpumpen
mit Rückführung

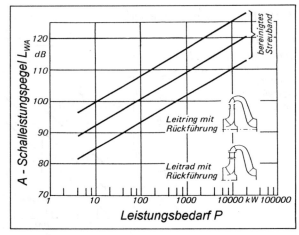

Bild 6.5:
Schalleistungspegel
L_{WA} in Funktion des
Leistungsbedarfs für
Rohrgehäuse-
pumpen mit Axialrad

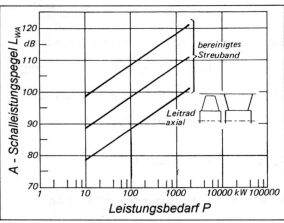

118

6.4.3 Oszillierende Verdrängerpumpen

6.4.3.1 Reihenkolbenpumpen

$$L_{WA} = 78 + 10 \lg (P / P_0) \pm 6 \qquad [dB] \qquad [GL\ 6.4]$$

Gültig für den Bereich $1\ kW \geq P \geq 1\ 000\ kW$

$P = $ Leistungsbedarf in kW
$P_0 = 1\ kW$

[GL 6.4] ist in Bild 6.6 dargestellt.

Bild 6.6:
Schalleistungs-
pegel L_{WA} in
Funktion des
Leistungs-
bedarfs für
Reihenkolben-
pumpen

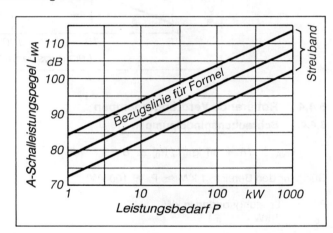

6.4.3.2 Membranpumpen

$$L_{WA} = 78 + 9 \lg (P / P_0) \pm 6 \qquad [dB] \qquad [GL\ 6.5]$$

Gültig für den Bereich $1\ kW \geq P \geq 100\ kW$

$P = $ Leistungsbedarf in kW
$P_0 = 1\ kW$

[GL 6.5] ist in Bild 6.7 dargestellt.

Bild 6.7:
Schalleistungs-
pegel L_{WA} in
Funktion des
Leistungs-
bedarfs für
Membran-
pumpen

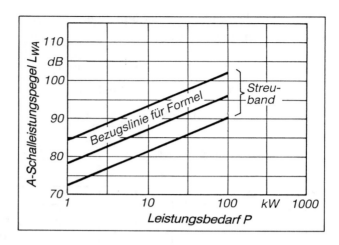

6.4.4 Rotierende Verdrängerpumpen

6.4.4.1 Schraubenspindelpumpen

$$L_{WA} = 78 + 11 \lg (P / P_0) \pm 6 \qquad [dB] \qquad [GL\ 6.6]$$

Gültig für den Bereich 1 kW $\geq$ P $\geq$ 100 kW

P = Leistungsbedarf in kW
P_0 = 1 kW

[GL 6.6] ist in Bild 6.8 dargestellt.

6.4.4.2 Zahnradpumpen

$$L_{WA} = 78 + 11 \lg (P / P_0) \pm 3 \qquad [dB] \qquad [GL\ 6.7]$$

Gültig für den Bereich 1 kW $\geq$ P $\geq$ 100 kW

P = Leistungsbedarf in kW
P_0 = 1 kW

[GL 6.7] ist in Bild 6.9 dargestellt.

Bild 6.8:
Schalleistungs-
pegel L_{WA} in
Funktion des
Leistungs-
bedarfs für
Schrauben-
spindelpumpen

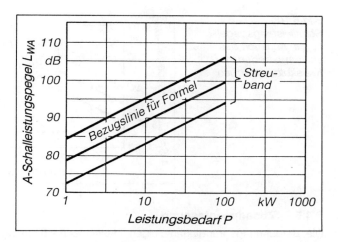

Bild 6.9:
Schalleistungspegel
L_{WA} in Funktion des
Leistungsbedarfs für
Zahnradpumpen

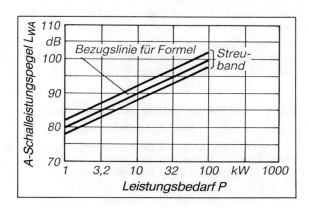

6.4.4.3 Kreiskolbenpumpen

$$L_{WA} = 84 + 11 \lg (P / P_0) \pm 5 \qquad [dB] \qquad \text{[GL 6.8]}$$

Gültig für den Bereich $1\,kW \geq P \geq 1\,000\,kW$

P = Leistungsbedarf in kW
P_0 = 1 kW

[GL 6.8] ist in Bild 6.10 dargestellt.

121

Bild 6.10:
Schalleistungspegel
L_{WA} *in Funktion des*
Leistungsbedarfs für
Kreiskolbenpumpen

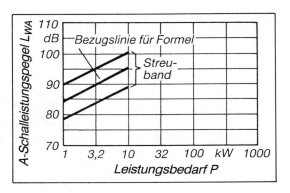

6.4.5 Zusammenfassung

Die Berechnungsgrundlagen zeigen, dass die Bestimmung der Emissions-kennwerte von Pumpen einfach ist. Zur Beurteilung ist allenfalls der Hinweis von Interesse, dass bei Pumpen im Normalfall Einzeltöne fehlen und Impuls-haltigkeit nicht vorhanden ist.

Die vorgestellten Pumpenbaugruppen sind nicht vollständig. So fehlen bei-spielsweise die Wasserstrahlpumpen (Ejektoren), über die keine solchen Berechnungsverfahren vorliegen.

6.5 Lärmminderungsmassnahmen

6.5.1 Konzept der Lärmminderung

Um den Flüssigkeitsschall zu vermindern, kommt es vor allem darauf an, die Förderschwankungen und die Druckdifferenzen, beim Ankoppeln der geför-derten Flüssigkeitsvolumina an die Druckseite möglichst klein zu halten und alle Vorgänge möglichst «weich» zu machen. «Weich» gemacht wird ein Vor-gang, indem Unstetigkeiten in den Beschleunigungen und ihren Ableitungen soweit als möglich vermieden werden.

6.5.2 Primäre Massnahmen

Man kann eine Geräuschminderung, je nach Pumpenbauart, auch mit einer der folgenden Massnahmen realisieren:

- grössere Kolbenzahl
- Vermeidung schädlicher Räume mit gutem volumetrischem Wirkungsgrad
- genau schliessende Ventile mit optimaler Befederung
- Optimierung der Fördergeometrie
- Optimierung der Spalte zwischen den rotierenden Verdrängern und dem

sie umgebenden Pumpengehäuse (Vermeidung von Wirbelbildungen, Ablösung und Umlenkung)
- Vergrösserung der Abstände zwischen Leit- und Laufschaufeln (bzw. Spiralzunge)
- Variation der Lauf- und Leitschaufelzahl

Bei der Auswahl einer Pumpe muss darauf geachtet werden, dass die Betriebsdaten innerhalb des zulässigen Kennlinienbereiches liegen. Die Pumpe soll kavitationsfrei betrieben werden, sonst muss mit einem um bis zu 10 dB höheren Schalleistungspegel gerechnet werden. Motor und Getriebe, die mit der Pumpe eine Einheit bilden, dürfen den Gesamtpegel nicht erhöhen.

6.5.3 Sekundäre Massnahmen

Sekundäre Massnahmen sollen die Schallausbreitung reduzieren. Die folgenden Möglichkeiten können geprüft werden:

- Teil- oder Vollkapselung der Pumpe
- Armaturen nicht unmittelbar an Pumpenstutzen anordnen
- strömungsgünstiger Verlauf und gute Befestigung der angeschlossenen Rohrleitungen
- Einbau von Pulsationsdämpfern (Blasen- oder Membranspeicher, Windkessel, Resonatoren): Bild 6.11
- elastische Verbindungen zwischen Pumpe und Rohrleitungen, elastische Rohrbefestigungen
- Montage der Pumpe auf Schwingungsdämmelementen
- Ausgiessen von Pumpengrundrahmen mit Beton
- Entdröhnen grosser Blechflächen

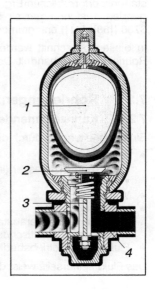

Bild 6.11:
Pulsationsdämpfer «Pulse-tone» ® [Greer Hydraulics, USA bzw. Olaer (Suisse) S.A., Düdingen] für direkten Rohreinbau

Die mit Stickstoff gefüllte Blase (1) komprimiert und entspannt sich je nach Grösse des Pumpenstosses. Die Pulsationen werden geglättet und beruhigen druckseitig das ganze System. Die im Flüssigkeitsanschluss (4) montierte Prallplatte (3) garantiert die Umleitung der Flüssigkeit in den Dämpfer. Die untere Absicherung der Blase erfolgt wie bei allen Speichern nach diesem Prinzip (Lizenz Mercier-Greer) durch ein Ölventil (2) oder durch einen in der Blase einvulkanisierten Metallteller.

7 Rohrleitungen und Ventile

7.1 Einleitung

Rohrleitungen und Ventile sind für die Geräuschsituation in ihrem Umfeld häufig von besonderer Bedeutung. In Betrieben vieler Branchen und manchmal auch in deren Nachbarschaft, aber auch in Wohngebäuden, können die von Rohrleitungen und Armaturen abgestrahlten Geräusche störende oder gesundheitsgefährdende Wirkungen haben. Das gleiche gilt für Geräusche, die über Rohrleitungen weitergeleitet und dann von nachgeschalteten Bauelementen oder von Gebäudewänden abgestrahlt werden. Gegen die von Rohrleitungen ausgehenden Geräusche können daher sowohl im Rahmen des Schallschutzes am Arbeitsplatz als auch des Immissionschutzes in der Nachbarschaft Lärmminderungsmassnahmen erforderlich werden.

Die bei Rohrleitungen und Armaturen auftretenden Geräuschmechanismen sind vielschichtig; sie umfassen die Schallentstehung in den strömenden Medien, die Fluidschall- und Körperschallübertragung sowie die Luftschallabstrahlung. Die Grundlagen der Strömungsakustik wurden bereits in Abschnitt 2 vermittelt. Aus diesem Grunde werden nur noch die für das allgemeine Verständnis erforderlichen Ergänzungen erwähnt. Die Grundlagen zu den nachfolgenden Ausführungen sind zum grossen Teil den VDI-Richtlinien 3733 und 3738 ([38], [41]) entnommen.

In diesem Abschnitt werden in einem ersten Hauptblock die Probleme der Rohrleitungen behandelt. Der zweite Teil befasst sich mit den Armaturen.

7.2 Rohrleitungen: Grundlagen

7.2.1 Kennzeichnende Grössen

Eine Rohrleitung ist durch die folgenden Grössen gekennzeichnet:

- Abmessungen:
  - Aussendurchmesser (Innendurchmesser)
  - Wanddicke
- Werkstoff
- Verlegungsart:
  - Führung, Auflagerabstand, Art des Auflagers
  - Festpunkte (elastisch/fest)
- Fluid (unter Betriebsbedingungen)

Das Fluid seinerseits weist die folgenden Merkmale auf:

124

- Medium
- Dichte
- Zähigkeit
- Temperatur
- Strömungsgeschwindigkeit

Für die Strömungsgeschwindigkeit kann von den folgenden Richtwerten ausgegangen werden:

- Flüssigkeiten   bis   3 m/s
- Gase   bis   40 m/s
- Wasserdampf   20 bis   60 m/s
- Feststoffe in gasförmigen Trägerfluiden   15 bis   25 m/s
- Feststoffe in flüssigen Trägerfluiden   1 bis   6 m/s
- Gas-Flüssigkeitsgemische   2 bis   15 m/s

Bei Abblas- und Bypassleitungen, sowie hinter Armaturen können gegenüber diesen Richtwerten wesentlich höhere Geschwindigkeiten bis zur Schallgeschwindigkeit auftreten. In solchen Fällen muss sowohl die Geräuschentwicklung wie auch die statische und dynamische Belastung von Rohrleitungen beachtet werden.

7.2.2 Begriffe

Bei den Berechnungen von Rohrleitungen wird zwischen einem äusseren Schalleistungspegel L_{Wa} und einem inneren Schalleistungspegel L_{Wi} unterschieden.

Für den inneren Schalleistungspegel L_{Wi} an einer Rohrleitungsstelle gilt die Fläche des Rohrleitungsquerschnittes als Messfläche S. Der äussere Schalleistungspegel L_{Wa} wird nach den einschlägigen Verfahren über die Messfläche ermittelt.

7.2.3 Strömungsgeräusch

Das Strömungsgeräusch (für gasförmige Medien) in geraden Leitungen kann gleich wie dasjenige in Luftkanälen für raumlufttechnische Anlagen berechnet werden. Allerdings verwendet man teilweise abweichende Formelzeichen.

$$L_{WAi} = 7 + 50 \lg \frac{w}{w_0} + 10 \lg \frac{\pi \, d_i^2}{4 \, S_0} \qquad [dB] \qquad [GL \ 7.1]$$

L_{WAi} = innerer A-bewerteter Schalleistungspegel in dB
w = Strömungsgeschwindigkeit in m/s
w_0 = 1 m/s
d_i = Rohrinnendurchmesser in m
S_0 = 1 m^2

[GL 7.1] ist in Bild 7.1 dargestellt. Es wird vorausgesetzt, dass als Fluid Luft mit einer Temperatur $\vartheta = 0°C$ gefördert wird. Für andere Fluide und entsprechend abweichende Dichten und Temperaturen muss [GL 7.2] verwendet werden.

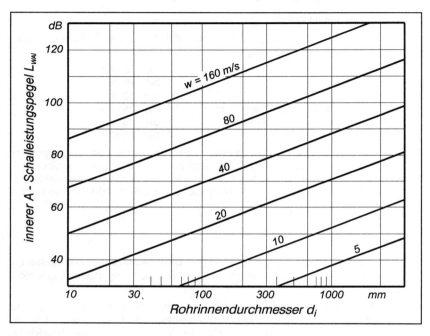

Bild 7.1:
Abhängigkeit des in geraden Rohrleitungen durch Strömung verursachten A-bewerteten Schalleistungspegels L_{WAi} von der Strömungsgeschwindigkeit w bei unterschiedlichem Rohrinnendurchmesser d_i (gilt für Länge: $l > 10\,d_i$)

$$L_{WAi} = \left\{ 4 + 50\,lg\,\frac{w}{w_0} + 10\,lg\,\frac{\pi\,d_i^2}{4\,S_0} - 25\,lg\,\frac{T}{T_0} + 8,6\,lg\,\frac{\rho}{\rho_L} \right.$$

$$\left. + 10\,lg\,\left[\frac{w}{10\,w_0}\right] + 1 \right\} \quad [dB] \qquad\qquad [GL\ 7.2]$$

Vgl. Erklärungen zu [GL 7.1], Seite 125

T = absolute Temperatur in K
T_0 = Bezugstemperatur 273 K
ρ = Dichte in kg/m³

126

ρ_L = Dichte der Luft bei 0°C und 1 bar (ρ_L = 1,293 kg/m³)
w = Strömungsgeschwindigkeit in m/s
w_0 = Bezugsströmungsgeschwindigkeit 1 m/s

Bei den meisten technischen Anwendungen kann von einer turbulenten Strömung ausgegangen werden. Hierbei wird etwa 1 ‰ der Strömungsenergie in Schallenergie umgewandelt.

Die spektrale Verteilung des Strömungsrauschens ist in Bild 7.2 dargestellt (mit Luft als Fluid bei einer Temperatur von ϑ = 0°C).

Bild 7.2:
Relatives
A-bewertetes
Schallspektrum
von Strömungs-
rauschen

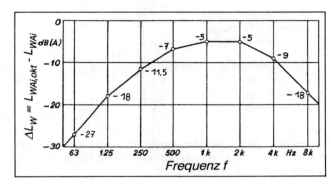

7.2.4 Feststoffe im Fluid

Bei der Förderung von Feststoffen mittels Trägerfluid treten zusätzliche Geräuschquellen auf, einerseits durch die Berührung der Feststoffteile gegenseitig und anderseits durch die Berührung mit der Rohrleitungswand. Besonders ausgeprägt sind die Geräusche, wenn harte Teilchen in gasförmigem Fluid gefördert werden.

Solche Geräusche entstehen beispielsweise bei der pneumatischen Förderung von Kunststoffgranulaten und Getreide. Das Maximum der Schallintensität liegt erfahrungsgemäss zwischen 2 000 Hz und 16 000 Hz. Die Höhe des Schalldruckpegels ist abhängig von der Strömungsgeschwindigkeit, dem Werkstoff des Rohres und der Art des Feststoffes. Es können A-bewertete Schalldruckpegel zwischen 85 dB und 100 dB in 1 m Abstand von geraden Rohrleitungsstücken auftreten. Im Bereich von Krümmern können diese Werte noch 10 bis 15 dB höher liegen.

Beispiele von Schallemissionen von Rohrleitungen zeigt Bild 7.3.

1 *Flugförderung*
  Äusserer
  Schalleistungspegel mit
  einem 90°-Rohrbogen:
  $L_{Wa} = 102 \, dB$
2 *Flugförderung*
  Äusserer
  Schalleistungspegel für ein
  gerades Rohr:
  $L_{Wa} = 92 \, dB$
  (Massenstrom wie 1)
3 *Taktschubförderung*
  (Langsamförderung)
  Äusserer
  Schalleistungspegel für eine
  Fördermenge von
  $Q = 2,5 \, t \, / \, h:$
  $L_{Wa} = 82 \, dB$

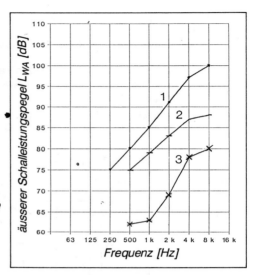

Bild 7.3:
Beispiele für Schallspektren von Rohrleitungen beim Transport von Kunststoff-granulat in einer 3 m langen Rohrleitung aus Edelstahl mit Nennweite DN 100 und Wanddicke s = 3 mm

7.3 Rohrleitungen: Schallübertragung

7.3.1 Allgemeines

Die Schallübertragung erfolgt durch das Fluid:

● als Gas- oder Flüssigkeitsschall
● als Körperschall durch die Rohrleitungswand

Beide Ausbreitungsformen werden getrennt vorgestellt.

7.3.2 Schall im Fluid

7.3.2.1 Schallfeld

In flüssigen und gasförmigen Medien breitet sich der Schall als Longitudinal-welle aus. Die Wellenlänge λ beträgt:

$$\lambda = \frac{c_F}{f} \qquad [m] \qquad \text{[GL 7.3]}$$

c_F = Schallgeschwindigkeit im Fluid in m/s
f = Frequenz in Hz

Bei ruhenden Medien mit einer unendlichen Ausdehnung gelten die folgenden Beziehungen für die Ermittlung der Schallgeschwindigkeit c_F.

Für Gase gilt:

$$c_F = \sqrt{\kappa \frac{p_{abs}}{\rho}} \qquad [m/s] \qquad [GL\ 7.4]$$

p_{abs} = absoluter Druck in bar
κ = Verhältnis der spezifischen Wärmen c_p / c_v (Adiabatenexponent)
ρ = Dichte in kg/m³

$$c_F = \sqrt{\kappa\,N\,T} = \sqrt{\frac{\kappa\,\tilde{N}\,T}{M'}} \qquad [m/s] \qquad [GL\ 7.5]$$

N = spezifische Gaskonstante in kJ/kg K *)
T = absolute Temperatur in K
$\tilde{N}$ = allgemeine Gaskonstante in kJ/kmol K *)
M' = Molmasse in kg/mol

*) Die Gaskonstante wird im allgemeinen mit R bezeichnet. Da in der Schall-technik jedoch als Schalldämm-Mass R eingeführt ist, wird hier auf N aus-gewichen.

Für Flüssigkeiten gilt:

$$c_F = \sqrt{\frac{K}{\rho}} \qquad [m/s] \qquad [GL\ 7.6]$$

K = Kompressionsmodul in N/m²

Besteht das Fluid aus einem Gemisch verschiedener Gase, erhält man:

$$c_F = \sqrt{(y_1\,\kappa_1 + y_2\,\kappa_2 + \dots y_n\,\kappa_n) \cdot (y_1\,N_1 + y_2\,N_2 + \dots y_n\,N_n)} \qquad [m/s]$$

$$[GL\ 7.7]$$

y_1, y_2, y_n = Massenmischungsverhältnis

In der Fachliteratur findet man Berechnungsgrundlagen für Gemische wie:

- Flüssigkeitsgemische
- Flüssigkeits-Gas-Gemische
- Gas-Feststoff-Gemische
- halbkompressible Gemische

Um das zeitraubende Nachschlagen in der Fachliteratur zu vermeiden, sind in den folgenden Tabellen 7.1 und 7.2 die Kenndaten der wichtigsten Fluide zusammengestellt (siehe auch Tabelle 1.2, S. 4).

In Wasser ist die Schallgeschwindigkeit stark temperaturabhängig (Bild 7.4, S. 132). Diese Tatsache muss bei der Berechnung von wasserführenden Leitungen (z.B. Heizleitungen) berücksichtigt werden.

Tab. 7.1: Eigenschaften von Flüssigkeiten bei einem Druck von p_{abs} = 1 bar und einer Temperatur von ϑ = 20°C (für Meerwasser und Wasser beträgt die Bezugstemperatur ϑ = 0°C)

Flüssigkeit	Schallgeschwindigkeit c in m/s	Dichte ρ in kg/m³
Äthylalkohol	1 180	789
Äthyläther	1 008	714
Aceton	1 190	792
Benzin	1 166	750
Benzol	1 326	878
Erdöl	1 300 ... 1 520	1 040 ... 700
Hydrauliköl luftfrei	1 280	900
Hydrauliköl mit Lufteinschluss	1 050	900
Meerwasser (3,2 % Salz)	1 481	1 021
Methylalkohol	1 123	792
Quecksilber	1 451	13 551
Tetrachlorkohlenstoff	938	1 595
Transformatorenöl	1 425	895
Wasser (destilliert)	1 449	990
Wasser (Leitungswasser)	1 440	1 000

Die Schallausbreitung in schallhart begrenzten Rohren (Normalfall für gasförmige Fluide) erfolgt in axialer und unter bestimmten Voraussetzungen auch in radialer Richtung. Die Verhältnisse zwischen den Schallwellenlängen und den Rohrabmessungen in axialer und radialer Richtung, und die Art wie Rohranfang und Rohrende – von der Schallquelle ausgehend – geschlossen sind (offen, reflexionsfrei oder reflektierend), nehmen wesentlichen Einfluss auf die Schallausbreitung.

In Abhängigkeit von der jeweiligen Schallwellenlänge und dem Rohrdurchmesser bilden sich in einer Rohrleitung verschiedene Wellen- bzw. Schwingungsformen aus (akustische Moden). Bild 7.5, Seite 132, zeigt die Knotenlinien, die positive und negative Phasen des Schalldruckes über dem Rohrquerschnitt trennen. Die zugeordneten Zahlen geben den Wert des Modalfaktors k_n an, mit dessen Hilfe in Abhängigkeit von den axialen und radialen Ordnungszahlen die Grenzfrequenz f_{Gn} bestimmt werden kann, oberhalb der die entsprechende Mode ausbreitungsfähig ist, [GL 7.8].

Tab. 7.2: *Eigenschaften von Gasen bei einem Druck von 1 bar*

Gas	Schall-geschwin-digkeit	Dichte	Mol-masse	spez. Gas-konstante	spez. Wärme bei konst. Druck	Adiabaten-exponent	Wärme-leit-fähig-keit	Zähig-keit
	1)	1)		2)	2)	3)	3)	3)
	c	ρ	M'	N	c_p		ν	η
	m/s	kg/m³	kg/mol	kJ/kg K	kJ/kg K	$x = c_p/c_v$	J/msK	10^{-6} kg/ms
Ammoniak	415	0,771	17,03	0,488	2,22	1,29	0,023	9,8
Äthylen	322	1,26	28,05	0,297	1,55	1,28	0,430	10,2
Acetylen	330	1,171	26,04	0,320	1,68	1,25	0,467	10,1
Chlor	209	3,220	70,91	0,117	0,50	1,37	0,140	13,3
Erdgas NL	399	0,83	-	0,442	1,55	1,32	0,033	10,9
Erdgas SU	405	0,79	-	0,462	1,63	1,30	0,033	10,9
Gichtgas	337	1,28	-	0,3	1,05	1,39	0,025	17,4
Helium	964	0,179	4,00	2,080	5,24	1,64	0,157	19,6
Kohlendioxid	260	1,977	44,01	0,198	0,88	1,31	0,025	14,6
Kohlenoxid	336	1,250	28,01	0,297	1,05	1,39	0,015	17,2
Luft	332	1,293	28,96	0,287	1,01	1,41	0,026	17,8
Methan	427	0,717	16,04	0,519	2,22	1,29	0,033	10,8
Propylen	252	1,915	42,08	0,198	1,51	1,18	0,017	8,4
Sauerstoff	312	1,429	32,00	0,260	0,92	1,37	0,026	20,3
Schwefeldioxid	210	2,926	64,06	0,130	0,63	1,25	0,018	12,5
Stickoxid	324	1,340	30,01	0,277	1,01	1,39	0,026	18,8
Stickstoff	335	1,251	28,02	0,297	1,05	1,39	0,025	17,4
Wasserstoff	1258	0,090	2,02	4,126	14,29	1,41	0,188	88,6
Wasserdampf 4)	478	0,598	18,02	0,462	2,07	1,33	0,019	12,8

1) *bei einer Temperatur von 0° C*   2) *bei einer Temperatur von 20°C*
3) *1 kJ = 10³ kg m²/s²*   4) *bei einer Temperatur von 100°C*

$$f_{Gn} = k_n \frac{c_F}{\pi \, d_i} \qquad [Hz] \qquad\qquad [GL\ 7.8]$$

k_n =   Modalfaktor n

Vereinfachend wird hier, abweichend von der exakten Schreibweise, keine Kennzeichnung hinsichtlich axialer und radialer Ordnungen vorgenommen. Die Werte für die ersten, wichtigsten Modalfaktoren k_n zeigt Bild 7.5.

Bild 7.4:
Schallgeschwindigkeit c in Wasser
in Abhängigkeit von der Temperatur
(bei Temperaturen über 100°C unter
Druck stehend)

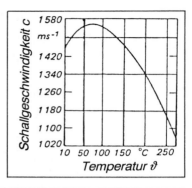

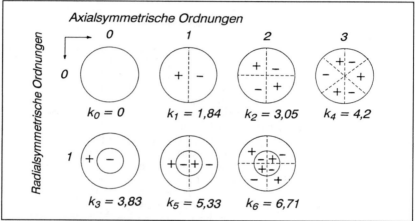

Bild 7.5:
Beispiele von Fluid-Schwingungsformen in Rohrleitungen mit zugeordneten
Modalfaktoren k_n

Ebene Wellen sind durch $k_0 = 0$ (gleiche Schalldruckverteilung über dem
Querschnitt) gekennzeichnet und generell ausbreitungsfähig. «Akustisch enge
Rohre» liegen dann vor, wenn sich nur ebene Wellen ausbreiten, d.h. die
Grenzfrequenz f_{G1} für $k = 1,84$ nach Bild 7.5 ist noch nicht erreicht. In Rohren
mit rechteckigem Querschnitt treten nur ebene Wellen bis zu der Grenzfre-
quenz f_G auf, die durch die grösste Seite a bestimmt wird:

$$f_G = \frac{c_F}{2a} \qquad \text{[Hz]} \qquad \text{[GL 7.9]}$$

132

Unstetigkeitsstellen einer Rohrleitung (z.B. Bögen, Erweiterungen) wirken als Modenwandler und verändern die Verteilung der Schallenergie auch auf höhere Moden, die aber bei Nichtausbreitungsfähigkeit örtlich rasch abklingen. Liegt eine sich ins Freie öffnende Rohrleitung vor, kann oberhalb der Grenzfrequenz f_{G1} davon ausgegangen werden, dass ein näherungsweise reflexionsfreier Abschluss gegeben ist. Wellen mit Frequenzen unterhalb dieser Grenzfrequenz werden mehr oder weniger vom Rohrende reflektiert, wodurch stehende Wellen möglich sind.

Bei einer mit Flüssigkeit gefüllten Rohrleitung kann die Schallgeschwindigkeitsreduktion, wegen des geringen Unterschiedes der Impedanzen von Fluid und Rohrwand, erheblich grösser sein; unterhalb der Grenzfrequenz f_{G1} gilt in Rohren:

$$\frac{c'_F}{c_F} = \frac{1}{\sqrt{1 + \dfrac{2 \cdot K}{E} \dfrac{1 + [\,1 - 2\,(\,s/d_a\,)\,]^2}{1 - [\,1 - 2\,(\,s/d_a\,)\,]^2}}} \qquad [\,-\,] \quad [GL\ 7.10]$$

c'_F = korrigierte Schallgeschwindigkeit im Fluid in m/s
E = Elastizitätsmodul in N/m^2
d_a = Rohraussendurchmesser in m
K = Kompressionsmodul
    K lässt sich mit Hilfe [GL 7.6], Seite 129, und Tabelle 7.1, Seite 130, bestimmen. Diese Beziehung gilt aber nur, wenn die Flüssigkeit kein ungelöstes Gas enthält.

Für Wasser ($\vartheta = 10\,^\circ C$, $p_e = 1$ bar) in Stahlrohren ist [GL 7.10] in Bild 7.6 dargestellt.

Enthält die Flüssigkeit ungelöstes Gas, treten schon bei geringen Masseanteilen an ungelöstem Gas erhebliche Minderungen der Schallgeschwindigkeit auf. In Bild 7.7 sind dazu zwei Beispiele dargestellt.

7.3.2.2 Dämpfung

Bei der Schallausbreitung im Fluid wird die Schallenergie durch Absorption vermindert. Diese Dämpfung ist bei tiefen Frequenzen nicht bedeutend. Sie nimmt aber mit steigender Frequenz zu und ist innerhalb von Rohrleitungen grösser als in freien Medien. Mit wachsendem Rohrdurchmesser nimmt die Dämpfung ab; sie nähert sich den sehr niedrigen Werten unbegrenzter Medien (z.B. Luft). Durch Rohrrauhigkeiten und im turbulent strömenden Fluid wird die Dämpfung erhöht. Bild 7.8, S. 135, zeigt dazu Untersuchungsergebnisse.

In staub- und flüssigkeitshaltigen Gasen tritt durch Energie-Austauschvorgänge bei den mitgeführten Partikeln eine Schallabsorption auf, die je nach Konzentration und Frequenz Werte bis 0,1 dB/m erreichen kann, wobei die

Wandreibung unberücksichtigt bleibt.

Die Dämpfung in Flüssigkeiten ist geringer als in gasförmigen Medien. Bild 7.9, Seite 136, zeigt Beispiele für die Verhältnisse in unbegrenztem Wasser. In einem 50-mm-Wasserrohr beträgt die Dämpfungskonstante etwa 0,045 dB/m.

Bild 7.6:
Normierte
Schallge-
schwindigkeit
in wasser-
gefüllten
«engen»
Stahlrohren bei
$\vartheta = 10°C$ *und*
$p_e = 1\ bar$ *in*
Abhängigkeit
vom Verhältnis
Wanddicke s
zu Rohr-
aussendurch-
messer d_a

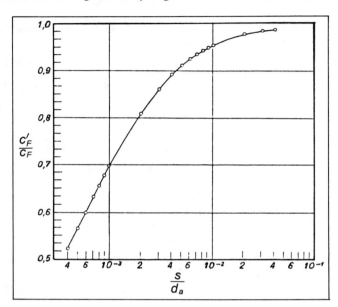

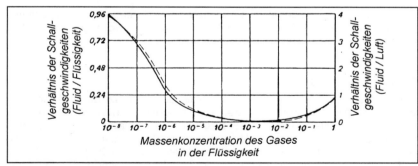

Bild 7.7:
Beispiel für Schallgeschwindigkeitsverhältnisse in
Flüssigkeits- / Gas-Gemischen

—————— *Wasser / Luft-Gemisch*   - - - - - *Öl / Luft-Gemisch*

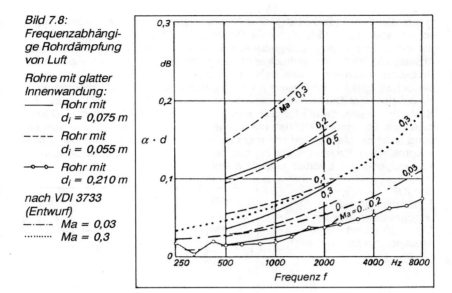

Bild 7.8:
Frequenzabhängige Rohrdämpfung
von Luft

Rohre mit glatter
Innenwandung:
—— Rohr mit
$d_i = 0,075\ m$
- - - - Rohr mit
$d_i = 0,055\ m$
—○—○— Rohr mit
$d_i = 0,210\ m$
nach VDI 3733
(Entwurf)
—·—·— $Ma = 0,03$
·········· $Ma = 0,3$

7.3.2.3 Eigenschwingungen von Fluidsäulen

Eigenschwingungen in «akustisch engen Rohren» hängen vom Verhältnis der Wellenlänge des Fluidschalls zur Rohrlänge und von der Abschlussart an den Rohrenden ab. Bild 7.10, Seite 137, zeigt diese Verhältnisse. Da bei offenem Rohr auch das umgebende Medium mitbewegt wird, muss eine Mündungskorrektur in Form einer fiktiven Verlängerung l' des Rohres berücksichtigt werden, [GL 7.11] und [GL 7.12].

$$l' \approx l + 0,4\ d_i \quad \text{(für einseitig offenes Rohr)} \quad [m] \quad [GL\ 7.11]$$

$$l' \approx l + 0,8\ d_i \quad \text{(für beidseitig offenes Rohr)} \quad [m] \quad [GL\ 7.12]$$

7.3.2.4 Einfluss der Strömung

Innerhalb der Rohrleitung überlagern sich die Schallausbreitungsgeschwindigkeit c_F und die Strömungsgeschwindigkeit w_F des Fluids. Das Verhältnis der beiden Geschwindigkeiten wird durch die Machzahl Ma gekennzeichnet.

$$Ma = \frac{w_F}{c_F} \quad [\ -\ ] \quad\quad [GL\ 7.13]$$

135

Wenn die Schallgeschwindigkeit wesentlich grösser als die Strömungsgeschwindigkeit des Fluids ist, hat die Richtung der Strömung wenig Einfluss auf die Schallausbreitung. Beispielsweise ist der Schalleistungspegel auf der Ansaugseite eines Niederdruckventilators praktisch gleich gross wie auf der Druckseite, wenn sonst keine weiteren Schallquellen einwirken. Andererseits ist der Schallpegel im Innern eines mit Schallgeschwindigkeit durchströmten Ventils auf der Hochdruckseite wesentlich geringer (um 10 bis 20 dB) als auf der Niederdruckseite, da die Schallausbreitung entgegen der Strömungsrichtung behindert ist. Haben Rohrleitungen eine schallabsorbierende Innenauskleidung, wird bei Machzahlen von mehr als etwa 0,06 die Dämpfung bei Schallausbreitung in Strömungsrichtung merklich vermindert und bei Schallausbreitung entgegen der Strömungsrichtung erhöht.

Bild 7.9:
Schallabsorption in
unbegrenztem Wasser
(vergleichbar mit der
Absorption in Meerwasser)

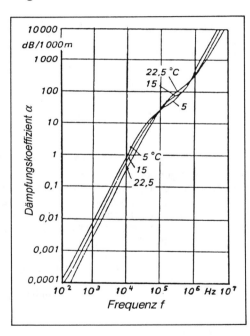

7.3.2.5 Einfluss der Rohrleitungsgeometrie

Die Dämpfungswirkung von Querschnittssprüngen, Rohrleitungsverzweigungen und Umlenkungen kann mit den Grundlagen nach Ziff. 9.3, Seite 219, abgeschätzt werden.

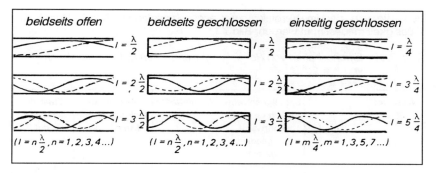

Bild 7.10:
Schwingungsformen des Schalls in Rohren bei verschiedener Abschlussart
(ohne Berücksichtigung der Mündungskorrektur)
———— *Druck* -------- *Schnelle*

7.3.3 Schall in der Rohrleitungswand

7.3.3.1 Körperschall

Der Werkstoff und die Geometrie der Rohrleitung bestimmen die Körperschall-ausbreitung in der Wandung. Es tritt eine Vielzahl von Wellenformen auf, die sich an Inhomogenitäten ineinander umwandeln. Bei Rohren dominieren Biegewellen mit quer zur Ausbreitungsrichtung und senkrecht zur Rohroberfläche schwingenden Masseteilchen.

Der Körperschall erfährt durch innere Reibung und Formänderungsarbeit eine Dämpfung, die u.a. durch den Verlustfaktor gekennzeichnet wird. Dieser gibt an, wie gross die während einer Schwingungsperiode irreversibel in Wärme umgewandelte Schwingungsenergie im Vergleich zur reversiblen Schwingungsenergie ist. Tabelle 7.3 zeigt neben anderen Materialkonstanten die Verlustfaktoren einiger Stoffe.

Untersuchungen über die Körperschallabnahme bei Stahlrohrleitungen in petrochemischen Anlagen ergaben beispielsweise für Rohrleitungen mit Nennweiten von DN 200 bis DN 300 (Wanddicken s von 6,0 mm bis 7,1 mm) im Frequenzbereich von 250 Hz bis 4 000 Hz Werte zwischen 0,1 dB/m und 0,4 dB/m.

7.3.3.2 Eigenfrequenzen von Rohren

Die Eigenfrequenzen fluidgefüllter runder Rohre resultieren im wesentlichen aus Längsbiegeschwingungen, Umfangsbiegeschwingungen und deren Kombinationen. Ähnlich den Schwingungsformen im Fluid gibt es solche der Rohrwand (Strukturmoden). Flüssigkeitsgefüllte Rohrleitungen haben Eigenfrequenzen, die von der im Vergleich zu Gasen wesentlich höheren Masse der Flüssigkeit mitbestimmt werden: Bild 7.11.

Tab. 7.3: *Eigenschaften von Rohrleitungswerkstoffen bei Temperaturen von $\vartheta = 20°C$*

Werkstoff	Schallgeschwindigkeit c_R in der Rohrwand (Longitudinalwellen) m/s	Verlustfaktor *)	Massenbedeckung m" bei 1 mm Dicke kg/m²	Elastizitätsmodul E N/m²
Aluminium	5 100	0,0001	2,7	$70 \cdot 10^9$
Blei	1 250	0,02	11,3	$5 \cdot 10^9$
Stahl	5 100	0,0001	7,8	$200 \cdot 10^9$
Glas (technisch)	5 000	0,004	2,5	$80 \cdot 10^9$
Gusseisen	3 400	0,0015	7,6	$100 \cdot 10^9$
Kupfer	3 600	0,002	8,9	$115 \cdot 10^9$
Niederdruck-Polyäthylen	1 100	0,10	0,95	$0,8 \cdot 10^9$
Polyesterharz	2 300	0,14	2,2	$4,5 \cdot 10^9$
PVC (hart)	1 600	0,04	1,3	$2,7 \cdot 10^9$

*) *Der Verlustfaktor kennzeichnet die Körperschalldämpfung eines Werkstoffs. Die bei technischen Konstruktionen stets vorhandene Rand- oder Einspanndämpfung führt zu einer beträchtlichen Erhöhung der Körperschalldämpfung, so dass der in der Praxis vorhandene Verlustfaktor je nach Art der Konstruktion um den Faktor 10 bis 100 grösser sein kann.*

Wenn der Rohrumfang der Longitudinalwellenlänge entspricht, ergibt sich folgende Ringdehnfrequenz f_r :

$$f_r = \frac{c_R}{\pi \, d_i} \qquad [Hz] \qquad\qquad [GL \; 7.14]$$

c_R = Schallgeschwindigkeit der Longitudinalwellen in der Rohrwandung in m/s
d_i = Rohrinnendurchmesser in m

Die durch die Lage und Ausführung der Rohrbefestigung gegebenen tieffrequenten Eigenschwingungen sinken um so tiefer, je grösser der Abstand zwischen zwei Befestigungen ist. Die Rohrleitung kann für eine überschlägige Berechnung als Balken angenommen werden. Alle Eigenfrequenzen werden von der Art der Rohrbefestigung, von der Trassenführung (Krümmer) sowie von Einbauten beeinflusst.

Bei der Dimensionierung der Rohrleitung ist darauf zu achten, dass die von Schallquellen in die Rohrleitung eingespeisten Haupterregerfrequenzen eine genügend grosse Differenz zu den Eigenfrequenzen und den Durchlassfrequenzen der Rohre haben.

Bei Turbokompressoren hat es sich in der Praxis bewährt, den Durchmesser der Rohrleitung so zu wählen, dass der Unterschied zwischen Ringdehnfrequenz und Haupterregerfrequenz (Schaufelfrequenz) ca. 15 % beträgt.

Bild 7.11:
Beispiele von Wand-
Schwingungsformen einer
Rohrleitung

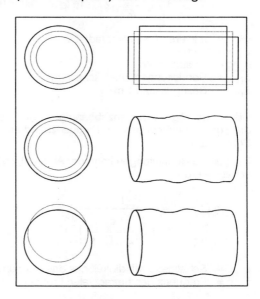

7.4 Rohrleitungen: Schallabstrahlung

7.4.1 Einleitung

Als Ursachen für den von einer Rohrleitung abgestrahlten Luftschall kommen einerseits die von einer Schallquelle unmittelbar in die Rohrwand eingeleitete Körperschallenergie, und andererseits die vom Fluidschall über die Rohrwand nach aussen übertragene Schallenergie in Betracht.

Zur Vereinfachung wird nachfolgend die durch die Körperschallanregung und die durch Fluidschallanregung verursachte Luftschallabstrahlung von Rohrleitungen getrennt behandelt.

Aufgrund der unzureichend gesicherten Erkenntnisse bei flüssigkeitsgefüllten Rohrleitungen beschränken sich die folgenden Ausführungen auf gasförmige Fluide, insbesondere auf Luft.

7.4.2 Luftschallabstrahlung infolge Körperschallanregung

Als bauteilspezifische und frequenzabhängige Kenngrössen für die Luftschallabstrahlung dienen der Abstrahlgrad σ bzw. das Abstrahlmass $10 \lg \sigma$.

Ist die frequenzabhängige Körperschallverteilung auf der Rohrleitung bekannt, lässt sich der emittierte Schalleistungspegel L_{WA} berechnen:

$$L_{WA} = 10 \lg \frac{\bar{v}^2}{v_0} + 10 \lg \sigma + 10 \lg \frac{S_R}{S_0} \qquad [dB] \qquad [GL\ 7.15]$$

$\bar{v}^2$ = mittleres Schnellequadrat in m^2/s^2
v_0 = 1 m/s
σ = Abstrahlgrad
S_R = Rohrleitungsmantelfläche in m^2
S_0 = Bezugsfläche 1 m^2

Die ausgeprägte Frequenzabhängigkeit des Körperschalls macht es notwendig, die Berechnungen in Frequenzbändern durchzuführen (Oktav-, Terz-, Schmalband).

Für gerade Rohrleitungen kann der Abstrahlgrad σ vereinfacht wie folgt abgeschätzt werden:

$$\sigma(f) \approx \frac{1}{1 + \left[\dfrac{c}{4 \cdot d_a \cdot f} \right]^3} \qquad [-] \qquad [GL\ 7.16]$$

c = Schallgeschwindigkeit des das Rohr umgebenden Mediums in m/s
f = Frequenz des betrachteten Frequenzbandes in Hz

Diese Näherungsberechnung für σ liefert einen oberen Grenzwert. Normalerweise liegt die nach [GL 7.15] berechnete Schalleistung über dem effektiven Messwert.

In Bild 7.12 ist das Abstrahlmass $10 \lg \sigma$ für gerade Rohrleitungen in Abhängigkeit von der Frequenz f und dem Aussendurchmesser d_a nach [GL 7.16] aufgezeichnet.

Das gezeigte Verfahren ist nur anwendbar, wenn keine herausragenden Einzeltonkomponenten vorliegen.

Die Genauigkeit der dargelegten Abschätzmethode weist der Vergleich zwischen der Berechnung und der Messung eines Stahlrohres nach, Bild 7.13.

Bild 7.12:
Frequenzbezogenes
Abstrahlmass von geraden
Rohrleitungen verschiedener
Aussendurchmesser für Luft
von $\vartheta = 20°C$ als Fluid

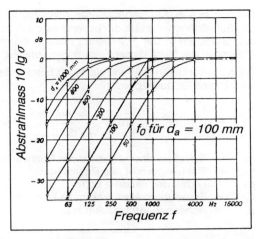

1 *gemessen bei*
geringer
Körperschall-
entkopplung

2 *gemessen bei*
besserer
Körperschall-
entkopplung

3 *gerechnete Werte*

4 *Vergleichswerte*
für $d_a = 100\,mm$
(nach Bild 7.12)

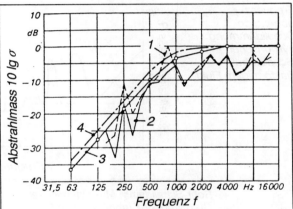

Bild 7.13:
Abstrahlmass $10\,lg\,\sigma$ bei einem geraden Stahlrohr mit einem Aussendurch-
messer $d_a = 90\,mm$ und einer Wanddicke von $s = 3,6\,mm$

7.4.3 Luftschallabstrahlung infolge Fluidschallanregung

7.4.3.1 Schalldämmung

Die Luftschalldämmung zylindrischer Schalen wurde von Cremer und Heckl ausführlich untersucht. Sie richtet sich neben der Frequenzabhängigkeit nach den Eigenschaften von Rohrleitung und Fluid. Der prinzipielle Verlauf in schmalbandiger Darstellung ist aus Bild 7.14 ersichtlich.

141

Rohrleitungen und Ventile

Bei den in Bild 7.14 angegebenen Frequenzen f_{G1} ... f_{Gn} und f_r treten Minima der Schalldämmung auf, die besonders dann beachtet werden müssen, wenn das Geräusch in der Rohrleitung nicht breitbandig ist, sondern ausgeprägte Maxima in der Nähe dieser Frequenzen aufweist.

Bei dünnwandigen Rohren (d/s > 10) beträgt das Rohr-Schalldämm-Mass R'_R im mittleren Frequenzbereich:

$$R'_R = 9 + 10 \lg \frac{c_R \, m_R''}{\rho_F \, c_F \, d_i} \quad [dB] \qquad [GL \ 7.17]$$

c_R = Schallgeschwindigkeit in der Rohrwandung in m/s
m_R'' = Flächengewicht des Rohres kg/m^2
ρ_F = Dichte des Fluids in kg/m^3
c_F = Schallgeschwindigkeit im Fluid in m/s
d_i = Rohrinnendurchmesser in m

Bild 7.14:
Frequenz-
abhängige
Schalldämmung
zylindrischer
Schalen bei
gasförmigem Fluid

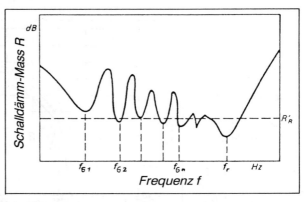

R'_R = *Rohr-Schalldämm-Mass im mittleren Frequenzbereich*
f_{G1} ... f_{Gn} = *Grenzfrequenz (abhängig von Durchmesser und Fluid)*
f_r = *Ringdehnfrequenz (abhängig von Durchmesser und Rohr-werkstoff)*

Unterhalb der ersten Grenzfrequenz ist die Schalldämmung nicht eindeutig bestimmbar (Abhängigkeit von der Schwingungsform der Schallquelle und von der Rohrlänge). Gemäss Bild 7.14 wächst sie jedoch mit fallender Frequenz. Oberhalb der Ringdehnfrequenz f_r nimmt die Schalldämmung wieder zu. Bei grossen Rohrdurchmessern (d_i > 1 m) treten zusätzliche Minima der Schalldämmung durch Koinzidenz auf. Um einen Überblick von der Grössen-ordnung des Rohr-Schalldämm-Masses R'_R zu gewinnen, sind in Bild 7.15 Werte in Diagrammform nach [GL 7.17] für Niederdruck-Polyäthylen- und

Stahlrohre unterschiedlicher Durchmesser und Wanddicken bei Luft als Fluid (ϑ = 20°C) angegeben.

Die folgenden Faktoren beeinflussen das Schalldämm-Mass von Rohrleitungen:

- Schwingungsformen der in die Rohrleitung einspeisenden Schallquelle
  (Höhere Moden mit radialen Komponenten regen die Rohrwand stärker an als z.B. ebene Wellen.)
- Entfernung zwischen betrachtetem Rohrabschnitt und Schallquelle
  (Mit steigendem Abstand wird das Schallfeld in geraden Rohrleitungen axialer ausgerichtet und dadurch die Anregung der Rohrwand verringert.)
- Unstetigkeitsstellen
  (z.B. Krümmer, die mit erhöhter Anregung als Modenwandler der Rohrwand wirken)

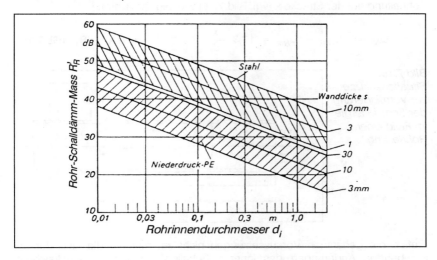

Bild 7.15:
Schalldämm-Mass R'$_R$ von Rohren bei unterschiedlichen Wanddicken in Abhängigkeit vom Rohrinnendurchmesser d$_i$ für die Werkstoffe Stahl und Niederdruck-PE. Als Fluid Luft, ϑ = 20°C und p$_{abs}$ = 1 bar

- Art der Rohrverbindung
  (Flanschverbindungen wirken als Sperrmassen und begrenzen die Schallausbreitung auf der Rohrwand)
- Art der Rohrbefestigung
  (Eigenschwingungsformen, Körperschallableitung) ·
- Strömungsgeschwindigkeit
  (Verringerung der Schalldämmung dünnwandiger Rohre für Ma > 0,1)

- Körperschalleinleitung von der speisenden Schallquelle

7.4.3.2 Schallpegelabnahme innerhalb der Rohrleitung

Die in ein Rohrleitungssystem eingeleitete Schallenergie vermindert sich nicht nur durch die Dämpfung infolge innerer Verluste, sondern auch dadurch, dass infolge der endlichen Schalldämmung der Rohrwand stets ein kleiner Teil der Schallenergie nach aussen übertragen wird: Bild 7.16 verdeutlicht diese Situation.

Unter den Voraussetzungen, dass keine Reflexionen und Dämpfungen an Rohrenden, Verzweigungen, Formstücken u.ä. auftreten und dass die Rohrwand seitens der Schallquelle keine nennenswerte Körperschallanregung aufweist, ist die Abnahme des inneren Schalleistungspegels L_{Wi} in einer runden Rohrleitung auf der Strecke x (vgl. Bild 7.16) wie folgt bestimmt:

$$\Delta L_{Wi} = L_{Wi0} - L_{Wix} = 17{,}37 \, \frac{x}{d_i} \, 10^{-0{,}1 \, R_R} + \alpha \, x \quad [dB] \quad [GL \, 7.18]$$

Bild 7.16:
Situationsskizze
zur Verminderung
der Schallenergie
im Fluid einer
Rohrleitung

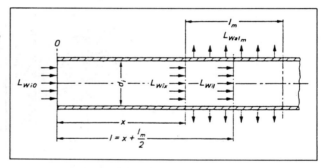

Treffen die genannten Voraussetzungen nicht zu, müssen die sich daraus ergebenden Änderungen des inneren Schalleistungspegels berücksichtigt werden. Bei relativ kurzen Rohrleitungen bzw. Rohrleitungsabschnitten ist der Fehler klein, wenn die Längsdämpfung unbeachtet bleibt. Für diesen Fall, d.h. $\alpha = 0$, zeigt Bild 7.17 die nach [GL 7.18] berechnete Abnahme des inneren Schalleistungspegels je 1 m Rohrleitungslänge.

Mit Hilfe des Nomogramms in Bild 7.19, Seite 146, kann die Differenz zwischen L_{Wil} und $L_{Wal,m}$ (Bild 7.16) auf einfache Art bestimmt werden.

7.4.3.3 Luftschallausbreitung ausserhalb der Rohrleitung

In Bild 7.18 ist die Situation der Luftschallausbreitung entlang einer Rohrleitung am Beispiel der Schalldruckpegelabnahme ΔL_{pa} auf der Mittelsenkrechten zur schallabstrahlenden Rohrleitung veranschaulicht. Im Nahbereich ($x_m < 1$ m) wirkt eine längs gleichmässig Schall abgebende Rohrleitung wie ein Linienstrahler: die Schallintensität nimmt proportional $1 / x_m$ ab (3 dB-Gesetz). Bei Beobachtungsabständen $x_m > 1$ m erscheint eine Rohrleitung als punktförmige Schallquelle: die Schallintensität nimmt proportional $1 / x_m$ ab (6-dB-Gesetz).

Bild 7.17:
Abnahme des inneren
Schalleistungspegels
ΔL_{Wi} je 1 m Rohr-
leitungslänge infolge
Schallübertragung durch
die Rohrwand nach aus-
sen, dargestellt in Abhän-
gigkeit von Schalldämm-
Mass R_R und Rohrrinnen-
durchmesser d_i

(die innere Dämpfung im
Fluid ist vernachlässigt,
d.h. $\alpha = 0$)

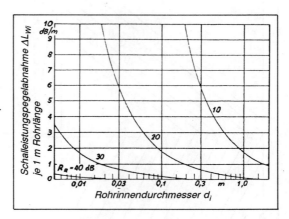

Bild 7.18:
Geometrische
Schalldruck-
pegelabnahme
ΔL_{pa} auf der
Mittelsenkrechten
zu einer linien-
förmigen Schall-
quelle der Länge
$l_m = 100$ m in
Abhängigkeit vom
Abstand x_m zur
Schallquellenmitte

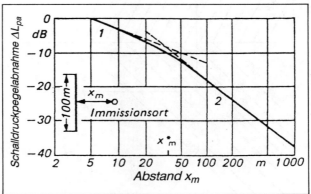

1 Zylinderwellenausbreitung   2 Kugelwellenausbreitung

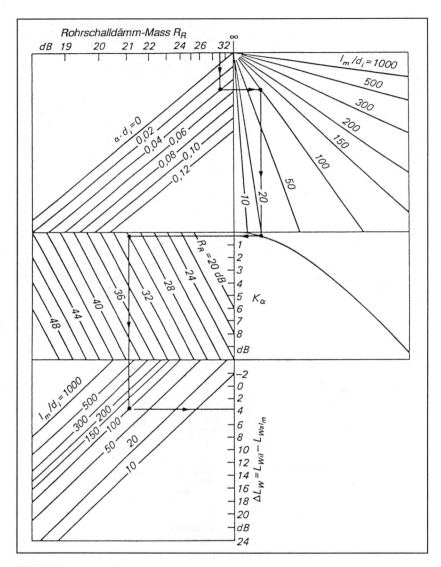

Bild 7.19:
Nomogramm zur Ermittlung der Differenz zwischen dem inneren Schall-
leistungspegel L_{Wil} und dem äusseren Schalleistungspegel $L_{Wal,m}$ unter
Berücksichtigung der inneren Dämpfung

146

Beispiel:

l_m / d_i = *100*, R_R = *30 dB*, $\alpha\, d_i$ = *0,04*

Aus Nomogramm: $L_{Wil} - L_{Wal,m}$ = *3,7 dB*

7.4.3.4 Luftschallabstrahlung von offenen Rohrleitungen: Schornsteine

Eine für die Schallemission von gewerblichen Anlagen relevante Sonderform offener Rohrleitungen sind Schornsteine.

Die *Rohr-Längsdämpfung* in einem Schornstein ist von folgenden Faktoren abhängig:

- Art des Schornstein-Innenfutters

- Rohrschlankheit Φ

$$\Phi \;=\; \frac{2 \cdot l}{d_{im}} \qquad [\,-\,] \qquad\qquad [\text{GL 7.19}]$$

l = Rohrlänge in m
d_{im} = mittlerer Durchmesser in m

- Verhältnis Umfang / Wellenlänge U_W

$$U_W \;=\; \frac{\pi \cdot d_{im}}{\lambda} \;=\; \frac{\pi \cdot d_{im} \cdot f}{c_F} \qquad [\,-\,] \qquad\qquad [\text{GL 7.20}]$$

Bild 7.20 und 7.21 erlauben eine ungefähre Abschätzung der Längsdämpfung von Schornsteinen. Je nach Art des Schornsteins und dessen Verschmutzungsgrad ist die entsprechende Kurve auszuwählen. Um die Längsdämpfung ΔL zu erhalten, ist das aus den Bildern bestimmte Längsdämpfungsverhältnis $\Delta L / \Phi$ mit der normierten Rohrschlankheit Φ' zu multiplizieren.

$$\Phi' \;=\; \frac{\Phi}{40} \;=\; \frac{l}{20 \cdot d_{im}} \qquad [\,-\,] \qquad\qquad [\text{GL 7.21}]$$

Die dargestellten Kurven wurden bei Rauchgasgeschwindigkeiten zwischen 9 und 31 m/s messtechnisch ermittelt. Ein Einfluss der Rauchgasgeschwindigkeit auf die Längsdämpfung konnte nicht nachgewiesen werden.

Für Immissionsprognosen, im Zusammenhang mit sauberen Schornsteinen, sind vorzugsweise die Kurven für kaum verschmutzte Schornsteine zu verwenden. Die Kurve 1 in Bild 7.20 resultiert aus Messwerten an Kohle-Kraftwerks-Schornsteinen älterer Bauart.

Bild 7.20:
Schalleistungs-
abnahme in
gemauerten
Schornsteinen

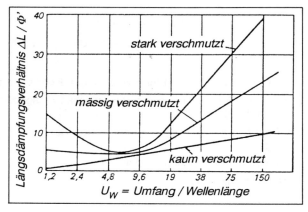

Bild 7.21:
Schalleistungs-
abnahme in
Stahlrohr-
Schornsteinen

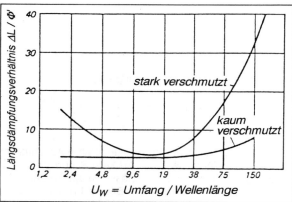

Bei Stahl-Schornsteinen oder betonierten Schornsteinen mit vergleichbarer Innenschale ist, wie aus Bild 7.21 ersichtlich, die Längsdämpfung geringer. Weiterhin ist darauf zu achten, dass bei ungefütterten Stahl-Schornsteinen das Wand-Durchgangsdämm-Mass ebenfalls geringer ist als bei gemauerten Schornsteinen. Liegt eine der Drehklangfrequenzen eines vorgeschalteten Gebläses bei oder nahe der Schornstein-Ringdehnfrequenz f_r, dann können die Schalleistungen, die vom Schornsteinmantel und von der Mündung abgestrahlt werden, die gleiche Grössenordnung erreichen.

Richtcharakteristik

Tritt Schallenergie aus einem offenen Rohr ins Freie, so ist die Schallausbreitung nicht kugelförmig, sondern in bestimmten Ebenen gerichtet. Diese Richtcharakteristik wird erfasst durch das Richtwirkungsmass DI und ist abhängig vom mittleren Rohrinnendurchmesser d_{im} , der Temperatur des Fluids T_F, der Austrittsgeschwindigkeit des Fluids w_F, der Windrichtung und der Lage des zu untersuchenden Aufpunktes.

Die Richtwirkungsmasse DI können der VDI Richtlinie 2714, Schallausbreitung im Freien, entnommen werden. Bei Gegenwindsituationen ergeben sich für die Richtwirkungsmasse wesentlich höhere Abzüge. Somit kann der immissionsseitig wirksame A-bewertete Schalleistungspegel L_{WAim} an der Schornsteinmündung berechnet werden.

$$L_{WAim} = L_{WA} + DI - \Delta L \quad [dB] \qquad [GL\ 7.22]$$

Bei Berechnungen zum Immissionsaufpunkt entsprechend VDI Richtlinie 2714 ist für freistehende Schornsteine nur das hier angegebene Richtwirkungsmass DI zu berücksichtigen.

Folgende Faktoren wirken sich günstig auf die Immission aus:

- poröses Schornstein-Futter
- tiefere Abgastemperaturen
- höhere Schornstein-Austrittsgeschwindigkeiten
  (Grenze wegen Strömungsrauschen beachten)

7.5 Rohrleitungen: Lärmminderungsmassnahmen

7.5.1 Allgemeines

Nach der allgemein gültigen Betrachtungsweise verringern geeignete Massnahmen entweder die Schallentstehung, die Schallübertragung oder die Schallabstrahlung. Häufig müssen kombinierte Schallschutzmassnahmen angewendet werden, um das gewünschte Ziel zu erreichen (Beispiel: Zur Erzielung einer optimalen Wirkung muss ein Schalldämpfer oft auch mit einer schalldämmenden Verkleidung und körperschallentkoppelnden Elementen versehen werden).

Neben der Verbesserung vorhandener Anlagen ist auch die rechtzeitige Berücksichtigung der schalltechnischen Massnahmen bei der Planung, Entwicklung und Konstruktion neuer Anlagen von besonderer Bedeutung. Deshalb ist es wichtig, dass auch die allgemein gültigen Regeln des lärmarmen Konstruierens beachtet werden.

7.5.2 Minderung der Schallentstehung

Geräuscharme Rohrleitungssysteme verlangen niedrige Strömungsgeschwindigkeiten, deren Niveau je nach Anwendungsfall unterschiedlich sein kann; z.B. sind für Industrieanlagen wesentlich höhere Pegel zulässig als für Niederdruck-Lüftungsanlagen. Einbauten, die zu Verwirbelungen führen, sind möglichst zu vermeiden. In Flüssigkeitssystemen darf keine Kavitation entstehen. Mess- und Entnahmestutzen sind wandbündig ohne scharfe Kanten anzubringen.

Wellrohrkompensatoren benötigen bei auffälliger Geräuschentstehung Strömungsleitrohre die verhindern, dass das Medium unmittelbar dem Wellrohr (Bild 7.22) entlang strömt.

Bei der Rohrleitungsgestaltung ist zu beachten, dass die Turbulenzgeräusche nicht zusätzlich erhöht werden durch:

- enge Bögen
- ungünstige Stutzen und T-Stücke (Bild 7.23)
- vor- oder zurückstehende Dichtungen und Flansche (Bild 7.24)

Sind hohe Strömungsgeschwindigkeiten (w > 0,1 Ma) nicht zu vermeiden, ergeben Einschweissbögen nach Bild 7.25, Seite 152, eine geräuscharme Strömungsvereinigung (Flussrichtung 1). In entgegengesetzter Flussrichtung (2) kann durch die Anströmkante zusätzlicher Schall auftreten, wenn sie scharfkantig bzw. unsauber ausgeführt ist.

Treten in Rohrleitungen Geschwindigkeiten von w > 0,2 Ma oder gar Freistrahlen auf (z.B. hinter Düsen oder Stellgliedern), gilt für eine geräuscharme Rohrleitungsgestaltung, dass Bereiche grosser bzw. sich stark ändernder Strömungsgeschwindigkeit keine Berührung mit der Rohrwand haben dürfen.

Bild 7.22:
Beispiele akustisch
ungünstiger (links)
und günstiger
Rohrleitungs-
konstruktionen
(rechts) mit
Wellrohr-
kompensatoren

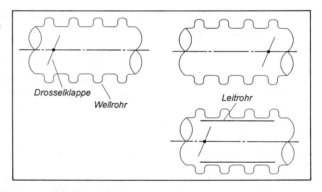

Es besteht die Gefahr, dass die Rohrwand unmittelbar zu intensiven Schwingungen, die eine entsprechende Luftschallabstrahlung zur Folge haben, angeregt wird. Ist das unvermeidbar, können beispielsweise durch die folgenden, zusätzlichen Massnahmen Verbesserungen erreicht werden:

- auf der Innenseite des betroffenen Rohrleitungsstückes angebrachte weiche und elastische Auskleidungen
- Strömungsleiter, die die Anregungskräfte von der Rohrwand fernhalten
- eine wesentliche Vergrösserung der Rohrwandmasse im Bereich der Anregung (Erhöhung der Wandimpedanz)

Bild 7.23:
Ausführungs-
formen von
Rohrleitungs-
stutzen

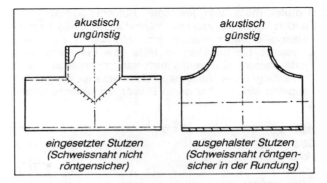

akustisch
ungünstig

akustisch
günstig

eingesetzter Stutzen
(Schweissnaht nicht
röntgensicher)

ausgehalster Stutzen
(Schweissnaht röntgen-
sicher in der Rundung)

Um eine starke Schallübertragung nach aussen zu vermeiden, sollten die hauptsächlich anregenden Frequenzen nicht in der Nähe von Eigenfrequenzen (z.B. Ringdehnfrequenz) und Durchlassfrequenzen der Rohrleitungen liegen. Gleichfalls sind Schwebungen (Differenz zwischen Eigenfrequenz und anregender Frequenz < 10 Hz) zu vermeiden.

Beispiele für akustisch günstige und ungünstige Rohrleitungsführungen können den VDI-Richtlinien ([26], [38]) entnommen werden. Blindleitungen und «ruhende» Leitungen sind möglichst direkt am Abzweig absperren zu lassen! Im Einzelfall sind betriebs-, verfahrens-, sicherheits- und wartungstechnische Gesichtspunkte zu berücksichtigen.

Bild 7.24:
Bildung von
Turbulenzen
durch
zurückstehende
Dichtungen

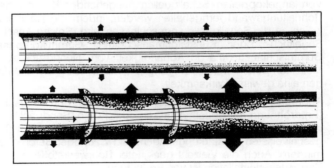

7.5.3 Reduktion der Schallausbreitung im Fluid

Bei Bedarf können als Ergänzung zu anderen Schallminderungs-Massnahmen Schalldämpfer im Fluid der Rohrleitung angeordnet werden. Es gibt Absorptions-, Relaxations-, Reflexions- und Drosselschalldämpfer. Jeder Schalldämpfer muss den jeweiligen Betriebsbedingungen (Druck, Temperatur, Feuchte, Staub, Korrosion, Polymerisation usw.) angepasst werden. Flüssigkeitsschalldämpfer werden hauptsächlich in der Wasserinstallationstechnik eingesetzt. Sie bewirken im Mittel eine Pegelsenkung von 10 dB. Ähnliche Werte lassen sich mit Weichstoffkompensatoren in flüssigkeitsführenden Rohrleitungen der Verfahrenstechnik erzielen, die gleichzeitig körperschallentkoppelnd wirken, aber deren Einsatz u.a. sicherheitstechnisch stets zu prüfen ist.

Bild 7.25:
Strömungs-
richtungen
bei einem
Einschweissbogen

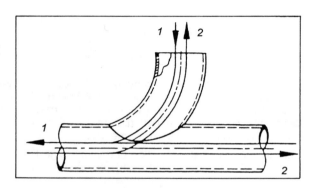

7.5.4 Reduktion der Körperschallübertragung

Von angekoppelten Schallquellen ausgehender Körperschall kann von der Rohrleitungswand ferngehalten werden, indem die Rohrleitung körperschallweich an die Schallquelle angeschlossen wird. Solche Anschlüsse sind durch Segeltuch- oder Kunststoffmanschetten, Gummikompensatoren, flexible Gummischläuche u.ä. in Abhängigkeit vom Nenndruck zu realisieren. Sind Metallkompensatoren unumgänglich, haben lediglich mehrlagige Ausführungen eine gewisse Wirksamkeit.

Andererseits ist die Körperschallausbreitung durch zusätzliche Dämpfung (Entdröhnung mit Spachtelmassen oder Folien, Sandpackungen, durch unterirdische Verlegung) und Reflexionsstellen (Sperr-Massen, z.B. in Form von aufgeschweissten Verstärkungsringen, Bild 7.26, oder Betonklötzen, Bild 7.27) zu mindern. Auch die Vielzahl geeigneter Rohrwerkstoffe, z.B. Kunststoff in der Hauswasserinstallation ist von Bedeutung.

Anmerkungen

Sperrmassen sind Körperschallreflexion bewirkende Zusatzmassen, die gegenüber der Masse des körperschalleitenden Rohres relativ gross und möglichst rings um das Rohr starr befestigt sein sollten.

Bei sehr grossen Schalldrücken in gasförmigen und allgemein bei flüssigen Fluiden hilft die Anwendung von Körperschallsperren wenig, da fast unmittelbar hinter einer Sperre, durch Anregung vom Fluid her, nahezu ebenso grosse Körperschallpegel auftreten wie davor.

Bild 7.26:
Beispiel für die Anwendung
von Sperrmassen

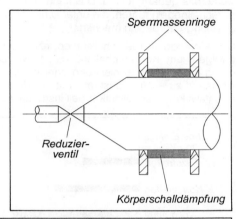

Bild 7.27:
Durch Beton-
Sperrmassen
an Stahlrohren
(d_i = 0,95 d_a)
bewirkte
Reduktion der
Biege-
schwingungs-
Körperschall-
pegel

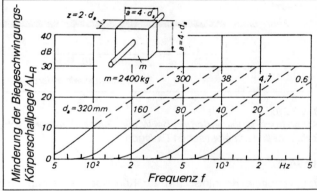

Zur Vermeidung von Körperschallübertragungen auf besonders schutzbedürftige Bauwerke (Büro- und Aufenthaltsräume in Industrieanlagen) dienen elastische Befestigungen (Bild 7.28) und entsprechende Muffen bei Wand- und Deckendurchführungen (Bild 7.29, S. 155). Wird die Rohrleitung über Schalldämmelemente befestigt (Gummi, Federn oder Kombinationen beider), muss diese umso weicher sein, je tieffrequenter das Schallspektrum ist.

Allgemein sollten die Befestigungsstellen von Rohrleitungen am Baukörper stets an einem Ort mit hoher Impedanz (also nicht in der Mitte eines Trägers) erfolgen.

Bei körperschallentkoppelter Rohrleitungsverlegung ist stets zu berücksichti-

153

gen, dass der Körperschall in der Rohrwand keine Ableitungsmöglichkeit hat und nur in begrenztem Umfang durch die inneren Verluste des Rohrleitungswerkstoffs gedämpft wird. Das kann zu hohen, nahezu ortsunabhängigen Körperschallpegeln führen, die unter Umständen eine Dämmung der Luftschallabstrahlung erforderlich machen.

Die Montage körperschallentkoppelter Rohrleitungen muss sehr sorgfältig erfolgen, um Körperschallbrücken zu vermeiden, die die Körperschalldämmung erheblich verschlechtern oder sogar unwirksam machen können. Auch ist darauf zu achten, dass alle mit der Rohrleitung verbundenen Schallquellen ebenfalls körperschallentkoppelt installiert werden.

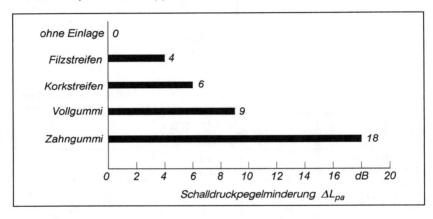

Bild 7.28:
Schalldruckpegelminderung bei Wasserinstallationsgeräuschen durch Rohrschellen mit elastischen Einlagen

Hinweis

Der derzeitige Kenntnisstand zur Körperschallübertragung erlaubt es leider noch nicht, die Auswirkungen von körperschalldämmenden Massnahmen auf die Luftschallabstrahlung innerhalb oder ausserhalb von Bauwerken vorauszuberechnen. Um das Risiko eines zu hohen Störschalls möglichst klein zu halten muss deshalb in kritischen Fällen die Körperschalldämmung so gut wie möglich ausgeführt werden.

7.5.5 Reduktion der Luftschallabstrahlung

Als Massnahmen zur Reduktion der Luftschallabstrahlung sind insbesondere diejenigen bedeutsam, die unmittelbar das Abstrahlverhalten der Rohrleitung beeinflussen:

- das Mindern der Körperschallanregung der Rohrwand
- das Abstimmen der Rohrleitungsabmessungen und der dadurch bestimmten Eigenfrequenzen mit den Haupterregerfrequenzen
- das Mindern des Fluidschallpegels
- das Dämpfen der luftschallerzeugenden Schwingungen in der Rohrwand
- das Erhöhen der Schalldämmung der Rohrwand

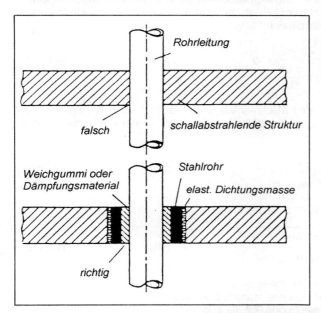

Rohrleitung

falsch

schallabstrahlende Struktur

Weichgummi oder Dämpfungsmaterial

Stahlrohr

elast. Dichtungsmasse

richtig

Bild 7.29:
Beispiele für die falsche und richtige Durchführung von Rohren durch Wände

Zum Erhöhen der Schalldämmung bestehen folgende Möglichkeiten:

- für das Rohr wird ein anderer Werkstoff mit besserer Schalldämmung gewählt (z.B. Gusseisen oder doppelschaliger Kunststoff anstelle von einschaligem Kunststoff)
- die Wanddicke des Rohres wird vergrössert (bei Verdoppelung der Wanddicke erhöht sich das Schalldämm-Mass R_R im allgemeinen um etwa 3 dB)
- die Rohrleitung wird mit Vorsatzschalen ummantelt

Im Bereich der Haustechnik sind zur Einhaltung hoher Schallschutzauflagen Ummauerungen der Rohrleitungen oder aber eine Verlegung in spezielle Kanäle üblich, wobei zur Erzielung einer optimalen Wirkung die vorhandenen Hohlräume mit luftschalldämpfenden Materialien (z.B. Mineralfaserwolle) ausgekleidet bzw. ausgefüllt werden müssen. Die gleiche Verfahrensweise sowie die unterirdische Verlegung von Rohrleitungen und Kanälen wird bei Bedarf auch bei Industrieanlagen angewendet. Die grösste Verbreitung hat im Industriebereich jedoch die unmittelbar schalldämmende Verkleidung (Ummantelung mit Vorsatzschale) gefunden.

Eine schalldämmende Verkleidung besteht in der Regel aus einem zusätzlichen Blechmantel (Vorsatzschale), der in einem bestimmten Abstand um die Rohrleitung herum gelegt wird, wobei der Zwischenraum im allgemeinen mit schalldämpfenden Materialien (z.B. Mineralwolle) ausgefüllt wird. Infolge der dadurch erzielten Dämmungsverbesserung beträgt die Schalldruckpegelminderung ΔL_{pa} des von der Rohrleitung abgestrahlten Geräusches näherungsweise für den Frequenzbereich $f > f_0$:

$$\Delta L_{pa} = \frac{40}{1 + \dfrac{0,12}{d_a}} \; \lg \frac{f}{2,2 \, f_0} \quad [dB] \qquad [GL\ 7.23]$$

Die Eigenfrequenz f_0 des Blechmantels kann wie folgt ermittelt werden, wenn die Massenbedeckung m_M'' des Mantels wesentlich kleiner ist als die des Rohres:

$$f_0 = \frac{60}{\sqrt{m_M'' \cdot h}} \quad [Hz] \qquad [GL\ 7.24]$$

Andernfalls ist f_0 wie folgt zu bestimmen:

$$f_0 = 60 \sqrt{\frac{m_R'' + m_M''}{m_R'' \cdot m_M'' \cdot h}} \quad [Hz] \qquad [GL\ 7.25]$$

d_a = Rohraussendurchmesser in m
m_M'' = Flächengewicht des Mantels in kg/m^2
m_R'' = Flächengewicht des Rohres in kg/m^2
h = Abstand zwischen Rohr und Dämm-Mantel in m

Im unteren Frequenzbereich (meistens bei $f < 250$ Hz) treten durch Vorsatzschalen häufig Dämmverluste auf, die unabhängig vom Rohrdurchmesser und von der Art der Rohrummantelung sind (Bild 7.30).

Der Blechmantel muss fugendicht verlegt werden und darf nicht an starren Abstandshaltern befestigt sein. Bei kleinen Rohrdurchmessern kann er unmittelbar auf bandagierte Mineralwollmatten aufgeklemmt werden. Bei grösseren Durchmessern muss er, abhängig von der Steifigkeit der Mineralwolle, mit den Abstandsringen verschraubt werden, die durch weiche Gummi-Metallelemente, Stahlfedern oder ähnlich mit dem Rohr verbunden sind. Bewährt haben sich mäanderförmig gebogene Edelstahlbänder. Als Ummantelung wird in den meisten Fällen 1 mm bis 1,5 mm dickes, verzinktes Stahlblech oder aber Aluminium verwendet. Die Mineralwolle im Raum zwischen Mantel und Rohr sollte einen möglichst hohen Strömungswiderstand (>20 Rayl/cm) haben bei einem kleinem Elastizitätsmodul (< 0,15 MN/m²).

Die angegebene Verbesserung der Schalldämmung gilt bis zu einem Verhältnis von etwa $d_i / (d_a + h) < 0,7$.

Bei grösseren Quotienten $d_i / (d_a + h)$, d.h. bei relativ kleinen Abständen h, sind die Ringdehnfrequenzen von Rohr und Ummantelung zu eng benachbart, so dass die dabei auftretende Verringerung der Schalldämmung das Gesamtergebnis erheblich verschlechtert.

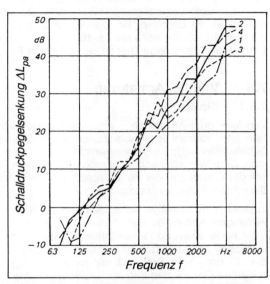

Bild 7.30:
Beispiele für die frequenzabhängige Senkung des Schalldruckpegels ΔL_{pa} durch verschiedene schalldämmende Ummantelungen, gemessen in einem Hallraum-Prüfstand an einer Rohrleitung mit einem äusseren Durchmesser $d_a = 323$ mm und einer Wanddicke von s = 5 mm

Kurve 1: *Vorsatzschalen, bestehend aus Stahlblech 0,75 mm dick, mit Entdröhnungsbeschichtung 2 mm dick und Mineralwolle-Auskleidung 60 mm dick (ca. 100 kg/m³), gemessen bei Luftschallanregung.*

Kurve 2: *Vorsatzschalen, bestehend aus Stahlblech 1 mm dick, mit Entdröhnungsbeschichtung 2 mm dick und Mineralwolle-Auskleidung 100 mm dick (ca. 100 kg/m³), gemessen bei Luftschallanregung.*

Kurve 3: *wie Kurve 2, gemessen bei Körperschallanregung*

Kurve 4: *Vorsatzschalen (doppelwandig), innen bestehend aus Stahlblech 0,75 mm dick mit Entdröhnungsbeschichtung 2 mm dick und Mineralwolle-Auskleidung 60 mm dick (ca. 100 kg/m³), aussen bestehend aus Stahlblech 1 mm dick, mit Entdröhnungsbeschichtung 2 mm dick und Mineralwolle-Auskleidung 40 mm dick (ca. 100 kg/m³), gemessen bei Luftschallanregung.*

Eine Erhöhung der Massenbelegung des Aussenblechs durch Aufspachteln von schweren Spachtelmassen verschiebt die Eigenfrequenz zu tieferen Frequenzen. Dadurch wird auch bei den tiefen Frequenzen eine höhere Schalldämmung erreicht. Das Aussenblech wird entdröhnt, und wegen der niedrigen Schallgeschwindigkeit in der mit schwerer Spachtelmasse versehenen Aussenschale ergibt sich dort eine Ringdehnfrequenz, die von derjenigen des Rohres stark abweicht.

Durch Eigenfrequenzen sowie durch unvermeidbare Körperschallbrücken ist die Dämmungsverbesserung von einschaligen Ummantelungen meist auf 30 dB bis 35 dB begrenzt. Bei Verwendung von entdröhntem Blech (z.b. Verbundblech) werden noch bis ca. 10 dB höhere Werte erreicht. Doppelschalige Ummantelungen bringen nur im Bereich hoher Frequenzen Vorteile.

7.6 Ventile, Armaturen

7.6.1 Einleitung

Ventile – oder Armaturen – sind strömungsakustisch recht komplizierte Bauteile. Eine Vielzahl von Publikationen beschäftigt sich mit den Grundlagen der Schallentstehung, der Vorausberechnung und den Lärmminderungsmassnahmen. Dem Wunsch nach einer möglichst präzisen Lärmprognose in Abhängigkeit der Bauart und der Betriebsbedingungen versucht man mit verschiedenen Berechnunghilfen zu entsprechen.

In diesem Abschnitt ist ausschliesslich die Rede von Industriearmaturen. Die vielfältigen Armaturen aus dem Haustechnikbereich haben aus akustischer Sicht heute einen so fortgeschrittenen Stand erreicht, dass sie selten zu Diskussionen Anlass geben. Treten einmal Probleme auf, liegen die Fehler oft bei den Einbau- und Betriebsbedingungen, weniger bei den Armaturen (z.B. schlechte Einbau- und Betriebsbedingungen wie zu hoher Druck, falsche Strömungsrichtung, falsche Dimensionierung usw.).

Experten der nationalen und internationalen Normenkommissionen arbeiten zur Zeit intensiv an neuen Vorschriften für die Messung und die Berechnung von Stellventilen ([61], [67], [68], [69]). Zudem liegt der Entwurf der VDI-Richtlinie 3738 (Emissionskennwerte technischer Schallquellen, Armaturen) vor. Es soll versucht werden, auf der Basis dieser Regelwerke einen Überblick über die strömungsakustischen Probleme zu geben. Hierbei beschränken sich die Ausführungen – abgesehen von wenigen Ausnahmen – auf Industriearmaturen.

7.6.2 Bauarten von Industriearmaturen

Armaturen werden aufgrund ihrer Aufgabe den folgenden zwei Hauptgruppen zugeteilt:

- Armaturen zur Regelung des Volumenstroms (z.B. Ventile, Klappen)
- Armaturen als Absperrorgane (z.b. Hahnen, Schieber, Drehkegel).

Beide Bauarten unterscheiden sich grundsätzlich (Bild 7.31).

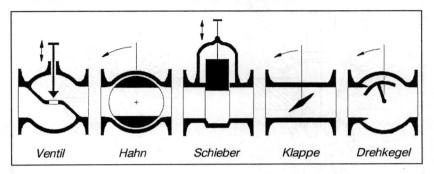

Ventil   *Hahn*   *Schieber*   *Klappe*   *Drehkegel*

Bild 7.31:
Beispiele für unterschiedliche Bauarten von Armaturen

Die folgenden Betrachtungen gelten für alle Industrie-Armaturentypen, die von Flüssigkeiten oder Gasen durchströmt werden.

Einheitliche Messverfahren beschreiben die Geräuschemissionen von Armaturen. Das ermöglicht dem Anwender (z.B. Planer, Hersteller, Betreiber) den Vergleich von unterschiedlichen Armaturen-Bauformen hinsichtlich ihres akustischen Verhaltens.

7.6.3   Geräuschentwicklung von Armaturen: Grundlagen

Die wichtigsten Einflussgrössen auf die Geräuschentwicklung von Armaturen sind:

- Konstruktionsart des Gehäuses und der Ventilsitzform (Bild 7.32)
- Betriebszustand
- Einbauart

Auf diese drei Punkte wird in Tabelle 7.4 im Detail eingegangen.

7.6.4   Vergleichsverfahren

Für den Vergleich von Armaturen unterschiedlicher Bauart eignen sich die Schalleistungspegel nur, wenn sie unter vergleichbaren Einbau- und Betriebsbedingungen ermittelt werden. Da dies in vielen Fällen nicht möglich ist, wird ein normiertes akustisches Umwandlungsmass eingeführt, das nur von den Eigenschaften der Armatur und vom Betriebsdruckverhältnis abhängt. Das

159

Verfahren nach [41] wird in den folgenden Abschnitten vorgestellt.

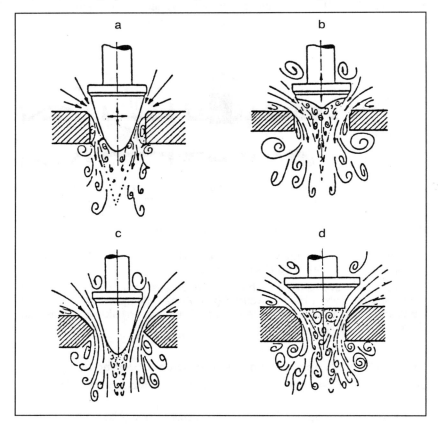

Bild 7.32:
Verschiedene Ventilsitzformen

a. schlanker Parabolkegel
b. stumpfer Parabolkegel
c. Schneidensitz
d. Kegel mit Abrisskante

Tab. 7.4: Einflussgrössen auf das Geräuschverhalten von Armaturen

Hauptgruppe	Merkmal	Detail
Konstruktion	Bauart	Durchgangsventil, Eckventil, Mehrwegventil, Klappe, Hahn
	Drosselkörperart	Konturkegel, Lochkäfig, Lochkegel mehrstufig, Klappe, Schwenkkegel
	Dimensionierung	Gehäusevolumen, Wanddicke, Werkstoff
Betrieb	Medium	Gase/Dämpfe, Flüssigkeiten, einphasig, mehrphasig
	Druck	Zuströmseite, Abströmseite
	Durchfluss Temperatur Auslastung	
Einbau	Durchflussrichtung	Medium öffnet, Medium schliesst
	Rohrleitungsführung	vor der Armatur hinter der Armatur
	Rohrleitungsanpassung	Reduzierung, Erweiterung
	Dämmung	thermisch, akustisch
	Entkopplung	akustisch

Bild 7.33 zeigt eindrücklich einen prinzipiellen Schallflussplan bei einer Armatur mit Rohrleitung.

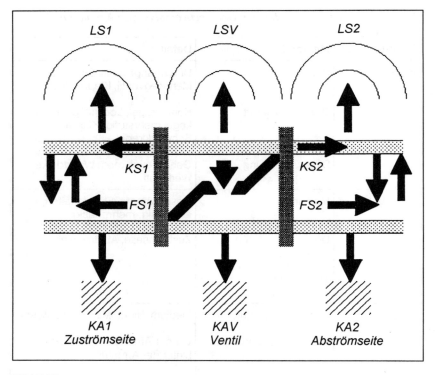

Bild 7.33:
Prinzipieller Schallflussplan bei einer Armatur mit Rohrleitung

FS: Fluidschall   *KS: Körperschall*
LS: Luftschall   *KA: Körperschallableitung*

1 Zuströmseite   *V Ventil*   *2 Abströmseite*

7.6.5 Normiertes akustisches Umwandlungsmass

7.6.5.1 Berechnungsgrundlagen

Das akustische Umwandlungsmass L_η ist die Pegeldifferenz zwischen dem im Oktavbandbereich von 500 Hz bis 8 000 Hz in die Rohrleitung abgestrahlten Schalleistungspegel L_{Wi} und dem Pegel der Strahlleistung im Drosselquerschnitt L_{Pvc} (vena contracta):

$$L_\eta = L_{Wi} - L_{Pvc} \quad [dB] \qquad\qquad [GL\ 7.26]$$

162

Für die Werte unterhalb von 500 Hz liegen noch nicht ausreichend gesicherte Messwerte vor.

Das akustische Umwandlungsmass wird aus dem Schalleistungspegel L_{Wi} (nach VDMA 24423) und dem Strahlleistungspegel L_{Pvc} nach Ziff. 7.6.5.5, Seite 167, berechnet.

Das akustische Umwandlungsmass und die Strahlleistung sind von den Ventileigenschaften (Druckrückgewinn) abhängig. Daher wird im folgenden bei der Gas- und Dampfentspannung das Umwandlungsmass mit:

$$- 10 \lg \left[- \lg \left(1 - x_{cr} \right) \right] \qquad [-] \qquad \text{[GL 7.27]}$$

und die Strahlleistung mit:

$$+ 10 \lg \left[- \lg \left(1 - x_{cr} \right) \right] \qquad [-] \qquad \text{[GL 7.28]}$$

normiert. Hierbei ist x_{cr} das kritische Druckverhältnis nach der Beziehung:

$$x_{cr} = 1 - \left[\frac{2}{x + 1} \right]^{\frac{x}{x - 1} \cdot \frac{0{,}442 \, x_T \, (x \, / \, x_{Luft})}{(0{,}31 + 0{,}122 \, x)^2}} \qquad [-] \qquad \text{[GL 7.29]}$$

x_T = Differenzdruckverhältnis bei Durchflussbegrenzung
x = Differenzdruckverhältnis bei Gasen

Bei der Entspannung von Gasen und Dämpfen wird bei einem Druckverhältnis von $x = x_{cr}$ in der Drosselstelle Schallgeschwindigkeit erreicht. Das kritische Druckverhältnis x_{cr} ist aus dem gemessenen Druckverhältnis x_T bzw. x_{Tp}, bei dem Durchflussbegrenzung eintritt, nach der [GL 7.29] zu bestimmen.

Bei der Drosselung von Flüssigkeiten erfolgt die Normierung des Umwandlungsmasses L_η mit $- 20 \lg F_L$ und der Strahlleistung mit $+ 20 \lg F_L$. Hierbei ist F_L der Faktor für den Druckrückgewinn eines Ventils bei Flüssigkeiten.

Die akustischen Eigenschaften und damit das Umwandlungsmass ändern sich auch mit dem Hub und dem Schwenkwinkel. Im folgenden werden die im Auslastungsbereich von 50% bis 75% ermittelten Umwandlungsmasse betrachtet.

Damit sind alle schalltechnisch relevanten Ventileigenschaften in dem normierten akustischen Umwandlungsmass enthalten, während die normierte Strahlleistung von den Betriebsbedingungen allein abhängt.

7.6.5.2 Spektrale Verteilung der inneren Schalleistung

Die Schallausbreitung in der Rohrleitung, die Dämmung der Rohrleitung sowie die Wirksamkeit von Schalldämpfern hängen von der spektralen Verteilung des inneren Schalleistungspegels ab. Die gemessenen, mit dem Schalleistungspegel normierten Oktavpegel werden daher in Abhängigkeit vom Druckverhältnis für die Zu- und Abströmleitung angegeben.

Falls keine Messwerte vorliegen, kann zu- und abströmseitig bei Gasen und Dämpfen ein Rauschspektrum angenommen werden, das im betrachteten Frequenzbereich mit 3 dB pro Oktave ansteigt. Das relative mittlere Spektrum L_{Wi} (f) berechnet sich wie folgt:

$$L_{Wi}(f) = L_{Wi} + 10 \lg \frac{f_m}{500} - 14,9 \qquad [dB] \qquad [GL\ 7.30]$$

Bei der Flüssigkeitsdrosselung mit und ohne Kavitation kann die spektrale Verteilung durch ein Rauschspektrum angenähert werden, das mit 3 dB pro Oktave abfällt. Damit ergibt sich für das relative mittlere Spektrum L_{Wi} (f):

$$L_{Wi}(f) = L_{Wi} - 10 \lg \frac{f_m}{500} - 2,9 \qquad [dB] \qquad [GL\ 7.31]$$

7.6.5.3 Vergleich der Geräuschemission unterschiedlicher Armaturen

In Bild 7.34 sind die abströmseitig bestimmten normierten Umwandlungsmasse für ein Standardventil und ein geräuscharmes Ventil in Abhängigkeit vom Druckverhältnis x eingetragen.

Die Pegeldifferenz zwischen den normierten Umwandlungsmassen ergibt die durch das geräuscharme Ventil erreichbare Minderung des in die Abströmleitung emittierten Schalleistungspegels. Nach Bild 7.34 beträgt die erzielbare Pegelminderung bei einem Betriebsdruckverhältnis von x = 0,5 ca. 24 dB.

Analog zeigt Bild 7.35, in Abhängigkeit vom Druckverhältnis x_F , die abströmseitig ermittelten normierten Umwandlungsmasse bei der Drosselung von Flüssigkeiten für ein Standardventil und ein geräuscharmes Ventil.

Die Pegeldifferenz zwischen den normierten Umwandlungsmassen zeigt die erzielbare Minderung der Schallemission in die abströmseitige Rohrleitung. Beispielsweise beträgt die erzielbare Pegelminderung bei einem Betriebsdruckverhältnis von x = 0,6 ca. 8 dB.

Nach dem beschriebenen Verfahren können sowohl die normierten abströmseitigen, als auch die normierten zulaufseitigen Umwandlungsmasse miteinander verglichen, und die aus dem Einsatz unterschiedlicher Armaturen resultierenden Änderungen des Geräuschverhaltens vorausbestimmt werden.

Bild 7.34:
Normiertes, akustisches
Umwandlungsmass bei
Gasentspannung in
verschiedenen Ventilen

a   Standardventil
b   geräuscharmes Ventil

Beispiel:
Bei einem Betriebsdruck-
verhältnis von x = 0,5
beträgt die maximal
erzielbare Pegel-
minderung ca. 24 dB

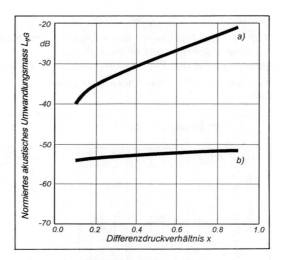

Bild 7.35:
Normiertes, akustisches
Umwandlungsmass bei
Flüssigkeitsdrosselung in
verschiedenen Ventilen

a   Standardventil
b   geräuscharmes Ventil

Beispiel:
Bei einem Betriebsdruck-
verhältnis von x = 0,6
beträgt die maximal er-
zielbare Pegelminderung
beim Einsatz eines Re-
gelventils mit mehrstufi-
gem Kegel ca. 8 dB

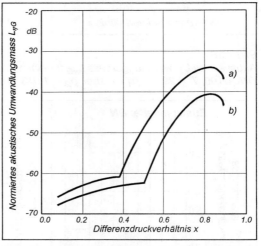

Nebst den Armatureneigenschaften wird die Geräuschemission von Armaturen auch durch die Betriebsbedingungen (z.B. Durchflussmedium, Auslastung, Druckverhältnis, Druck und Geschwindigkeit auf der Abströmseite) und die Einbaubedingungen bestimmt.

Beispiele

Bild 7.36 bis 7.38 zeigen das akustische Umwandlungsmass L_η für drei verschiedene Armaturen. Der Zusatzindex G wird für Gase, F für Flüssigkeiten verwendet. Bei den Ergebnissen handelt es sich um Prüfstandmessungen.

Es wäre hilfreich, wenn Armaturen-Hersteller diese Werte bekanntgeben würden.

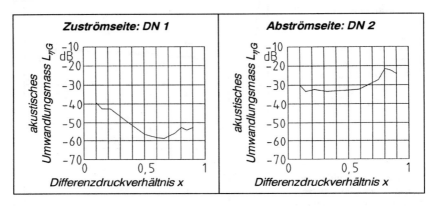

Bild 7.36:
Akustisches Umwandlungsmass $L_{\eta G}$ für einen Parabolkegel, luftdurchströmt
DN = 100, T = 293 K, p_1 variabel, p_2 = 1,013 · 10^5 Pa

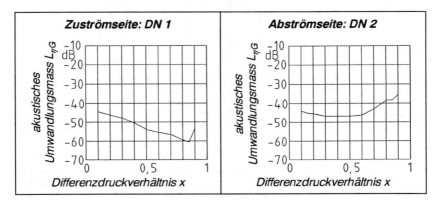

Bild 7.37:
Akustisches Umwandlungsmass $L_{\eta G}$ für einen Lochdrosselkegel, luftdurchströmt
DN = 100, T = 293 K, p_1 variabel, p_2 = 1,013 · 10^5 Pa

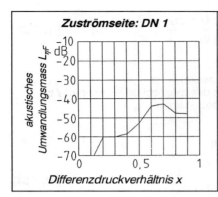
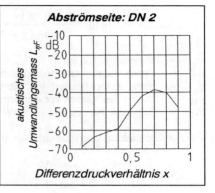

Zuströmseite: DN 1

Abströmseite: DN 2

Bild 7.38:
Akustisches Umwandlungsmass $L_{\eta F}$ für einen wasserdurchströmten V-Port-kegel
$DN = 50$, $T = 293$ K, $p_V = 3,0 \cdot 10^{-7}$ Pa (Dampfdruck)

7.6.5.4 Zusammenfassung

Das Berechnungsverfahren zeigt deutlich, dass die rechnerische Vorausbe-stimmung der Schalleistung von Armaturen mit einem recht erheblichen Auf-wand verbunden ist. Es werden Daten benötigt, die in der Praxis kaum zur Verfügung stehen. Vor allem für Hersteller von Armaturen sind diese Grundla-gen interessant, denn eine möglichst geringe Geräuschentwicklung kann als starkes Verkaufsargument gelten.

Der Umstand, dass sich die erst seit kurzer Zeit bekannten Berechnungsver-fahren noch in der Erprobungs- und Vernehmlassungsphase befinden lässt vermuten, dass noch einige Änderungen und Ergänzungen zu erwarten sind.

7.6.5.5 Berechnung des inneren Schalleistungspegels

Sowohl der Pegel der in die Abströmleitung als auch derjenige der in die Zuströmleitung emittierten Schalleistung kann vorausberechnet werden. Die entsprechenden normierten Umwandlungsmasse werden mit dem normierten Strahlleistungspegel L_{Pvc} addiert:

$$L_{Wi} = L_{\eta} + L_{Pvc} \quad [dB] \qquad [GL\ 7.32]$$

Der normierte Strahlleistungspegel L_{PvcG} für Gase berechnet sich nach der fol-genden Beziehung:

$$L_{PvcG} = 10 \lg \frac{\dot{m} \cdot p_1 \cdot \chi \, [- \lg (1 - \chi)]}{\rho_G \, (\chi + 1) \, W_0} \qquad [dB] \qquad [GL \ 7.33]$$

$\dot{m}$ = Massestrom in kg/s
p_1 = Druck vor der Armatur (Zuströmseite) in Pa
χ = Isentropenexponent, Verhältnis der spezifischen Wärmen c_p / c_v
ρ_G = Dichte des Gases vor der Armatur in kg/m^3
W_0 = Bezugsschalleistung 10^{-12} W

Bei der Drosselung von Flüssigkeiten gilt:

$$L_{PvcF} = 10 \lg \frac{\dot{m} \cdot \Delta p}{\rho_F \cdot W_0} \qquad [dB] \qquad [GL \ 7.34]$$

Δp = Differenzdruck $p_1 - p_2$ in Pa
ρ_F = Dichte der Flüssigkeit vor der Armatur in kg/m^3

Die Genauigkeit dieses Verfahrens ist auf $\pm$ 5 dB begrenzt.

7.7 Messungen an Stellventilen im Labor

7.7.1 Grundlagen

Messungen der Geräuschemissionen von Stellventilen müssen nach den folgenden Normen durchgeführt werden:

- DIN IEC 534 Teil 8-1 [68] für gasdurchströmte Stellventile
- DIN EN 60 534 Teil 8-2 [71] für flüssigkeitsdurchströmte Stellventile

In diesen beiden Normen sind die Messbedingungen genau beschrieben.

7.7.2 Messverfahren

7.7.2.1 Prüfobjekt

Das Prüfobjekt ist ein Stellventil oder die Kombination von Stellventil, Reduzierstück, Rohrerweiterung oder anderen Formstücken (Fittings), für das die Kennwerte ermittelt werden sollen. Alle Teile, die für eine einwandfreie Funktion des Prüfobjektes notwendig sind, müssen geprüft werden. Die Verstellung des Drosselkörpers von Hand anstelle des kompletten Antriebs wird bevorzugt.

7.7.2.2 Prüfsystem

Das Prüfsystem umfasst:

- *Druck-Reduzierventile*
  Der Prüfdruck muss kavitationsfrei geregelt werden.

- *Prüfobjekt*
  Das Prüfobjekt darf nicht isoliert sein.

- *Rohrleitung im Bereich der Prüfstrecke*
  Eine maximale Länge der angeschlossenen Rohrleitungen ist nicht festgelegt, aber eine minimale.

- *Druckentnahmestutzen*
  Es dürfen nur normgerechte Druckentnahmestutzen verwendet werden (IEC 534-2-3).

- *Akustisches Umfeld*
  Störgeräusche müssen mindestens 10 dB niedriger liegen als das emittierte Geräusch des Prüffeldes. Das akustische Umfeld hat den Normen ISO 3744 oder ISO 3745 zu entsprechen.

- *Instrumentierung*
  Die Messgeräte müssen die Norm IEC 651 erfüllen.

7.7.2.3 Prüfablauf

Als Prüfmedium ist entweder Wasser mit einer Temperatur von ϑ = 5 bis 40°C (frei von Schwebestoffen, Luft oder anderen Gasen) oder Luft (in besonderen Fällen auch Gase) einzusetzen. Das Mikrophon muss 1 m neben der Prüfstrecke angeordnet werden.

7.7.3 Prüfergebnisse

Neben der Beschreibung des Prüfobjektes sind je nach Fluid die Daten nach Tabelle 7.5 zu protokollieren.

Die Datenmenge, die bei der Prüfung von Stellventilen zu erfassen ist, erstaunt auf den ersten Blick. Da jedoch für die Durchführung solcher Messungen ein recht grosser Aufwand betrieben werden muss, wird dieser Aspekt relativiert. Die Erfahrung zeigt, dass Messergebnisse aus den unterschiedlichsten Prüflaboratorien nur vergleich- und interpretierbar sind, wenn die Messbedingungen genau übereinstimmen.

Weitere Informationen und Details zu diesem Thema, wie beispielsweise der Aufbau eines Prüfstandes, enthalten die zitierten Normen.

Tab. 7.5: Zu bestimmende Daten bei Laboratoriumsmessungen von
Geräuschen an Stellventilen für Luft oder Wasser

Daten	Wasser	Luft
absoluter Eingangsdruck p_1 in kPa oder bar	x	x
Differenzdruck Δp in kPa oder bar	x	x
Temperatur des Mediums am Eingang	-	x
barometrischer Druck	-	x
kritischer Differenzdruck Δp_k	x	-
Differenzdruckverhältnis	-	x
Differenzdruckverhältnisfaktor mit Fittings	-	x
Rohrleitungsgeometriefaktor	-	x
absoluter Dampfdruck p_v in kPa oder bar	x	-
Dichte der Prüfflüssigkeit ρ in kg/m^3	x	-
Dichte des Gases ρ in kg/m^3, Molekülmasse	-	x
Temperatur der Prüfflüssigkeit am Eingang T_1 in °C	x	-
charakteristisches Druckverhältnis für Blende x_{Fz}	x	-
Durchfluss bzw. Volumenstrom Q in m^3/h	x	x
Nennhub bzw. Nenndrehwinkel in mm bzw. Grad	x	-
relativer Hub h	x	x
Durchflusskoeffizient bei Prüfbedingungen A_v, K_v oder C_v	x	x
relativer Durchflusskoeffizient bei Prüfbedingungen φ	x	-
charakteristisches Druckverhältnis $x_{Fz,\varphi}$	x	-
Schalldruckpegel für jeden Messpunkt in dB oder dB(A)	x	x
Spitzenfrequenz in Hz	x	x
verwendete Messgeräte	x	x
Position des Mikrophons	x	x
Beschreibung des Prüfobjektes wie DN, Durchflussrichtung usw.	x	x
Beschreibung der Prüfeinrichtung	x	x
alle Abweichungen vom normgerechten Messverfahren	x	x

7.8 Prognosen der aerodynamischen Geräusche von Stellventilen

7.8.1 Grundlagen

Die Prognose der aerodynamischen Geräusche von Stellventilen ist mit allgemeinen, theoretischen Grundlagen aus der Fachliteratur praktisch nicht möglich. Es liegen zwei Normenentwürfe vor, die entsprechende Berechnungsmethoden vorschlagen:

170

- DIN IEC 65B(SEC) 178, Teil 8 [69] für gasdurchströmte Stellventile
- DIN EN 60 534 Teil 8-4 [67] für flüssigkeitsdurchströmte Stellventile

An dieser Stelle werden nur die wichtigsten Punkte der Berechnungsverfahren, nicht aber das detaillierte Vorgehen, beschrieben. Prognosen können nur mit Hilfe der Normenentwürfe erstellt werden.

7.8.2 Prognosen für gasdurchströmte Stellventile

7.8.2.1 Gültigkeitsgrenzen

Bei der Anwendung des Prognoseverfahrens nach [69] sind die folgenden Punkte zu beachten:

- Das Verfahren betrachtet nur Einphasentrockengase und -dämpfe und beruht auf den idealen Gasgesetzen.

- Die Berechnungsgenauigkeit liegt innerhalb von 5 dB(A).

- Die Prognosen sind nur gültig, wenn im Rohr die maximale Geschwindigkeit hinter dem Ventil oder an der Ventilauslassöffnung 0,3 Mach nicht übersteigt.

- Die folgenden Einstufenventile lassen sich berechnen:
  Kugelventile (Einsitz- und Doppelsitzventile), Drosselventile, Eckventile, Drehschieber (exzentrisch, kugelförmig), Kugelhähne und Ventile mit Zylindergarnitur.

7.8.2.2 Begriffe

Die folgenden zusätzlichen Begriffe werden, in Anlehnung an IEC 534, verwendet (Auswahl):

- *Akustischer Wirkungsgrad*
  Verhältnis der Schalleistung zur verfügbaren Strömungsleistung des Massendurchflusses.

- *Erste Koinzidenzfrequenz*
  Tiefste Frequenz, bei der die akustische und die strukturelle Axial-Kreiswellenzahl für eine vorgegebene Umfangsgeschwindigkeit gleich ist, woraus ein minimales Schalldämmass resultiert.

- *Ventilkonstruktionsfaktor F_d*
  Faktor, der die effektive Anzahl identischer und einzelner Durchflusskanäle in der Ventil-Garnitur berücksichtigt.

7.8.2.3 Berechnungsverfahren

In einem ersten Schritt wird der Ventilkonstruktionsfaktor F_d bestimmt. Hierzu muss man die konstruktiven Eigenheiten des betrachteten Ventils wie Hub,

Anzahl Einzel-Durchflusskanäle, hydraulischer Durchmesser usw. kennen. Der zweite Schritt führt, mit Hilfe der Schallgeschwindigkeit des Fluids, zum akustischen Wirkungsgrad des Ventils. In einem letzten Schritt kann nun die Strahlleistung des Massendurchflusses bestimmt werden, die zum gesuchten A-bewerteten Schalldruckpegel führt. In [69] ergänzen ausführliche Berechnungsbeispiele die umfangreichen Berechnungsgänge.

7.8.3 Prognosen für flüssigkeitsdurchströmte Stellventile

7.8.3.1 Gültigkeitsgrenzen

Mit dem Prognoseverfahren nach [67] werden Schalldruckpegel ausserhalb von Rohrleitungen, üblicherweise 1 m neben der Rohrwand und 1 m hinter dem Ventil berechnet. Es soll nur für einsitzige und einstufige Durchgangsventile mit Nennweiten DN 25 bis DN 150 verwendet werden.

7.8.3.2 Begriffe

Analog Ziff 7.8.2.2 müssen einige Begriffe erläutert werden:

- *Faktor für den Druckrückgewinn F_L*
  Der Faktor für den Druckrückgewinn F_L wird nach IEC 534-2-3 aus einer Durchflusskapazitätsmessung unter «Choked-Flow» -Bedingungen ermittelt. Bei Strömungsverhältnissen ohne Durchflussbegrenzung repräsentiert F_L die Wurzel aus dem Verhältnis Druckabfall über dem Ventil zum Differenzdruck an der Drosselstelle.

- *Ventilspezifische Kenngrösse X_{Fz}*
  Die ventilspezifische Kenngrösse X_{Fz} wird nach IEC 534-8-2 in Abhängigkeit der Ventilauslastung ermittelt. Sie kennzeichnet das Druckverhältnis, bei dem die Kavitation beginnt.

- *Akustischer Umwandlungsgrad η_F*
  Der akustische Umwandlungsgrad η_F ist das Verhältnis zwischen Schalleistung und Strahlleistung bei Strömung ohne Kavitation. Er ist in Abhängigkeit von Bauform und Durchflusskapazität anzugeben.

- *Korrekturwert ΔL_F*
  Der Korrekturwert ΔL_F kennzeichnet ein von der Berechnung für das Ventil abweichendes Kavitationsverhalten.

7.8.3.3 Berechnungsverfahren

Vorerst wird für die Strömung ohne und dann mit Kavitation der innere Schallleistungspegel L_{Wi} berechnet. Dann bestimmt man das entsprechende Oktavspektrum, wobei man sich auf die Oktavbänder 500 bis 8 000 Hz beschränkt. Anschliessend rechnet man unter Berücksichtigung der Rohrschalldämmung den äusseren Schalleistungspegel aus, mit dem sich der äussere A-bewertete Schalldruckpegel L_{pAe} bestimmen lässt.

8   Öl-hydraulische Anlagen

8.1   Einleitung

Ölhydraulische Anlagen, in diesem Abschnitt kurz mit hydraulischen Anlagen bezeichnet, sind heute in grosser Zahl nicht nur im industriellen Sektor, sondern speziell auch im Verkehrs- und Transportwesen anzutreffen. Ohne solche Systeme könnten viele Bewegungsabläufe gar nicht vollzogen werden. Als Beispiele seien die hydraulischen Einrichtungen in einem Pkw (Bild 8.1) oder in einem modernen Reiseflugzeug erwähnt. Gründe für den Einsatz von Hydrauliksystemen gibt es viele: günstiges Leistungsgewicht, Funktionssicherheit, kleiner Verschleiss, optimal steuerbare Bewegungsabläufe, Erzeugung von grossen Kräften usw..

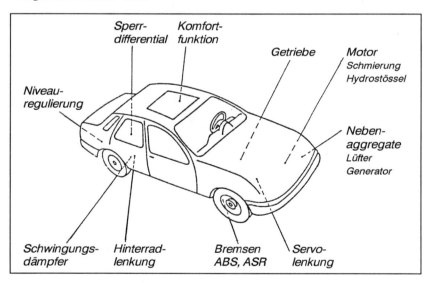

Bild 8.1:
Hydraulik im Kraftfahrzeug

Im allgemeinen Trend nach höherer Produktivität und Wirtschaftlichkeit werden bei Maschinen immer grössere Leistungen erwartet. Bei hydraulisch betriebenen Anlagen und Maschinen ist eine Leistungssteigerung nur durch höhere

Drücke und grössere Drehzahlen erreichbar. In einem engen Zusammenhang mit diesen Parametern stehen höhere Schallemissionen der Hydraulik. Bereits heute werden aber Hydraulikgeräusche als zum Teil stark störend empfunden, da sie vielfach den Gesamtpegel einer Maschine bestimmen. Hinzu kommt in vielen Fällen eine ausgeprägte Tonhaltigkeit der Geräusche (eine bestimmte Tonhöhe ist deutlich wahrnehmbar), was den Gesamteindruck negativ beeinflusst.

Aus diesen Gründen ist es sinnvoll, die Schallentstehung, die Schallweiterleitung und die Schallabstrahlung von hydraulischen Baugruppen näher zu betrachten. Allerdings, Lärmbekämpfungsmassnahmen an Hydraulikanlagen sind komplex, da zahlreiche Arbeits- und Steuerelemente zusammenwirken.

Seit langer Zeit forscht man auf dem Gebiet der Hydraulikanlagen nach lärmarmen Konstruktionen. In Deutschland beispielsweise haben sich das Institut für hydraulische und pneumatische Antriebe und Steuerungen der RWTH Aachen (Leiter Prof. Dr. Ing. W. Backé) sowie das Institut für Werkzeugmaschinen an der Universität Stuttgart einen international hervorragenden Ruf als kompetente Forschungsstätten geschaffen.

Gerade die Hydraulikpumpen erweisen sich als Komponenten mit dem höchsten Potential an Verbesserungsmöglichkeiten im Hinblick auf eine Geräuschreduktion. Nicht zu vergessen ist auch die an Hydraulikanlagen angeschlossene Peripherie wie Pumpenträger und Rohrleitungen.

Die VDI-Richtlinie 3720, Blatt 5 (1984) gibt umfassend über konstruktive Massnahmen an Hydrokomponenten und -systemen Auskunft. In dieser Richtlinie, die als Grundlagenwerk heute noch Gültigkeit hat, werden sehr viele konstruktive Details besprochen. Im folgenden Abschnitt werden nur allgemeine Vorschläge für lärmarme Konstruktionen und einige praktische Beispiele behandelt.

8.2   Geräuschentstehungsmechanismen

Akustisch betrachtet ist eine hydraulische Anlage ein sehr komplexes Gebilde. Die drei Funktionen Geräuschentstehung, Geräuschübertragung und Geräuschabstrahlung greifen je nach Quelle beinahe nahtlos ineinander. Die unterschiedlichen Schallformen illustriert Bild 8.2.

Bei hydraulischen Anlagen stehen bezüglich strömungsakustischer Probleme die direkt erzeugten Geräusche (siehe Abschnitt 1, Grundlagen) im Vordergrund, bei denen es um aeropulsive, aero- und hydrodynamische, sowie thermodynamische Schallanteile geht.

Die indirekt erzeugten kraft- und geschwindigkeitserregten Maschinengeräusche dürfen allerdings bei der Gesamtbetrachtung der Geräusche nicht ausser acht gelassen werden.

175

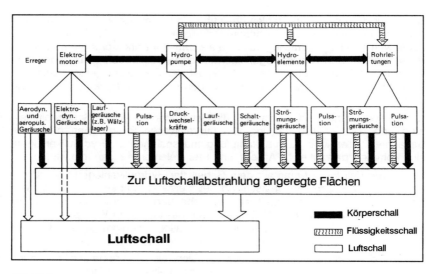

Bild 8.2:
Schematische Darstellung der Zusammenhänge zwischen Schallentstehung, Schallübertragung und -abstrahlung bei einem Hydroaggregat [33]

8.3 Die einzelnen Bauelemente: Probleme und Lösungen

8.3.1 Übersicht

Bei Hydraulikanlagen stehen vier Bauelemente im Vordergrund, die nun von der praktischen Seite her näher betrachtet werden:

● Hydropumpen
● Hydromotoren
● Hydroventile
● Hydraulikleitungen
● Schalldämpfer

8.3.2 Hydropumpen

8.3.2.1 Bauarten

Es werden die folgenden Bauarten unterschieden (Bild 8.3):

● Zahnradpumpen (Aussen- und Innenzahnradpumpen)
● Schraubenspindelpumpen
● Flügelpumpen
● Flügelzellenpumpen

176

- Sperrschieberpumpen
- Axialkolbenpumpen
- Membranpumpen
- Kreiskolbenpumpen
- Radialkolbenpumpen

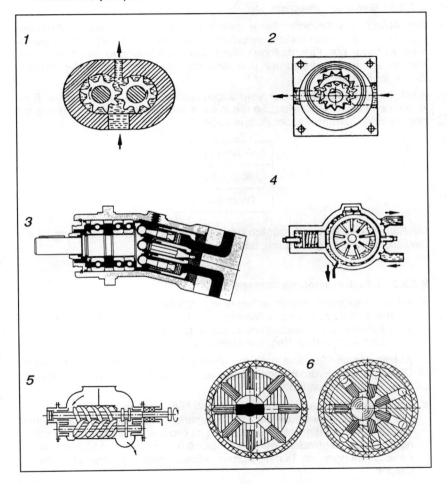

Bild 8.3:
Schematische Darstellung der Pumpenbauarten
1 Aussenzahnradpumpe   2 Innenzahnradpumpe   3 Axialkolbenpumpe
4 Flügelzellenpumpe   5 Schraubenpumpe   6 Radialkolbenpumpen

Zahnrad- und Schraubenspindelpumpen werden in der Praxis am häufigsten eingesetzt. Speziell über Zahnradpumpen liegen mehrere Forschungsarbeiten vor, die sich mit der Lärmminderung befassen.

8.3.2.2 Geräuschursachen

Der Ablauf des Fördervorgangs bestimmt die Ursachen des Pumpengeräusches. Man unterscheidet zwischen mechanischen Anregungsmechanismen, Ansaug- und Füllvorgängen (Kavitation), Anpassungen des Kammervolumens an den Betriebsdruck und dem periodisch schwankenden Förderstrom der Pumpe.

Als Teilschallquellen bei einer Verdrängerpumpe können die folgenden Bauelemente bezeichnet werden, die alle in einer akustischen Wechselwirkung mit der zentralen Lärmquelle, der Pumpe stehen:

| Antrieb |
| Saugleitung |
| Druckleitung |

Die Bauart einer Pumpe bezüglich des Verdrängerprinzips bestimmt somit die Geräuschentwicklung erheblich, Bild 8.4.

8.3.2.3 Lärmbekämpfungsmassnahmen

* *Beeinflussung der mechanischen Anregungsmechanismen*
  Zu dieser Kategorie zählen Wälzlager, unausgeglichene Massen (Unwuchten), Fabrikationsungenauigkeiten, sowie gefederte Massen bei eingebauten Druckventilen oder Regelmechanismen.

  Abhilfe schafft hier eine präzise Fabrikation und bestmögliche Montage. Gleitlager und hydrostatische Lager reduzieren die Geräuschentwicklung einer Pumpe wesentlich.

* *Allgemeine Massnahmen für Ansaug- und Füllvorgänge*
  Die Förderkammern sollen auf der Saugseite möglichst kontinuierlich und vor allem vollständig gefüllt werden. Ein zu grosser Widerstand im Saugbereich muss vermieden werden (max. 0,9 bar bei Betriebsviskosität). Ansaugöffnungen im Pumpenkörper müssen gross genug dimensioniert werden.

  Die im Öl immer vorhandene gelöste Luft kann Kavitation verursachen. Bei einem plötzlichen Druckabfall, bei Umlenkungen des Förderstromes an scharfen Kanten und bei Verwirbelungen kann gelöste Luft ausgeschieden werden und Blasen bilden. Kommen diese Blasen in Gebiete mit hohem

Druck, so werden sie komprimiert und brechen zusammen, wobei die Luft wieder in die Lösung überführt wird. Dieser Vorgang ist mit einer starken Geräuschentwicklung und mechanischen Beschädigungen der Pumpenteile verbunden. Kavitationseffekte können ebenfalls auftreten, wenn ungelöste Luft mit dem Öl angesaugt wird.

- *Massnahmen an Ansaugleitungen*
  Die Sauggeschwindigkeiten sollen nicht höher als 1,5 m/s liegen. Zudem sind möglichst kurze Leitungen mit wenig oder gar keinen Krümmern einzusetzen, welche keine Verengungen oder Einschnürungen aufweisen. Auf den Einbau von Absperrorganen ist nach Möglichkeit zu verzichten.

  Verwendung von drosselarmen Verschraubungen. Bei etwa 0,7 bar (absolut) wird in den meisten Fällen Luft über Verschraubungen eingezogen.

  Falls Schläuche eingesetzt werden, auf den Einsatz von Schlauchbändern verzichten. Schlauchhärte beachten (Formbeständigkeit bei Unterdruck, Kontraktionsgefahr bei ungeeigneten Kunststoffschläuchen ab etwa 80°C).

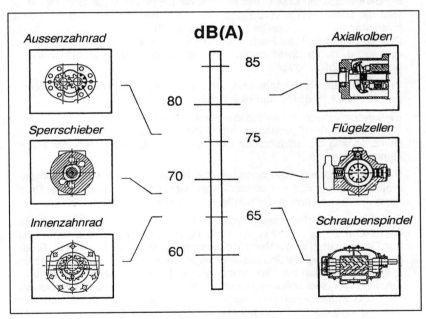

Bild 8.4:
Beispiele für Schalleistungspegel von Pumpen mit unterschiedlichen Verdrängerprinzipien

● *Massnahmen an Rücklaufleitungen*
Der Rücklauf muss unter dem Ölspiegel vorgesehen werden. Allenfalls ist zwischen Druck- und Sauganschluss eine Trennwand oder ein Sieb einzubauen. Ein korrekter Ölstand (auch beim Mobileinsatz) ist besonders wichtig.

● *Anpassung des Kammervolumens an den Betriebsdruck*
Werden die Förderkammern übergangslos unter Druck gesetzt, kommt es zu einem abrupten Druckanstieg. Die plötzliche Kompression des Kammervolumens bewirkt eine Druckschwingung, die eine starke Geräuschemission zur Folge haben kann. Je besser die Füllung der Kammern an der Saugseite ist, desto gleichmässiger verläuft der Vorgang der Druckanpassung, was für die Geräuschentwicklung der Pumpe günstig ist.

● *Massnahmen an Öltanks*
Eine pneumatische Vorspannung ist zu vermeiden. Luft befindet sich zu ca. 10 % in gelöster Form im Öl. Die lösbare Menge ändert sich proportional mit dem absoluten Druck. Tritt im Tank ein Druck von 2 bar absolut auf, so wird die Luftlöslichkeit verdoppelt. Die zweite Art, wie Luft in das Öl eines hydraulischen Kreislaufes gelangen kann, ist die «mechanische Aufladung». Das Öl nimmt Luft als Folge von heftigen Bewegungen der Flüssigkeitsoberfläche, durch Spritzstrahlen auf feste oder flüssige Oberflächen und durch Wirbelbildung auf.

Ungelöste Luft im Behälter einer Hydraulikanlage kann Geräuscherhöhungen von 10 − 15 dB(A) zur Folge haben.

● *Einfluss periodisch schwankender Förderströme*
Die spezielle Bewegungsgeometrie einer Pumpe und deren Verdrängerelemente sind die Ursachen für die ungleichförmige Änderung des Förderkammervolumens.

Bei der vielfachen Überlagerung der einzelnen Verdrängungsvorgänge ergibt sich ein periodisch schwankender Gesamtförderstrom, der im Druckraum der Pumpe und in der Rohrleitung eine Druckpulsation erzeugt.

Der Hauptlärmanteil einer Hydropumpe entfällt auf die hydraulischen Geräusche. Diese entstehen vor allem durch Quetschöldruckspitzen, durch den Druckanstieg in der Verdrängerkammer und durch die von der Förderstromschwankung der Pumpe angeregte Druckpulsation. Quetschöldruckspitzen lassen sich bei den meisten Pumpen bis zu einem Verdrängungsvolumen von etwa 60 cm^3/U durch optimale Anordnung und Dimensionierung von Entlastungsnuten weitgehend vermeiden. Für die Geräuschentstehung sind der Druckaufbau und die Förderstromschwankung entscheidend.

8.3.2.4 Beispiele

Ersatz einer Aussenzahnradpumpe durch eine Innenzahnradpumpe

Man weiss heute, dass Innenzahnradpumpen deutlich ruhiger laufen als Aussenzahnradpumpen. Allerdings wird die Lärmreduktion durch einen höheren Produktionsaufwand erkauft. Das Beispiel in Bild 8.5 zeigt, dass bei gleichen Druck- und Förderleistungen eine Schallpegelreduktion von 12 dB(A) erzielt werden.

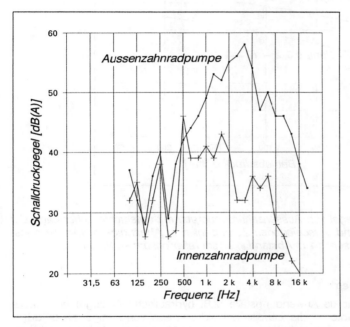

Bild 8.5:
Schalldruckpegel-Frequenzdiagramm einer Aussen- und einer Innenzahnrad-pumpe (Drehzahl: 1 500 min^{-1}, p = 100 bar), gemessen in 1 m Abstand in einem reflexionsarmen Raum

Lage der Dichtzonen

Das Beispiel in Bild 8.6 zeigt den Einfluss einer Verlagerung der Dichtzone bei einer Aussenzahnradpumpe von der Druckseite zur Saugseite. Eine weitere Pegelsenkung wurde durch eine Erhöhung der Zähnezahl von 10 auf 12 möglich (Reduktion der Förderstromschwankung und somit der Druckpulsation).

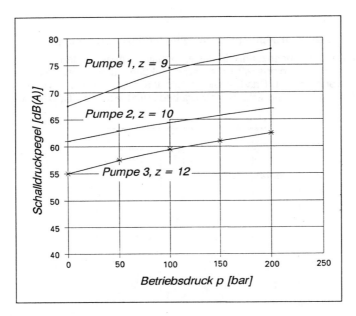

Bild 8.6:
Schalldruckpegel von Aussenzahnradpumpen mit unterschiedlicher Lage der Dichtzonen und verschiedenen Zähnezahlen in Abhängigkeit vom Betriebsdruck, gemessen in 1 m Abstand in einem reflexionsarmen Raum

Unterölpumpen

Für speziell heikle Anwendungsfälle (z.B. hydraulische Aufzüge) entwickelte man Unterölmotoren, die teilweise Schalldruckpegel von weniger als 60 dB(A) abgeben, und dies trotz Drehzahlen von 3 000 min^{-1} und Leistungen bis zu 30 kW. Die thermischen Probleme sind lösbar. Der grosse Vorteil dieser Bauart liegt nicht nur in der lärmarmen Konstruktion, sondern auch in der platzsparenden Bauweise, kann doch die Pumpe direkt am Motor angeflanscht werden (Bild 8.7).

Neue Pumpentechnologie: Duo-Pumpe

Um die Druckstösse der Zahnradpumpe zu glätten, hat die Firma Bosch vor einiger Zeit die sog. Duo-Pumpe entwickelt. Bei dieser Bauart werden pro Welle zwei um die halbe Zahnteilung verschobene Zahnräder eingesetzt. Die Wirkungsweise dieser Pumpe und die erzielte Geräuschreduktion sind in Bild 8.8 (S. 184) dargestellt.

Bild 8.7:
Unterölanordnung
eines
Elektromotors mit
Hydropumpe bei
einem
Hydroaggregat

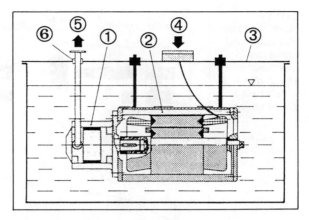

①   *Pumpe*   ②   *Unterölmotor*   ③   *Behälter*
④   *elektrischer Anschluss*   ⑤   *Drucköltflansch*
⑥   *körperschallentkoppelte Rohrleitungsdurchführung*

Von der Aussenzahnradpumpe zur Unterölpumpe

Dieses Beispiel zeigt eindrücklich, wie gross die erzielbaren Pegelreduktionen beim Einsatz unterschiedlicher Pumpenbauarten sind (Tab. 8.1). Obschon es sich hier nur um ein Versuchsaggregat von etwa 3 kW Leistung handelt, wird sehr schnell klar, wo die Massnahmen zur Lärmreduktion einzusetzen sind.

Tab. 8.1: Schalleistungspegel L_{WA} verschiedener Pumpenausführungen

Hydroelement an	Pumpe	Motor	L_{WA} in dB
Montagewand, Stahlrohr Schottverschraubung	Aussenzahnrad	Innenläufer	90
Montagewand, HD-Schlauch	Aussenzahnrad	Innenläufer	84
Montageblock, HD-Schlauch	Aussenzahnrad	Innenläufer	78
Montageblock, HD-Schlauch	Innenzahnrad	Innenläufer	72
Montageblock, HD-Schlauch	Innenzahnrad	Unteröl	67
Montageblock, HD-Schlauch Motor und Pumpe schwingungsgedämpft	Innenzahnrad	Unteröl	62

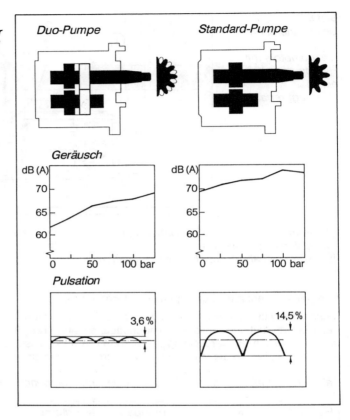

Bild 8.8:
Reduktion der
Pulsation und
somit der
Geräusche
durch den
Einsatz einer
Duo-Pumpe

8.3.3 Hydromotoren

8.3.3.1 Bauarten

Als Hydromotoren werden heute vorzugsweise Zahnrad- oder Axialkolbenmotoren eingesetzt.

8.3.3.2 Geräuschursachen

Aufbau und Wirkungsweise von Hydromotoren sind den Hydropumpen sehr
ähnlich. Aus diesem Grunde kann darauf verzichtet werden, die einzelnen Probleme und Lösungen nochmals darzulegen.

184

8.3.3.3 Beispiel

Das Geräuschverhalten von Zahnrad- und Axialkolbenmotoren weist grundsätzliche Unterschiede auf, was das Beispiel in Bild 8.9 an zwei Motoren gleicher Leistung zeigt.

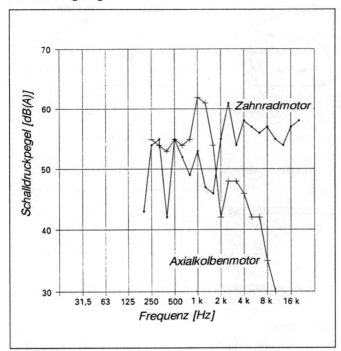

Bild 8.9:
Schalldruckpegel-Frequenzdiagramm eines Zahnrad- und eines Axialkolbenmotors

Beim Zahnradmotor treten die den Pegel bestimmenden Geräuschanteile erst oberhalb 200 Hz auf. Beim Axialkolbenmotor wird das Geräusch durch die Anteile im Bereich von 250 bis 1 250 Hz bestimmt. Der Einfluss der hohen Frequenzen ist im Gegensatz zum Zahnradmotor gering.

8.3.4 Hydroventile

8.3.4.1 Bauarten

Man unterscheidet zwischen:

185

- Drosselventilen (Bild 8.10)
- Stromregelventilen
- Druckbegrenzungsventilen

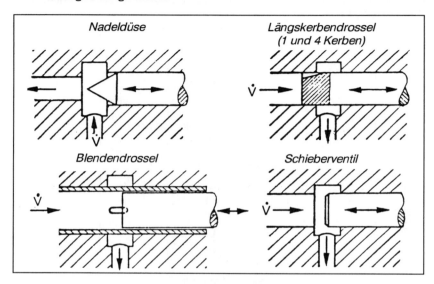

Bild 8.10:
Beispiele für mögliche Widerstandsformen von Drosselventilen [33]

8.3.4.2 Geräuschursachen

Hochfrequente Geräuschanteile, verursacht an Drosselstellen in Ventilen, können so hohe Pegel erreichen, dass sie sogar für die gesamte Hydraulikanlage
pegelbestimmend werden. Je nach Einsatzbereich und Betriebsbedingungen
können primäre oder sekundäre Ursachen das Geräusch von Hydroventilen
bestimmen. Unter primären Geräuschen versteht man die Luftschallemission
eines Elements, die auf Schwingungen, welche im Bauteil selbst entstehen,
zurückzuführen ist. Sekundäre Luftschallemission tritt vor allem dann auf, wenn
Schwingungen, die von einem beliebigen Element des Systems erzeugt werden, als Folge von Koppelungseinflüssen von einem anderen Bauteil in Luftschall umgesetzt werden.

- *Primäre Ursachen*
  Geräusche, die als Luftschall abgestrahlt werden, können bei Hydroventilen
  nur durch die Ölströmung verursacht werden. Entscheidend für solche
  Geräusche sind instationäre Strömungsvorgänge, die sich an Drosselstellen bilden können.

186

- *Sekundäre Ursachen*
  Bei den sekundären Geräuschursachen können grundsätzlich alle in einem Hydraulikkreislauf auftretenden Schwingungen (fortgeleitet als Körper- wie auch als Luftschall) ein Hydroventil zur Luftschallabstrahlung anregen.

8.3.4.3 Lärmbekämpfungsmassnahmen

In der Hydroventiltechnik sind in den letzten Jahren grosse Fortschritte erzielt worden. Die durch zahlreiche Versuche gewonnen Erkenntnisse konnten in der Praxis umgesetzt werden. Unter Beachtung der strömungsdynamischen Eigenschaften des verwendeten Fluids gelang es, geräuscharme Hydroventile zu konstruieren: Bild 8.11.

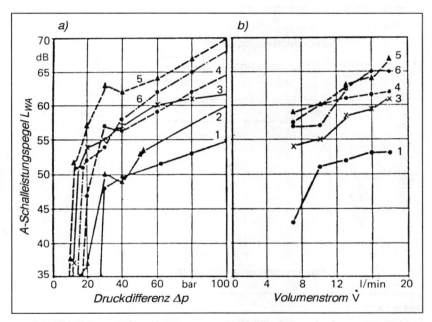

Bild 8.11:
Beispiele für die unterschiedliche Luftschallemission von Drosselventilen bei verschiedenen Drosselbauformen, gemessen bei einer Öltemperatur von 50°C und

a) *bei einem konstanten Volumenstrom $\dot{V}$ = 18 l /min in Abhängigkeit von der Druckdifferrenz Δp*
b) *bei einer konstanten Druckdifferenz Δp = 80 bar in Abhängigkeit vom Volumenstrom $\dot{V}$*

1 Schieberventil	2 Drossel mit 4 Längskerben
3 Drossel mit 1 Längskerbe	4 Lochblende mit Kreisquerschnitt
5 Langlochblende	6 Nadeldüse

8.3.4.4 Beispiele

Die Geräuschentstehung bei Hydroventilen hängt stark von der Druckpulsationsamplitude ab. Die Luftschallemissionen für drei verschiedene Ventiltypen sind in Bild 8.12 dargestellt. Es fällt auf, dass bis etwa 3 bar ein steiler Geräuschanstieg erfolgt, und dass dann der Schalleistungspegel praktisch konstant bleibt.

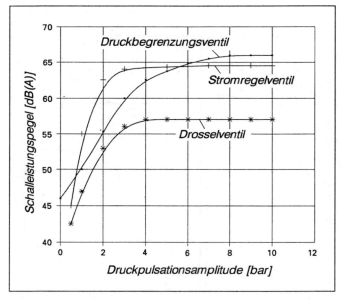

Bild 8.12:
Einfluss der Druckpulsationsamplituden auf den Schalleistungspegel für ein Druckbegrenzungs-, Stromregel- und Drosselventil bei einer Pulsationsfrequenz von f = 500 Hz

Die Geräuschentwicklung eines Hydroventils hängt aber nicht nur vom Arbeitsdruck, sondern auch vom Volumenstrom ab. Bild 8.13 illustriert diese Abhängigkeit.

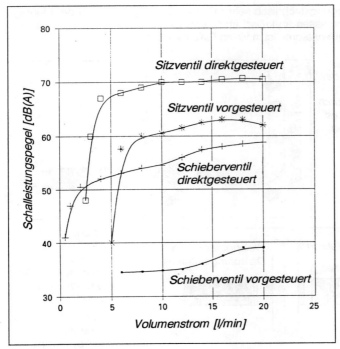

Bild 8.13:
Strömungsgeräusche von Druckbegrenzungsventilen in Abhängigkeit vom Volumenstrom (Einstelldruck 80 bar, ohne Pulsation)

8.3.5 Hydraulikleitungen

8.3.5.1 Geräuschursachen

Eine Hydraulikleitung allein verursacht keine Geräuschemissionen. Wird sie jedoch durch eine Pumpe oder ein Ventil zu Schwingungen angeregt, strahlt sie Luftschall ab und kann – je nach Montageart – Schwingungen auf tragende Konstruktionselemente übertragen (Bild 8.14).

8.3.5.2 Lärmbekämpfungsmassnahmen

Eine in Schwingungen versetzte Hydraulikleitung kann durch eine entsprechend starre Befestigung daran gehindert werden, Luftschallemissionen zu erzeugen. Hierbei müssen die Stützweiten der Rohrbefestigungen so gewählt werden, dass keine schwingungsfähigen Systeme entstehen können. Eine andere, schwingungstechnisch sehr raffinierte Lösung besteht in der Montage von sog. Sperrmassen an kritischen Stellen (Bild 8.15). Auch der Einsatz von speziellen Kompensatoren ist in vielen Fällen sinnvoll.

Bild 8.14:
Verminderung der
Schwingungs-
übertragung durch
den Einbau eines
Stahlschlauches

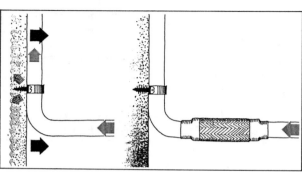

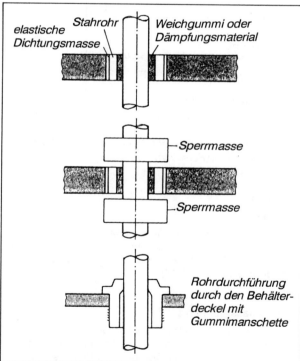

Bild 8.15:
Beispiele für
Rohrdurch-
führungen durch
Verschalungen
und Wände

In der Bildmitte ist
eine Variante
mit Sperrmassen
dargestellt.

Kompensatoren

Kompensatoren in ölhydraulischen Anlagen führen zu einer Körperschallentkoppelung (Bild 8.16), nicht aber Flüssigkeitsschallentkoppelung. Sie sollen vorzugsweise zwischen Pumpe und Ventilblock sowie im Niederdruckbereich (Saugseite) einer Anlage eingesetzt werden.

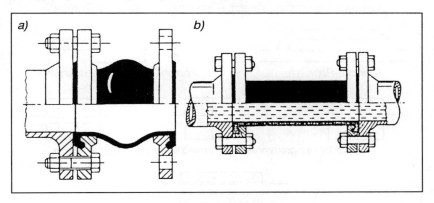

Bild 8.16:
Ausführungsbeispiele für Kompensatoren
a) Balgkompensator
b) Schlauchkompensator

8.3.6 Schalldämpfer

8.3.6.1 Bauarten

Um die Übertragung von Flüssigkeitsschall auf andere Bauteile eines Hydrosystems zu verringern, werden Flüssigkeitsschalldämpfer eingesetzt. Wenn immer möglich müssen diese unmittelbar hinter der Hydropumpe angeordnet werden.

Flüssigkeitsschalldämpfer haben die Aufgabe, die Druckpulsation über einen möglichst grossen Frequenzbereich, bei geringen Druckverlusten zu mindern. Man spricht in diesem Zusammenhang auch von sog. Pulsationsdämpfern.

In ölhydraulischen Anlagen werden aus praktischen Gründen (wartungsfrei, Vermeidung von Ölverschmutzung und Luftblasenbildung) fast ausschliesslich *Reflexionsschalldämpfer* eingesetzt. Bauarten für Flüssigkeits-Reflexionsschalldämpfer zeigt Bild 8.17.

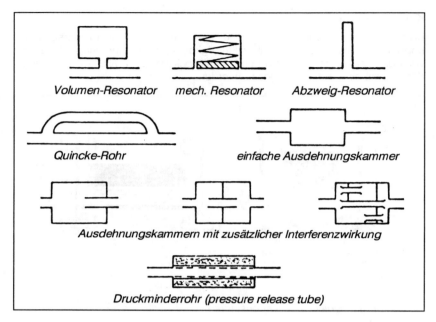

Volumen-Resonator   mech. Resonator   Abzweig-Resonator

Quincke-Rohr   einfache Ausdehnungskammer

Ausdehnungskammern mit zusätzlicher Interferenzwirkung

Druckminderrohr (pressure release tube)

Bild 8.17:
Bauarten von Flüssigkeits-Reflexionsschalldämpfern für Rohrleitungen in Hydrosystemen

8.3.6.2 Beispiel

Bild 8.18 zeigt die Wirksamkeit eines Flüssigkeits-Reflexionsschalldämpfers an einer grossen Streckziehpresse (max. Zugkraft 400 mt). Die Schalldruckpegel wurden 2 m neben der Maschine am Arbeitsplatz gemessen. Die erzielte Pegelminderung beträgt 13 dB(A) und ist beachtlich.

8.4 Sekundärmassnahmen
8.4.1 Allgemeines

Primärmassnahmen, d.h. also Massnahmen an der Quelle, sind vom Standpunkt der Lärmbekämpfung aus die sinnvollsten Massnahmen. Allerdings sind solche Möglichkeiten aus technischen Gründen nicht immer gegeben. Der Anwender steht in vielen Fällen vor der Tatsache, dass eine Hydraulikanlage zu laut ist. Werden nun Massnahmen zur Reduktion der Schallausbreitung geplant und ausgeführt, spricht man von **Sekundärmassnahmen**. Diesbezügliche Möglichkeiten werden anschliessend kurz erwähnt.

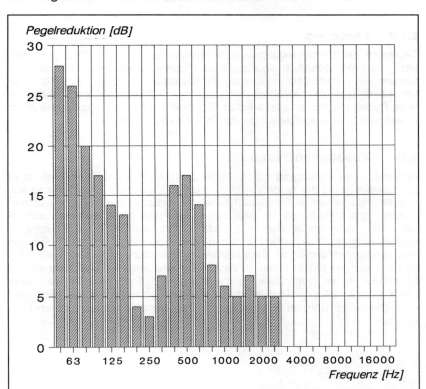

Bild 8.18:
Wirksamkeit eines Flüssigkeits-Reflexionsschalldämpfers an einer grossen Streckziehpresse

8.4.2 Plazierung eines Hydraulikaggregates

In vielen Fällen besteht technisch die Möglichkeit ein Hydraulikaggregat entweder in einem benachbarten Raum oder im Keller aufzustellen, an einem Ort also, wo sich Personen nicht dauernd aufhalten. Eine störende Lärmquelle kann so auf einfache Art eliminiert werden, allerdings sind längere Hydraulikleitungen notwendig. Die bauakustischen Grundsätze sind aber auch hier zu beachten. So muss das Hydraulikaggregat schwingungsgedämmt gelagert werden, und Hydraulik- sowie andere Leitungen dürfen keine Körperschallbrücken bilden. Öffnungen in andere Räume sind sauber zu schliessen.

8.4.3 Kapselung

Technisch besteht die Möglichkeit, ein Hydraulikaggregat vollständig zu kapseln. Nur unter Berücksichtigung von allen damit zusammenhängenden Problemen wie Frischluftzufuhr/Kühlung (Schalldämpfer), schalldichte Konstruktion, keine Körperschallbrücken, Wartungsfreundlichkeit, usw. kann eine maximale Pegelsenkung erwartet werden. Bei einer optimalen Kapselkonstruktion lassen sich Schallpegelsenkungen bis 20 dB(A) realisieren.

8.5 Zusammenfassung

Eine moderne, leistungsfähige Hydraulikanlage muss nicht lärmintensiv sein! Der aktuelle Stand der Technik zeigt deutlich, was konstruktiv möglich und aufwandmässig vertretbar ist. Dass hierbei die Industrie in den letzten Jahren grosse Fortschritte erzielt hat, lässt sich in der Praxis ohne Weiteres nachweisen. Nur – noch immer werden, gerade bei modernen Werkzeugmaschinen, Hydraulikaggregate mit einer zu hohen Lärmentwicklung eingebaut. Für den Akustiker unverständlich ist, dass bei Gesamtinvestitionen von einer halben bis zu einer ganzen Million Mark, an einigen hundert Mark für Massnahmen zur Lärmreduktion an Hydraulikanlagen gespart wird. Der Benützer wäre froh, wenn diese Art Lärmquelle sein Arbeitsumfeld nicht belasten würde. Wir haben es in der Hand: Gönnen wir dem Benützer die Vorteile des technischen Fortschrittes !

9 Kanalsysteme für Lüftungs- und Klimaanlagen

9.1 Einleitung

9.1.1 Berechnungsablauf

Ist die Rede von Kanälen und Leitungen im Zusammenhang mit Lärmquellen, geht es um denjenigen Geräuschanteil, der besonders **bei hohen Luftgeschwindigkeiten** in Kanälen, Abzweigungen, Umlenkungen, Diffusoren, Dämpfern, Misch- und Entspannungskästen, Luftauslässen, Induktionsgeräten usw. entsteht. In Ziff. 9.2 werden die Berechnungen der **Geräuschentwicklungen**, die als Folge von Turbulenzen und Wirbeln in Kanalsystemen entstehen können, erläutert. Die Berechnung der **Pegelsenkungen** solcher Bauelemente wird in Ziff. 9.3 dargelegt.

Die Bilder 9.1 und 9.2 zeigen an einem Beispiel die Vorgehensweise zur Berechnung von raumlufttechnischen Anlagen. Daraus ist klar ersichtlich, dass ein bestimmtes Anlagenelement den Pegel sowohl erhöhen wie auch reduzieren kann.

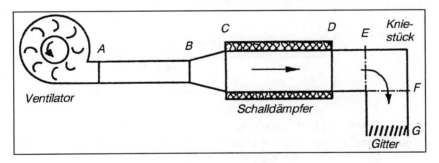

Bild 9.1:
Beispiel einer einfachen Lüftungsanlage

Der Ventilator produziert ein Geräusch, welches im Schalldämpfer reduziert wird. Als Folge der strömungstechnisch ungünstigen Kanalführung entsteht im Kniestück wieder Lärm, der beim Gitter noch verstärkt werden kann. Betrachten wir den Verlauf des Geräuschpegels, entsteht schematisch das folgende Bild 9.2:

195

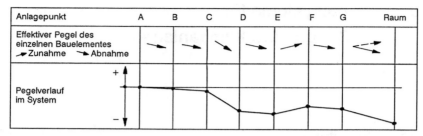

Bild 9.2:
Schematische Darstellung des Geräuschpegelverlaufs

9.1.2 Begriffe

9.1.2.1 Lüftungstechnische Grundbegriffe

In Abschnitt 9 werden für die Luftanteile die heute üblichen Begriffe verwendet. Trotzdem dies in der Praxis manchmal schwerfällt, ist es sinnvoll, sich an die Begriffe von Bild 9.3 zu halten.

Bild 9.3:
Begriffe bei einer raumluft-technischen Anlage

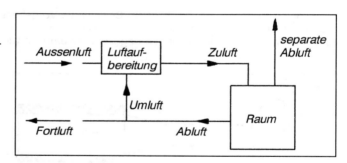

9.1.2.2 Dämmung und Dämpfung

Diese beiden Begriffe werden auch in Fachkreisen häufig verwechselt. Um Missverständnisse zu vermeiden, ist eine Erklärung notwendig:

Dämmung: In der Akustik spricht man von Dämmung, wenn eine Übertragung des Schalls reduziert oder verhindert werden soll. Schwere Bauteile beispielsweise haben eine gute Luftschall-*dämmung*, weil sie den Schalldurchgang reduzieren. Eine gute Schwingungs*dämmung* verhindert die Übertragung von Maschinenschwingungen auf den Baukörper (beim Pkw wirkt die Federung als Schwingungsdämmung).

196

Dämpfung: Bei der akustischen Dämpfung geht es um schall- oder schwingungsabsorbierende Massnahmen. Aus diesem Grunde spricht man auch von Schall*dämpfern.* Raumakustische Massnahmen in Form von Schallschluckplatten werden als schalldämpfende Massnahmen bezeichnet. Schwingungsdämpfer haben die Aufgabe, die Schwingungsenergie möglichst schnell abzubauen (Beispiel: Stossdämpfer eines Pkw).

9.1.3 Schallmessungen

Bauelemente für Lüftungs- und Klimaanlagen sind, wenn immer möglich, schalltechnisch auszumessen (nach DIN 45 635, Teil 2). Von Herstellern werden häufig die Messdaten ihrer Produkte zur Verfügung gestellt. Die akustische Berechnung vereinfacht sich, wenn die Oktavband-Schalleistungspegel der einzelnen Bauteile diesen Unterlagen entnommen werden können.

9.1.4 Berechnungsmodell

In diesem Abschnitt wird das Berechnungsmodell nach VDI 2081 vorgestellt. Das Verfahren weicht in seinem Prinzip etwas von anderen Methoden ab, hat sich aber in der Praxis bewährt und bietet Vorteile bei der Berechnung von ganzen Anlagen. Bei logarithmierten Werten (z.B. Pegeln) werden in diesem Abschnitt die Bezugswerte (z.B. p_0) zu den Formelzeichen der Einfachheit halber weggelassen.

Für die zum Teil recht aufwendigen Berechnungen bieten verschiedene Ingenieurbüros EDV-Programme an, die, bei einiger Übung, deutlich schneller gute Ergebnisse liefern. Auch diese sind auf der Grundlage der VDI 2081 aufgebaut.

9.2 Geräuschentstehung

9.2.1 Ventilatoren

Ventilatoren, meist die Hauptlärmquellen in raumlufttechnischen Anlagen, wurden in Ziff. 5 ausführlich beschrieben. Ebenfalls wurden Ausführungs- und Einbauempfehlungen formuliert, so dass an dieser Stelle auf weitere Erklärungen verzichtet werden kann.

9.2.2 Strömungsgeräusche in geraden Kanälen

Der Schalleistungspegel L_W des Strömungsgeräusches in einem geraden Kanal lässt sich nach der [GL 9.1] berechnen. Das Strömungsgeräusch ist:

1. **un**abhängig von der Länge des Kanals
2. **un**abhängig von seiner Querschnittsform

Aus diesen Gründen ergibt sich die einfache Beziehung:

$$L_W = 7 + 50 \lg v + 10 \lg S \qquad \text{[dB]} \qquad \text{[GL 9.1]}$$

v = Strömungsgeschwindigkeit im Kanal in m/s
S = Kanalquerschnitt in m^2

In der Tabelle 9.1 sind einige Beispiele für den Schalleistungspegel L_W zusammengestellt.

Das Oktavspektrum $L_{W,okt}$ des Kanalgeräusches lässt sich mit Hilfe von Bild 9.4 bestimmen:

$$L_{W,okt} = L_W + \Delta L_W \qquad \text{[dB]} \qquad \text{[GL 9.2]}$$

Mit dem Frequenzgang des A-Filters ergibt sich der bewertete Schalleistungspegel L_{WA} des Strömungsgeräusches:

$$L_{WA} \approx -25 + 70 \lg v + 10 \lg S \qquad \text{[dB]} \qquad \text{[GL 9.3]}$$

Bild 9.4:
Relatives Frequenzspektrum von Strömungsgeräuschen in geraden Kanälen

f_m:
Oktavmittenfrequenz in Hz

v:
Strömungsgeschwindigkeit in m/s

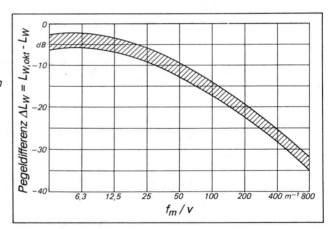

Tab. 9.1:   Strömungsgeräusch L_{WA} in geraden Kanälen in dB

v	Kanalabmessungen (m²)						
(m/s)	0,2 x 0,2	0,3 x 0,3	0,5 x 0,5	0,1 x 0,2	0,2 x 0,4	0,4 x 0,8	1,0 x 2,0
5	10	13	18	7	13	19	27
10	31	34	39	28	34	40	48
15	43	47	51	40	46	52	60

Es muss an dieser Stelle darauf hingewiesen werden, dass das Strömungsgeräusch in geraden Kanälen in vielen Fällen durch das Geräusch des Ventilators übertönt (Verdeckungseffekt) wird. Die Beispiele in Tabelle 9.1, Seite 198, vermitteln die Grössenordnung von Strömungsgeräuschen.

9.2.3 Strömungsgeräusche in Abzweigungen und Umlenkungen

Das Schalleistungsspektrum $L_{W,okt}$ des Strömungsgeräusches, das durch einen von der Hauptströmungsrichtung rechtwinklig abzweigenden Kanal mit rundem Querschnitt erzeugt wird, folgt der Gesetzmässigkeit nach [GL 9.5].

Die Berechnung der Strömungsgeräusche von **Abzweigungen und Umlenkungen mit rechteckigen Querschnitten** kann näherungsweise analog wie die Berechnung runder Kanäle vorgenommen werden, wobei für d_h und d_a die Durchmesser des flächengleichen Kreisquerschnittes d_g einzusetzen sind:

$$d_g = \sqrt{\frac{4 \cdot S}{\pi}} \qquad [m] \qquad [GL\ 9.4]$$

$$L_{W,okt} = L_W{}^* + 10 \lg \Delta f + 30 \lg d_a + 50 \lg v_a + K \quad [dB] \quad [GL\ 9.5]$$

$L_W{}^*$ = normierter Schalleistungspegel in dB, vgl. Bild 9.5
Δf = Breite des Frequenzbandes in Hz, vgl. Tabelle 9.2
d_a = Durchmesser des Abzweigkanals in m
v_a = Strömungsgeschwindigkeit im Abzweigkanal in m/s
K = Korrekturwert für den Abrundungsradius nach Bild 9.6, Seite 201

In Bild 9.5 ist $L_W{}^*$ in Abhängigkeit der Strouhalzahl Str und dem Geschwindigkeitsverhältnis $v_h\ /\ v_a$ dargestellt. Die dimensionslose Strouhalzahl wird nach [GL 9.6] berechnet.

Das Diagramm in Bild 9.5 für $L_W{}^*$ gilt für einen relativen Abrundungsradius der Umlenkung von $r\ /\ d_a = 0{,}15$ und eine gleichmässige Geschwindigkeitsverteilung und Turbulenz, wie sie in geraden Kanälen vorliegen. Bei von $r\ /\ d_a = 0{,}15$ abweichenden Abrundungsradien sind die Korrekturwerte aus Bild 9.6, Seite 201, zu addieren.

Die Berechnung des Strömungsgeräusches von rechtwinkligen **Umlenkungen** kann bei $v_h\ /\ v_a = 1$ ebenfalls mit Bild 9.5 vorgenommen werden, wobei die Korrektur nach Bild 9.6 entfällt.

$$Str = \frac{f_m \cdot d_a}{v_a} \qquad [\,-\,] \qquad [GL\ 9.6]$$

f_m = Mittenfrequenz der betrachteten Bandbreite Δf in Hz
(meist Oktav-, beim Einsatz von EDV-Programmen auch Terzband)

v_h = Strömungsgeschwindigkeit im Hauptkanal vor dem Abzweigkanal in m/s

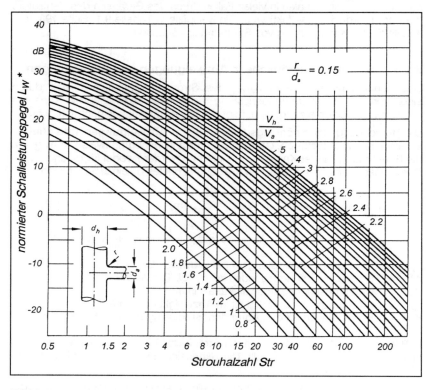

Bild 9.5:
Normierter Schalleistungspegel L_W *

Tab. 9.2: Mittenfrequenzen f_m und Breite der Frequenzbänder Δf
Die Breite des Frequenzbandes stellt die Differenz zwischen der
tiefsten und höchsten Frequenz des entsprechenden Oktavbandes
dar und ist in verschiedenen Normen festgelegt.

f_m	63	125	250	500	1 000	2 000	4 000	8 000	Hz
Δf	45	88	177	354	707	1 415	2 830	5 660	Hz
10 lg Δf	17	20	23	26	29	32	35	38	–

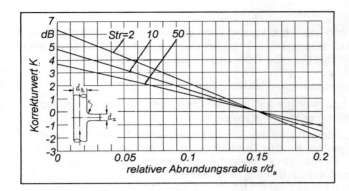

Bild 9.6:
Einfluss des relativen Abrundungsradius auf das Strömungsgeräusch in Abzweigungen

Berechnungsbeispiel für einen Rohrbogen

Für einen 90° – Rohrbogen sollen die Oktavband-Schalleistungspegel $L_{W,okt}$ berechnet werden. Der Durchmesser beträgt 0,2 m und die Luftgeschwindigkeit 12,5 m/s.

Voraussetzung: $r / d_a = 0,15$ (keine Korrektur für den relativen Abrundungsradius).

Die Lösung erfolgt zweckmässigerweise in Tabellenform (Tabelle 9.3):

Tab. 9.3: Berechnung eines Rohrbogens

Oktavband	63	125	250	500	1 000	2 000	4 000	8 000	Hz
Str (nach [GL 9.6])	1	2	4	8	16	32	64	128	-
L_W* (aus Bild 9.5)	12	7	0	-7	-14	-23	(-25)	(-25)	dB
10 lg Δf (nach Tab. 9.2)	17	20	23	26	29	32	35	38	dB
30 lg d_a (= 30 lg 0,2)	-21	-21	-21	-21	-21	-21	-21	-21	dB
50 lg v_a (= 50 lg 12,5)	55	55	55	55	55	55	55	55	dB
$L_{W,okt}$	63	61	57	53	49	43	(44)	(44)	dB

Anmerkung

Die Werte bei 4 000 und 8 000 Hz sind nach diesem Verfahren nicht bestimmbar. Da sie aber bedeutungslos sind (sicher kleiner als 44 dB) spielt dies keine Rolle, zumal die Pegel bei tiefen Frequenzen massgebend sind.

Graphisches Berechnungsverfahren

Nach der mehr oder weniger rein rechnerischen Methode wird nun in Bild 9.7 ein rein graphisches Verfahren vorgestellt.

Zur vereinfachten Berechnung des Schalleistungspegels L_W von Formstücken und Abzweigungen bei **runden Querschnitten** wurde das Nomogramm Bild 9.7 geschaffen. Es gilt für ein Abrundungsverhältnis von $r\ /\ d_a\ =\ 0,15$ (ansonsten Korrektur nach Bild 9.6). Bei Blechkanälen gilt $d_a\ \approx\ D_a$, weil die Blechstärke keinen Einfluss auf die Berechnungsergebnisse hat.

Beispiel zu Bild 9.7:

Wie gross ist L_W für 1 000 Hz bei $c_h\ /\ c_a\ =\ 3$, $d_a\ =\ 0,2$ m, $c_a\ =\ 10$ m/s ?

Ergebnis (vgl. Bild 9.7): $L_W\ =\ 65$ dB

9.2.4 Strömungsgeräusche beim Aussenlufteintritt und Fortluftaustritt

Öffnungen für den Aussenlufteintritt und den Fortluftaustritt sind meistens mit einem Wetterschutzgitter abgedeckt. In diesem Zusammenhang sind zwei Lärmprobleme zu beachten:

1. das eigentliche Strömungsrauschen
2. Lärm, der von der Luftaufbereitung nach aussen dringt

9.2.4.1 Strömungsrauschen

Die meisten Hersteller von Wetterschutzgittern können das Strömungsrauschen (Schalleistungspegel) in Abhängigkeit der Anströmgeschwindigkeit angeben, und dies auch für einzelne Frequenzen. Die Angaben beziehen sich häufig auf eine Normgrösse und sind aufgrund der effektiven Gittergrösse zu korrigieren.

In den Richtlinien und Normen findet man keine allgemeinen Berechnungsgrundlagen für Wetterschutzgitter. Aus diesem Grunde werden an dieser Stelle die leicht vereinfachten Grundlagen der LUWA (Zürich) vorgestellt.

Man bestimmt vorerst den Schalleistungspegel L_W in Abhängigkeit der gitterspezifischen Daten nach [GL 9.7], Seite 204, und korrigiert anschliessend diesen Wert mit Hilfe der Tabelle 9.5, Seite 204. Das Ergebnis dieser Berechnungen sind die Oktavband-Schalleistungspegel $L_{W,okt}$.

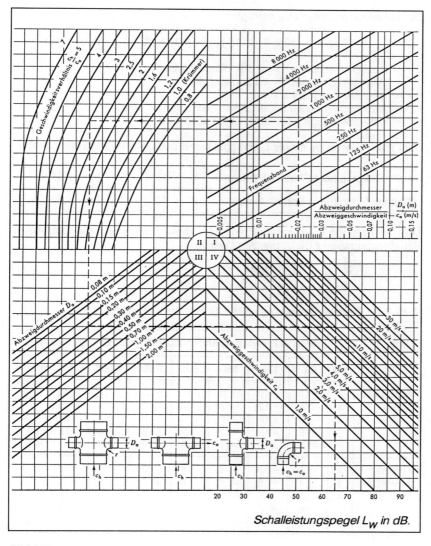

Schalleistungspegel L_W in dB.

Bild 9.7:
Nomogramm zur Bestimmung des Schalleistungspegels L_W von Formstücken und Abzweigungen bei $r/d_a = 0,15$ in Abhängigkeit der Frequenz für verschiedene Geschwindigkeitsverhältnisse c_h/c_a, Abzweigdurchmesser d_a und Abzweiggeschwindigkeiten c_a

Kanalsysteme für Lüftungs- und Klimaanlagen

Der Schalleistungspegel L_W beträgt:

$$L_W = 60 \lg v + 30 \lg \xi + 10 \lg (S / S_0) + K \qquad [dB] \qquad [GL\ 9.7]$$

v = Anströmgeschwindigkeit des Gitters in m/s
ξ = Widerstandsbeiwert, wird angegeben
S = effektive Gitterfläche in m^2
S_0 = Bezugsgitterfläche (Normgrösse) von 1 m^2
K = gitterabhängige Konstante, wird angegeben

Tab. 9.4: Richtwerte für die Gitterkonstante K und den Widerstandsbeiwert ξ

Wetterschutzgitter in Aussenluft-Eintritt	K = 18 [–]	ξ = 5,61 [–]
Wetterschutzgitter in Fortluft-Austritt	K = 10 [–]	ξ = 4,23 [–]

Mit den relativen Frequenzspektren aus Tabelle 9.5 können die Oktavband-Schalleistungspegel $L_{W,okt}$ bestimmt werden:

$$L_{W,okt} = L_W + \Delta L \qquad [dB] \qquad\qquad [GL\ 9.8]$$

Tab. 9.5: Relative Frequenzspektren für Wetterschutzgitter

Gitter	v	Relative Frequenzspektren ΔL (dB) bei der Frequenz (Hz)							
	m/s	63	125	250	500	1 000	2 000	4 000	8 000
Aussenluft-Eintritt	2	−11	−10	− 5	−10	−13	−17	−30	−
	3	−14	−12	− 8	− 3	− 7	−11	−25	−45
	4	−15	−14	−10	− 5	− 6	− 8	−21	−34
	5	−16	−15	−12	− 7	− 8	− 8	−18	−29
	6	−17	−15	−11	− 6	− 6	− 6	−13	−24
Fortluft-Austritt	2	−11	− 5	− 4	− 6	−12	−20	−30	−
	3	−14	− 6	− 4	− 4	− 8	−11	−25	−
	4	−13	− 5	− 5	− 5	− 8	− 8	−19	−38
	5	−16	− 6	− 6	− 7	− 7	− 8	−17	−31
	6	−17	− 7	− 7	− 7	− 7	− 7	−14	−25

Beispiel

Für den je 2 m^2 grossen Aussenluft-Eintritt und Fortluft-Austritt sind für eine Anströmgeschwindigkeit von 4 m/s die Schalleistungspegel L_W zu berechnen.

Aussenluft-Eintritt [GL 9.7]:

$L_W = 60 \lg 4 + 30 \lg 5,61 + 10 \lg (2/1) + 18 = 80\,dB$

Fortluft-Austritt [GL 9.7]:

$L_W = 60 \lg 4 + 30 \lg 4,23 + 10 \lg (2/1) + 10 = 68\,dB$

Mit Hilfe der Tabelle 9.5 über die relativen Frequenzspektren lassen sich die Berechnungsergebnisse wie folgt zusammenstellen:

Tab. 9.6: Berechnungsergebnisse

Frequenz		63	125	250	500	1 000	2 000	4 000	8 000	Hz
Aussenluft-	L_W	80	80	80	80	80	80	80	80	dB
Eintritt	ΔL	−15	−14	−10	−5	−6	−8	−21	−34	dB
	$L_{W,okt}$	65	66	70	75	74	72	59	46	dB
Fortluft-	L_W	68	68	68	68	68	68	68	68	dB
Austritt	ΔL	−13	−5	−5	−5	−8	−8	−19	−38	dB
	$L_{W,okt}$	55	63	63	63	60	60	49	30	dB

Diese Schalleistungspegel werden nicht nur in die Umgebung, sondern auch in das Kanalnetz abgestrahlt.

9.2.4.2 Abstrahlung nach aussen

Interessiert die Schallabstrahlung der Wetterschutzgitter in die Umgebung, kann überschlägig [GL 9.9] angewandt werden (nur Direktschallanteil, halbkugelförmige Schallabstrahlung):

$$L_p = L_W - 10 \lg [2 \cdot r^2 \cdot \pi] \quad [dB] \qquad [GL\ 9.9]$$

L_p = Schalldruckpegel in dB
r = Abstand Wetterschutzgitter zum Immissionspunkt in m

[GL 9.9] gilt nur dann, wenn r mindestens 10 mal so gross wie die Diagonale des Wetterschutzgitters ist.

Das Beispiel von Ziff. 9.2.4.1 wird nun weitergeführt.

Beispiel (Fortsetzung):

Für das in Ziff. 9.2.4.1 berechnete Wetterschutzgitter soll für die Fortluftseite in

40 m Abstand der Schall**druck**pegel berechnet werden.

Lösung

Nach [GL 9.9] wird nun:

$$L_p = L_W - 10 \lg [2 \cdot 40^2 \cdot \pi] = L_W - 10 \lg 10\,053 = L_W - 40\,dB$$

Nun arbeiten wir mit den bereits ermittelten Oktavband-Schalleistungspegeln weiter:

Tab. 9.7: Berechnungsergebnisse

Frequenz	63	125	250	500	1 000	2 000	4 000	8 000	Hz
$L_{W,okt}$	55	63	63	63	60	60	49	30	dB
$L_W \rightarrow L_p$	−40	−40	−40	−40	−40	−40	−40	−40	dB
$L_{p,okt}$ *)	15	23	23	23	20	20	9	0	dB

*) Oktavband-Schalldruckpegel am Immissionspunkt

Interpretation

Man stellt überraschend fest, dass trotz des anfänglich recht hohen Schalleistungspegels für das Wetterschutzgitter am Immissionspunkt keine Probleme zu erwarten sind. Falls erwünscht oder notwendig, können die Oktavband-Schalldruckpegel mit der A - Bewertung gewichtet und als Gesamtschallpegel in dB(A) angegeben werden (vgl. Ziff. 1.3.1, Seite 28). In diesem Fall erhalten wir für unser Beispiel 26 dB(A).

9.2.4.3 Beispiele aus der Praxis

Schalldämmung eines Wetterschutzgitters

Wetterschutzgitter sind in der Lage, einen Teil des Kanalgeräusches zu reduzieren, so dass die Abstrahlung ins Freie vermindert wird. Als akustische Grösse wird hierbei das Schalldämmass R verwendet (Verfahren nach DIN 52 210). Als Beispiel aus der Praxis wird ein Wetterschutzgitter der Firma Merford International (Moers) vorgestellt (Bild 9.8).

Strömungsgeräusch eines Wetterschutzgitters

Ein spezielles Problem stellen die Geräusche dar, die als Folge der Durchströmung der Lamellen mit Luft entstehen. Für diesen Fall wird als Beispiel ein Wetterschutzgitter der Firma Trox gezeigt.

Das Strömungsrauschen wird als Schalleistungspegel L_{W0} für ein Wetterschutzgitter von 1 m^2 Fläche angegeben (Tabelle 9.9). Abweichende Flächen sind gemäss der Beziehung $\Delta L_W = 10 \lg S / S_0$ zu korrigieren.

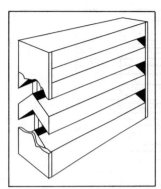

Bild 9.8:
Wetterschutzgitter
[Quelle: Merford International (Moers)]

Für das Wetterschutzgitter in Bild 9.8 werden die folgenden Werte angegeben (Tabelle 9.8):

Tab. 9.8: Schalldämmass R eines Wetterschutzgitters

f_m	63	125	250	500	1 000	2 000	4 000	8 000	Hz
R	8	9	11	17	20	20	19	18	dB

Tab. 9.9: Schalleistungspegel $L_{W,okt}$ des Strömungsrauschen eines Wetterschutzgitters [Ausschnitt, Quelle: TROX GmbH, Neukirchen-Vluyn]

Typ		WG; AWG; AWK								WG-F								AWG-S							
Einbau-art	v m/s	Schalleistungspegel L_{WO} in dB/Okt $\qquad N_0 = 10^{-12}$ W																							
		63 Hz	125	250	500	1000	2000	4000	8000	63	125	250	500	1000	2000	4000	8000	63	125	250	500	1000	2000	4000	8000
A	1	26	23	22	19	11				29	26	29	27	18				45	45	42	36	32	24	15	
	2	45	44	42	40	37	30	18	12	52	48	45	48	46	37	25	13	59	63	63	60	54	50	42	33
	3	54	55	54	51	50	43	35	20	63	62	57	57	59	54	44	31	66	70	74	72	68	65	58	49
	4	59	63	62	60	58	56	48	36	70	70	66	63	66	64	56	43	72	77	81	81	78	72	68	60
	6	63	72	73	72	69	68	61	53	75	81	80	75	75	77	72	62	77	85	88	92	90	86	82	76
B	1	26	23	22	19	11				29	26	29	27	18				45	45	42	36	32	24	15	
	2	41	43	44	44	39	31	22	10	51	48	45	48	46	37	25	13	59	63	63	60	54	50	42	33
	3	50	52	54	54	54	47	40	30	63	62	57	57	59	54	44	31	66	70	72	72	71	65	58	46
	4	55	59	62	62	62	57	49	40	70	70	66	63	66	64	56	43	72	77	81	81	78	72	68	60
	6	63	68	70	72	72	72	65	60	75	81	80	75	75	77	72	62	77	85	88	92	90	86	82	76
	1	26	23							27	24	27	25	16					42	39	33				

9.2.5 Klappen

Klappen lassen sich, wie die meisten anderen speziellen Bauteile einer raumlufttechnischen Anlage, nicht ohne weiteres nur mit Hilfe allgemein gültiger Theorien berechnen. Hierbei helfen, einmal mehr, die schalltechnischen Unterlagen der Hersteller. Das folgende Beispiel aus der Praxis knüpft an die Theorie des Wetterschutzgitters an und stammt von TROX GmbH.

Man verwendet wiederum [GL 9.7], Seite 204. Allerdings ermittelt man, und das ist die einzige Abweichung, die ξ – Werte aus Bild 9.9.

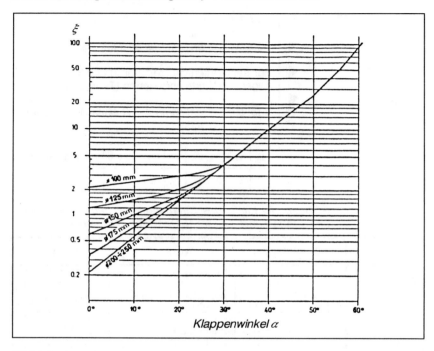

Bild 9.9:
ξ - Werte für verschiedene Klappenwinkel (ø 100 - 250 mm)

Tabelle 9.10 erlaubt nun wieder, genau gleich wie bei den Wetterschutzgittern, mit Hilfe der relativen Frequenzspektren die Oktavband-Schalleistungspegel zu ermitteln. Mit diesen Werten, die ebenfalls ins Kanalnetz eingestrahlt werden, können wir weiter rechnen. Eine Umrechnung in Schalldruckpegel ist auch hier weder sinnvoll noch notwendig.

Anmerkung zu Tabelle 9.10

Klappenwinkel zwischen 30° und 60° brauchen keine Flächenkorrektur, d.h. $10 \lg S / S_0 = 0$.

Zu beachten ist die Tatsache, dass sich unterschiedliche Klappenbauarten im Bezug auf die Geräuschentwicklung völlig anders verhalten. Aus diesem Grunde müssen zur Berechnung unbedingt die Berechnungsunterlagen des Herstellers angefordert werden.

Tab. 9.10: ΔL und Konstante K für Drosselklappen

α	K	ø D [mm]	v [m/s]	Relative Frequenzspektren ΔL in dB bei					
				125	250	500	1 000	2 000	4000 Hz
0°	28	100 + 150	3	- 1	- 7	- 13			
	26		5	- 1	- 7	- 11	- 20	- 28	- 35
	25		7	- 2	- 7	- 10	- 19	- 26	- 33
	22		10	- 2	- 7	- 9	- 17	- 24	- 32
	22		15	- 2	- 7	- 7	- 15	- 24	- 30
	28	175 + 250	3	- 2	- 6	- 10			
			5	- 2	- 6	- 9			
			7	- 2	- 6	- 10	- 26		
			10	- 2	- 7	- 7	- 23	- 29	
			15	- 2	- 6	- 7	- 20	- 27	- 34
30°	0	100 + 250	3	- 1	- 9	- 15			
	0		5	- 1	- 9	- 13	- 19	- 26	
	0		7	- 1	- 7	- 11	- 15	- 22	- 30
	0		10	- 1	- 9	-10	- 13	- 20	- 27
	0		15	- 1	- 11	- 12	- 12	- 19	- 26
40°	- 1		3	- 1	- 10	- 15	- 20	- 27	
	- 3		4	- 1	- 10	- 14	- 18	- 25	- 33
	- 4		5	- 1	- 9	- 13	- 15	- 22	- 30
	- 6		7	- 1	- 8	- 12	- 12	- 19	- 27
	- 7		10	- 1	- 11	- 12	- 11	- 18	- 25
50°	- 4		2	- 1	- 11	- 16	- 21		
	- 7		3	- 1	- 9	- 16	- 17	- 25	- 33
	- 9		4	- 1	- 10	- 15	- 16	- 24	- 30
	- 9		5	- 1	- 11	- 13	- 12	- 21	- 30
	- 12		7	- 1	- 10	- 14	- 13	- 19	- 25
60°	- 11		2	- 1	- 12	- 19	- 16	- 26	- 33
	- 14		3	- 1	- 12	- 17	- 14	- 24	- 29
	- 14		4	- 1	- 13	- 18	- 15	- 23	- 27
	- 15		5	- 1	- 13	- 18	- 15	- 23	- 26

9.2.6 Zuluftauslässe und Ablufteinlässe

9.2.6.1 Übersicht

a. Zuluftauslässe

Die Luftauslässe der Zuluft gehören zu den wichtigsten Bestandteilen einer Lüftungsanlage. Ihre Aufgabe ist es, die Luft zugfrei in den Raum zu bringen und eine gleichmässige Durchlüftung des Raumes zu gewährleisten.

Zuluftauslässe für Niederdrucksysteme

- *Diffusionsgitter* sind die gebräuchlichsten Zuluftauslässe. Sie werden meistens als Wandauslässe verwendet, in hohen Räumen auch als senkrecht ausblasende Deckenauslässe. Verstellbare Gitterlamellen erlauben eine Lenkung des Luftstrahls (Bild 9.10).

Bild 9.10:
Zuluftauslässe

a) *Diffusionsgitter mit vertikalen und horizontalen Lamellen*

b) *Anemostaten*

c) *Schlitzauslässe*

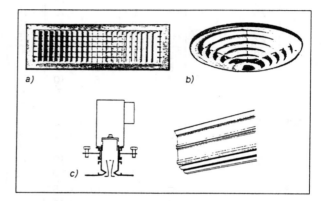

- *Anemostaten* dienen der Lufteinführung über die Decke.

- *Schlitzauslässe* oder *Kugelauslässe* sind Spezialauslässe für die Lufteinführung über die Decke. Die Ausblasrichtung des Luftstrahls ist einstellbar. Sie sind besonders für Klimaanlagen mit variablem Volumensystem geeignet.

- *Lufteinführung über Hohl- oder Druckdecke:* Der Zuluftkanal wird nur bis zur Hohldecke geführt. Durch Schlitze, Lochbänder oder -platten strömt die Zuluft gleichmässig in den Raum. Dieses System ist geeignet für Anlagen mit grossem Luftwechsel, beispielsweise für die Belüftung von Grossküchen.

Zuluftauslässe für Hochdrucksysteme

- *Entspannungskästen* dienen zur Entspannung der mit hohem Druck (grosse Luftgeschwindigkeit) ankommenden Luft auf einen niedrigeren Druck (kleine Luftgeschwindigkeit). Sie bestehen aus einem schallgedämmten Gehäuse und einer Luftmengen-Reguliereinrichtung. Nachgeschaltet sind Niederdruckauslässe.

- *Mischluftgeräte* werden bei 2-Kanal-Hochdruckanlagen angewandt. Ihr Aufbau entspricht demjenigen eines Entspannungskastens. Sie sind jedoch mit zwei Hochdruck-Kanalanschlüssen (Warm- und Kaltluft) ausgerüstet.

- *Induktionsgeräte* sind notwendig bei Einkanal-Hochdruckanlagen, meist in der Aussenzone von Bürogebäuden. Die vom zentralen Gerät während Sommer und Winter mit einer Temperatur von 14° − 16°C zugeführte Luft wird mittels Wärmetauscher nachgewärmt bzw. nachgekühlt.

b. Ablufteinlässe

Viele der beschriebenen Zuluftauslässe für Niederdrucksysteme eignen sich auch als Einlässe für die Abluft. Dazu kommen andere Möglichkeiten wie z.B. Schattenfugen in der Raumauskleidung. Wichtig ist, dass sich Ablufteinlässe gut reinigen lassen. Lochdecken und dergleichen sind ungeeignet, weil sie sich verfärben.

Anlagen können auch so geplant werden, dass ein Teil der Abluft z.b. durch Türschlitze in die Korridore entweichen kann.

Zwei besondere Ablufteinlässe werden hier genannt:

- *Abluftventile* für Bad, WC oder Garderoben (mit oder ohne elektrische Schliessvorrichtung erhältlich)

- *Abluftleuchten* führen die anfallende Lampenwärme ab. Ein getrenntes Abluftgitter ist in diesem Fall nicht erforderlich.

c. Akustische Probleme

An die Luftaus- und -einlässe werden meist hohe Ansprüche gestellt, um den gewünschten Raumschallpegel zu erreichen. Das Geräusch, das diese Bauteile verursachen, muss breitbandig sein und einem Rauschen ähneln (wie ein Wasserrauschen). Hiebtöne (das sind Töne, die einer bestimmten Tonhöhe zugeordnet werden können) sind unerwünscht und wirken störend. Man erwartet aber bei einer Vielzahl von Räumen (z.B. Grossraum- oder Gruppenbüro), dass ein minimaler Schallpegel nicht unterschritten wird, damit der Verdeckungseffekt gewährleistet ist.

Luftauslässe und Lufteinlässe reduzieren die Kanalgeräusche nur unbedeutend. Allerdings gibt es Konstruktionen, die mit einem kleinen Schalldämpfer kombiniert werden. Diese eignen sich speziell für Zuluftauslässe und Ablufteinlässe in Bad und WC.

9.2.6.2 Strömungsgeräusche

Der Schalleistungspegel L_W kann allgemein nach [GL 9.10] berechnet werden. In den meisten Fällen ist jedoch der Widerstandsbeiwert des Gitters nicht bekannt, so dass vorzugsweise mit den schalltechnischen Unterlagen der Herstellerfirmen gearbeitet wird.

$$L_W = 10 + 60 \lg v + 30 \lg \xi + 10 \lg S \qquad \text{[dB]} \qquad \text{[GL 9.10]}$$

$$\xi = \frac{2 \Delta p_t}{\rho \cdot v^2} = \text{Widerstandsbeiwert des Gitters}$$

Δp_t = Gesamtwiderstand des Gitters allein in Pa
v = Anströmgeschwindigkeit in m/s
S = Anströmfläche des Durchlasses in m^2
ρ = Luftdichte in kg/m^3

Tabelle 9.11 gibt einige Richtwerte für die Widerstandsbeiwerte ξ an.

In Bild 9.11 sind, über der aus Oktav-Mittenfrequenz, Anströmgeschwindigkeit und Widerstandsbeiwert gebildeten Abszissengrösse, die Pegeldifferenzen ΔL zwischen Oktavband-Schalleistungspegel $L_{W,okt}$ und Gesamt-Schalleistungspegel L_W (nach [GL 9.10]) dargestellt.

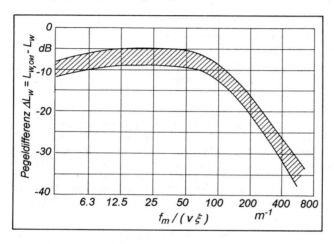

Bild 9.11:
Relatives
Frequenz-
spektrum
von Austritts-
öffnungen

Befinden sich mehr als je ein Luftaus- bzw. Lufteinlass in einem Raum, wird auch der resultierende Schalleistungspegel erhöht. Nun ist es aber in der Praxis nicht so, dass die einzelnen Schalleistungspegel einfach addiert werden können. In einem normal möblierten und raumakustisch ausgestatteten Raum (z.B. mit Spannteppich, Akustikdecke) findet zwischen den einzelnen Aus- und Einlässen eine nicht direkt berechenbare akustische Entkoppelung statt. Aus diesem Grunde darf im Nahbereich (d.h. der Abstand zu diesen Aus- und Einlässen ist nicht grösser als die Raumhöhe) der Einfluss mehrerer Gitter vernachlässigt werden. Für grössere Entfernungen, sowie Schlitzaus- und Schlitzeinlässe muss mit Hilfe eines Versuchsaufbaus (z.B. Probebetrieb) der Raumschallpegel bestimmt werden.

Tab. 9.11: Richtwerte für den Widerstandsbeiwert ξ des Gitters

Luftaustritt	Bemerkung	Widerstandsbeiwert ξ (Richtwerte) bei einer Drosselung von		
		100 %	ca. 50 % offen	ca. 25 % offen
	Wandgitter mit verstellbaren Strahllenklamellen und gegenläufiger Volumenstromeinstellung, freier Querschnitt ca. 75 %	2,3	4	6
	Gitter mit feststehenden Lamellen und gegenläufiger Volumenstromeinstellung, freier Querschnitt ca. 58%	3,8	7	9
	Deckenluftdurchlass mit gegenläufiger Volumenstromeinstellung, freier Querschnitt ca. 50 %	4,5	8	11
	Deckenluftdurchlass mit gegenläufiger Volumenstromeinstellung, freier Querschnitt ca. 75 %	3	5	8

9.2.7 Beispiele von akustisch günstigen und ungünstigen Kanalkonstruktionen

Es gibt eine ganze Reihe von Konstruktionsgrundsätzen, die zu einer möglichst strömungsoptimierten Kanalführung gehören. Eine Auswahl dieser konstruktiven Möglichkeiten zeigen die Bilder 9.12-1 und 9.12-2.

213

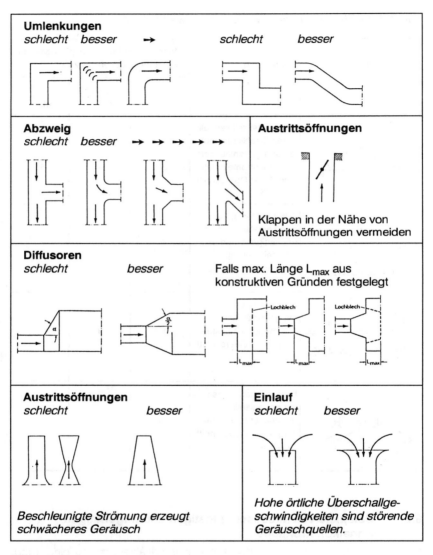

Bild 9.12 -1:
Günstige und ungünstige Kanalkonstruktionen
(Fortsetzung s. nächste Seite)

Verzweigungen
a. etwa gleich grosse Teilvolumenströme

schlecht   *besser* → → → → →

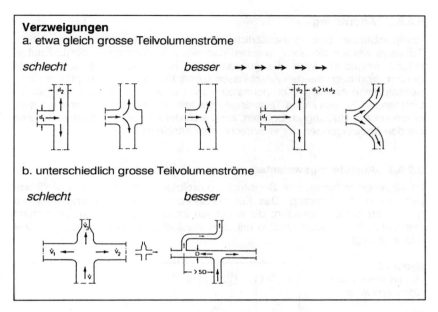

b. unterschiedlich grosse Teilvolumenströme

schlecht   *besser*

Bild 9.12 -2:
Günstige und ungünstige Kanalkonstruktionen

9.2.8   Kompensatoren für Kanäle

9.2.8.1   Wirkungsweise

Wenn hier von Kompensatoren die Rede ist, sind nicht Gummi- oder Metall-kompensatoren gemeint, wie sie für Rohrleitungen eingesetzt werden. Solche Bauarten sollten für die flüssigkeitsführenden Leitungen bei der Luftaufbereitung vorgesehen werden (z.B. Wasserleitungen).

Kompensatoren bei Lüftungskanälen haben ebenfalls die Aufgabe, die Körperschall-Längsleitung zu unterbrechen. Die Bauteile zur Luftaufbereitung erzeugen zum Teil Schwingungen in der Luft, die auf die Blechkanäle übertragen werden. In der Luft bauen sich diese Schwingungen oder Druckstösse bedeutend schneller ab als im Blech des Kanals. Mitentscheidend für diesen Umstand ist die Tatsache, dass die Schallgeschwindigkeit in Stahlblech etwa 15 mal höher liegt als in der Luft. Das erklärt die Notwendigkeit von Kompensatoren an luftführenden Leitungen und Kanälen.

9.2.8.2 Anordnung

Kompensatoren sind grundsätzlich nach der Luftaufbereitung vorzusehen. Teilweise werden sie auch zwischen den einzelnen Elementen der Luftaufbereitung eingebaut. Wird die Aussen- oder Fortluft ebenfalls über Kanäle geführt, sind auch bei den Anschlüssen dieser Kanäle an den Ventilator Kompensatoren notwendig. Kompensatoren sind auch dort sinnvoll, wo grosse Luftmengen in viele kleine Teilstränge unterteilt werden. Sind Räume mit sehr empfindlicher Nutzung zu belüften, kann sich der Einbau von Kompensatoren bei den Abzweigungen der entsprechenden Kanäle rechtfertigen.

9.2.8.3 Ausführungsvarianten

Im allgemeinen haben sich Segeltuch-, plastifizierte Stoff- und Kunststoffkompensatoren durchgesetzt. Das Funktionsprinzip ist bei allen drei Bauarten gleich und hat sich bewährt: die in einigen Zentimetern voneinander entfernt stehenden Rohrstutzen werden mit dem elastischen Material verbunden, wie Bild 9.13 zeigt.

Bild 9.13:
Bauart eines Kanal-
Kompensators

① *Blechkanal*
② *gebördelter*
   Stutzen
③ *Kompensator*
④ *Montagering*
⑤ *Schrauben-*
   verbindung

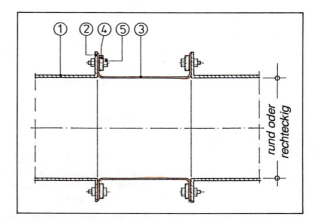

9.2.9 Kanalbefestigungen

9.2.9.1 Einfluss der Kanalbefestigung

Es wäre sicher falsch, immer eine körperschall- und schwingungsdämmende Montage für Lüftungskanäle zu verlangen. Probleme entstehen dann, wenn Kanalwandungen über starre Aufhängungen (oder Verbindungen zum Mauerwerk bei Wanddurchbrüchen) Geräusche auf den Baukörper übertragen und sich diese im Baukörper fortpflanzen. Die dämmende Kanalaufhängung bringt hier die Lösung.

Es ist denkbar, im Bereich der Luftaufbereitung und -hauptverteilung mit dämmenden Aufhängungen zu arbeiten, um bei der etagenweisen Feinverteilung auf normale Aufhängungen umstellen zu können. Es ist wichtig zu wissen, dass ein schmales Stahlband nicht als absolut starre Verbindung betrachtet werden darf, weil der Körperschallquerschnitt zu klein ist.

9.2.9.2 Bauarten

Je nach Grösse und Querschnittsform eines Blechkanals bietet sich eine **dämmende Aufhängung** oder Abstützung nach Bild 9.14 an. Solche Aufhängungen sind im Fachhandel in grosser Auswahl erhältlich. Meistens besteht die Dämmung aus einer weichen Neoprenschicht. Für punktförmige Aufhängungen ist es üblich, die zulässige (und minimale!) Belastung anzugeben.

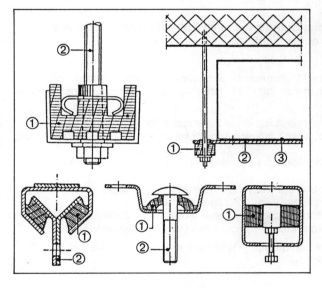

Bild 9.14:
Bauarten von
dämmenden Kanal-
aufhängungen

① *Gummi*
② *Kanal-*
aufhängung
③ *Kanal*

9.2.9.3 Wand- und Deckendurchbrüche

Lüftungskanäle dürfen bei Wand- und Deckendurchbrüchen den Baukörper nicht berühren. Die Aussparungen müssen so gross sein, dass eine Dämmung nach der Kanalmontage angebracht werden kann (Bild 9.15).

Es wird vorzugsweise Mineralfaserstoff, am besten in Zopfform, in den Zwischenraum gestopft. Ist der Kanal im Raum sichtbar, lässt sich eine ästhetisch befriedigende Lösung realisieren, in dem die ausgestopfte Fuge mit einem dauerelastischen Kitt abgedeckt wird.

Bild 9.15:
Kanaldurchführung
durch eine Wand

① *Kanal*

② *Dämmung*
(Mineral-
faserstoff)

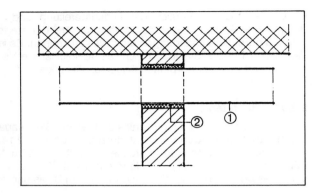

9.2.10 Planung des Standortes einer Luftaufbereitungsanlage innerhalb eines Gebäudes

9.2.10.1 Einleitung

Bei der Festlegung des Standortes einer raumlufttechnischen Anlage innerhalb eines Gebäudes stehen sich zum Teil stark divergierende Forderungen gegenüber:

● Kostengünstig sind möglichst kurze Lüftungskanäle.
● Die Lüftungszentrale soll möglichst im Keller oder im Dachaufbau plaziert werden.
● Die zu belüftenden Räume sollen möglichst ruhig sein (weit weg von der Lüftungszentrale).
● Die Wärmeerzeugung soll möglichst in Zentralennähe liegen.
● Die Lüftungszentrale muss einfach zugänglich sein.
● Aussenluft- und Fortluftöffnungen sollen möglichst in Zentralennähe liegen, hingegen keine störenden Emissionen oder Immissionen verursachen.

Diese Auflistung könnte beliebig verlängert werden und illustriert die Planungskonflikte deutlich.

9.2.10.2 Mögliche Konflikte innerhalb des Gebäudes

In bezug auf die Geräusche von haustechnischen Anlagen unterliegen die von Personen genutzten Räume klar bestimmten Anforderungen. Liegen nun Technikräume unmittelbar neben, über oder unter solchen Räumen, wird die Planung und die Ausführung entsprechend aufwendig. Auch der Kanalführung muss besondere Beachtung geschenkt werden. Geräusche, die von Aussenluft- und Fortluftöffnungen abgestrahlt werden, können zu erhöhten Immissionen (via Fenster) führen.

218

9.2.10.3 Mögliche Konflikte ausserhalb des Gebäudes

Diesbezüglich kritisch sind vor allem Aussenluft- und Fortluftöffnungen. Eine geschickte Anordnung in bezug auf benachbarte Gebäude (Windrichtung beachten!) und eine rechnerische Vorausbestimmung zur Einhaltung von Immissionsgrenzwerten ersparen nachträgliche Umtriebe.

9.2.10.4 Bauakustische Konsequenzen

Bei der Grundrissplanung müssen einerseits die heiklen Räume bezeichnet und anderseits die Lärmverhältnisse in den Energieräumen abgeschätzt werden (Analogieschlüsse, Herstellerangaben). Aus dieser Gegenüberstellung lassen sich die akustischen Anforderungen an den Baukörper ableiten. Ein gutes Hilfsmittel stellen hierbei die einschlägigen DIN-Normen und VDI-Richtlinien dar.

9.2.10.5 Grenzen der Bautechnik

Wenn beispielsweise eine Arztpraxis direkt neben einer Klimazentrale mit einer Kolbenkältemaschine situiert ist, dürfte keine bauübliche Konstruktion ein befriedigendes Ergebnis liefern. In solchen Extremfällen muss eine Umdisposition in Betracht gezogen werden.

Man geht davon aus, dass in der Praxis ein bewertetes Bauschalldämmass R'_w von 55 dB und mehr nur mit sehr grossem Aufwand (und entsprechendem Risiko) realisierbar ist. Allenfalls sind Pufferräume (Gänge, Treppenhäuser, Abstellräume, Waschküchen, Lagerräume usw.) einzuplanen.

9.3 Schallpegelreduktion im Kanalsystem

9.3.1 Pegelsenkung bei geraden Kanalstrecken

9.3.1.1 Einleitung

Bei geraden Kanalstrecken treten Eigendämpfungen auf, die bei langen Kanalsystemen zu berücksichtigen sind. Insbesondere treten bei tiefen Frequenzen durch Schwingungen der Kanalwandungen erhebliche Dämpfungen auf, wobei Rechteckkanäle eine grössere Längsdämpfung aufweisen als runde Kanäle. Diese Dämpfungen bei der Resonanzfrequenz von Kanälen hängen von vielen konstruktiven Merkmalen ab und lassen sich für die Praxis nicht genau berechnen.

9.3.1.2 Berechnung der Dämpfung

Für gerade Kanäle lässt sich die **Pegelsenkung** ΔL_W (früher als Dämpfung D bezeichnet) für mittlere Frequenzen annähernd wie folgt berechnen:

- Rechteckkanal: $\Delta L_W = 1,5 \cdot \alpha_s \cdot \dfrac{U}{S}$ [dB/m]   [GL 9.11]

- Runder Kanal: $\Delta L_W = 6 \cdot \dfrac{\alpha_s}{d}$ [dB/m]   [GL 9.12]

α_s = Schallabsorptionskoeffizient (Sabine) der Kanalwandung
U   = Umfang des Kanals in m
S   = Querschnitt des Kanals in m^2
d   = Durchmesser des Kanals in m

Rechteckige Kanäle haben gegenüber runden Kanälen eine um etwa 12 % höhere Dämpfung.

Aus praktischen Gründen wird als Dämpfungsmass bei Kanälen immer die **Schallpegelsenkung in dB/m** angegeben.

Die Längsdämpfung gerader Kanalstrecken mit rechteckigen oder runden Kanalwänden aus Beton oder Mauerwerk ist sehr niedrig, da diese Materialien biegesteif sind und infolge ihrer grossen Masse eine hohe Schalldämmung haben. Ihre Längsdämpfung ist daher zu vernachlässigen.

Beim Einsatz von schallabsorbierenden Materialien ist darauf zu achten, dass nur Materialien mit **Rieselschutz** (Vermeidung einer Ablösung von Fasern des Akustikmaterials) gewählt werden.

Beispiel

Glasfaserplatten mit einer Neoprenbeschichtung, wobei die Schichtstärke derselben nicht grösser als ca. 0,1 mm sein darf, da sonst das Absorptionsvermögen reduziert wird.

9.3.1.3 Rechenwerte für die Pegelsenkung

Für den praktischen Gebrauch wird die Pegelsenkung ΔL_W in dB/m für rechteckige und runde **Kanäle aus ca. 1 mm starkem Stahlblech** in den Tabellen 9.12 und 9.13 angegeben.

Absorbierend ausgekleidete Blechkanäle sind eigentlich nichts anderes als Absorptionsschalldämpfer (vgl. Ziff. 10.4, Seite 265). Für entsprechende Dimensionierungen dürfen aus diesem Grunde die Werte in der Tab. 9.13 nicht herangezogen werden.

Verschiedene Hersteller geben für ihre Standard-Blechkanäle Dämpfungswerte an. Diese werden massgeblich durch die Kanalsteifigkeit und die Absorptionskoeffizienten im Kanal beeinflusst.

Tab. 9.12: Pegelsenkung ΔL_W gerader Blechkanäle (Näherungswerte)

Kanalabmessung	ΔL_W in dB/m bei den Oktavmittenfrequenzen in Hz				
	63	125	250	500	≥ 1000
rechteckige Stahlblechkanäle					
0,10 bis 0,20 m	0,6	0,6	0,45	0,3	0,3
über 0,20 bis 0,40 m	0,6	0,6	0,45	0,3	0,2
über 0,40 bis 0,80 m	0,6	0,6	0,3	0,15	0,15
über 0,80 bis 1,00 m	0,45	0,3	0,15	0,1	0,05
runde Kanäle					
0,10 bis 0,20 m ø	0,1	0,1	0,15	0,15	0,3
über 0,20 bis 0,40 m ø	0,05	0,1	0,1	0,15	0,2
über 0,40 bis 0,80 m ø	-	0,05	0,05	0,1	0,15
über 0,80 bis 1,00 m ø	-	-	-	0,05	0,05

Tab. 9.13: Pegelsenkung ΔL_W absorbierend ausgekleideter, quadratischer oder rechteckiger gerader Blechkanäle (Näherungswerte).

Abmessungen der lichten Kanalquerschnitte	ΔL_W in dB/m bei den Oktavmittenfrequenzen in Hz					
	63	125	250	500	1 000	4 000
0,15 x 0,15 m	4,5	4	11	16,5	19	17,5
0,15 x 0,30 m	3,5	3	8,5	16,5	18	15,5
0,30 x 0,30 m	2,5	2	7	15,5	15	10
0,30 x 0,60 m	1,5	1,5	6	15	10	7
0,60 x 0,60 m	1	1,5	5	12	7	4,5
0,60 x 0,90 m	1	2	3,5	8	4,5	3
0,60 x 1,20 m	0,5	1,5	3,5	7,5	4	2,5
0,60 x 1,80 m	0,5	1,5	4	7,5	4	2

Als Absorber können handelsübliche, weichgepresste Mineralfaserstoffmatten mit 40 - 80 kg/m³ Raumgewicht und 25 mm Dicke verwendet werden.

9.3.2 Pegelsenkung durch Querschnittssprünge

9.3.2.1 Allgemeines

Querschnittssprünge sind strömungstechnisch ungünstige Bauelemente. Sie sollen − wenn irgendwie möglich − vermieden werden (Ausnahme: Doppelter Querschnittssprung, als Kammerschalldämpfer dimensioniert). In bestimmten Fällen ist der Einbau solcher Bauelemente in Kanalsysteme nicht zu vermeiden (z.B. bei speziellen Abzweigungen oder Einmündungen).

9.3.2.2 Pegelreduktion durch einen einfachen Querschnittssprung

Die Pegelreduktion ΔL_W bei einem einfachen Querschnittssprung (Bild 9.16) ist frequenz**un**abhängig und beträgt:

$$\Delta L_W \;=\; 10 \lg \frac{4 \cdot n}{(n + 1)^2} \qquad \text{[dB]} \qquad\qquad \text{[GL 9.13]}$$

$n = \dfrac{S_1}{S_2}$ Verhältnis zwischen der Fläche vor (S_1) und nach (S_2) dem Querschnittssprung.

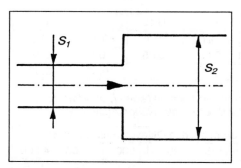

Diese Formel gilt allerdings nur unter der Voraussetzung, dass die Wellenlänge grösser ist als die Diagonale des Kanalquerschnittes. Praktisch heisst dies, dass nur tiefe Frequenzen gedämpft werden (oder es findet nur bei kleinen Kanalquerschnitten eine Dämpfung statt).

Bild 9.16:
Einfacher Querschnittssprung

Rein rechnerisch ergibt sich für eine plötzliche Querschnitterweiterung eine leichte Pegelsenkung, die aber durch die entstehenden Turbulenzgeräusche mehr als kompensiert wird.

9.3.2.3 Pegelsenkung durch einen doppelten Querschnittssprung

Die Dämpfung des doppelten Querschnittssprunges oder Kammer (Bild 9.17), die frequenzabhängig ist, wird nach der [GL 9.14] berechnet.

Bild 9.17:
Doppelter
Querschnittssprung
(l = Länge der Querschnittserweiterung
oder Kammer)

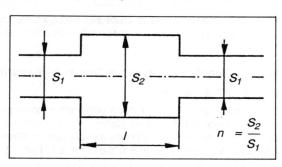

$$\Delta L_W = 10 \log \left\{ 1 + \left[\frac{n^2 - 1}{2\,n} \right]^2 \cdot \left[\sin 2\,\pi \, \frac{l}{\lambda} \right]^2 \right\} \qquad \text{[dB]} \qquad \text{[GL 9.14]}$$

Wie bei sog. Interferenzerscheinungen zu erwarten ist, hängt die erzielbare Pegelsenkung ΔL_W von der Wellenlänge λ, d.h. vom Verhältnis l / λ, ab. Die [GL 9.14] zeigt, dass eine maximale Pegelsenkung zu erreichen ist mit

$$l = \frac{\lambda}{4} , \ 3 \, \frac{\lambda}{4} , \ 5 \, \frac{\lambda}{4} \ \ldots \ldots$$

und dass die Pegelsenkung Null wird für:

$$l = 0 , \ \frac{\lambda}{2} , \ \frac{\lambda}{4} , \ \frac{\lambda}{8} \ \ldots \ldots$$

Für $n = 10$ oder $n = 0,1$ ergibt sich der Maximalwert der Pegelsenkung zu:

$$\Delta L_{max} = 10 \lg 25,5 = 14 \ dB$$

Mit einer einzelnen Kammer geeigneter Länge ist also durchaus eine nennenswerte Pegelsenkung zu erreichen. Nachteilig ist jedoch, dass die Pegelsenkung nicht breitbandig ist. Die periodisch auftretenden Maxima der Pegelsenkung erfassen nur die ungeraden Vielfachen der Grundfrequenz; daher kann bei einem obertonreichen Geräusch nur jeder zweite Oberton maximal geschwächt werden.

9.3.3 Pegelsenkung durch Umlenkungen

9.3.3.1 Allgemeines

Umlenkungen an Kanalsystemen können unter Umständen einen grossen Teil der Schallenergie zur Schallquelle hin reflektieren. Runde Kanäle haben weniger Reflexionen als rechteckige Kanäle, darum ist ihre Pegelsenkung kleiner. Stimmt die Wellenlänge mit der Kanalbreite überein, können hohe Pegelsenkungen erzielt werden. Durch eine absorbierende Auskleidung der Kanalwände hinter der Umlenkung kann die Pegelsenkung noch erhöht werden.

9.3.3.2 Runde Umlenkungen (Bögen, Rohrkrümmer)

Die Pegelsenkung von $90°-$ Umlenkungen nimmt mit steigender Frequenz zu und erreicht bei höheren Frequenzen mit 3 dB ihr Maximum: Tabelle 9.14.

Für Bögen, die deutlich von $90°$ abweichen, sind keine allgemein brauchbaren Berechnungsunterlagen vorhanden.

Tab. 9.14: Pegelsenkung ΔL_W von 90° – Umlenkungen mit Kreisquerschnitt und Krümmungsradius r < 2d (Bögen, Rohrkrümmer)

Durchmesser d	ΔL_W in dB bei den Oktavmittenfrequenzen in Hz						
mm	125	250	500	1 000	2 000	4 000	8 000
125 bis 250	0	0	0	1	2	3	3
280 bis 500	0	0	1	2	3	3	3
530 bis 1 000	0	1	2	3	3	3	3
1 050 bis 2 000	1	2	3	3	3	3	3

9.3.3.3 Rechteckige Umlenkungen (Kniestücke)

Die Pegelsenkung mit rechteckigen Umlenkungen (ohne Leitbleche) lässt sich durch eine absorbierende Wandauskleidung wesentlich erhöhen. Die Wandauskleidung wird entweder vor *oder* hinter der Umlenkung oder *auf beiden Seiten* der Umlenkung angebracht (Bild 9.18 und Tabelle 9.15).

Bild 9.18:
Umlenkung mit Rechteckquerschnitt
(Kniestück)

s = Stärke der Auskleidung
10% der Kanalbreite
(Raumgewicht
40 – 80 kg/m³)

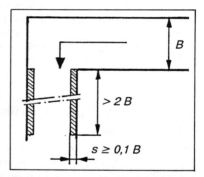

Für rechteckige Umlenkungen **mit Leitblechen** kann der Mittelwert zwischen Bogen und Knie angesetzt werden (kleinere Eigengeräusche, aber auch reduzierte Pegelsenkung). Eine Abrundung der innern Umlenkkante bringt eine leichte Verminderung des Strömungsrauschens, ohne die Pegelsenkung wesentlich zu beeinflussen.

9.3.4 Pegelsenkung durch Kanalverzweigungen

9.3.4.1 Allgemeines

Im weiteren Verlauf des Kanalsystems treten zahlreiche Kanalverzweigungen auf. Die Schalleistung verteilt sich proportional zu den Querschnittsverhältnissen von Abzweigkanal und Kanal vor der Abzweigung. Die Pegelsenkung ΔL ist frequenz**un**abhängig.

Tab. 9.15: Pegelsenkung ΔL_W von 90° – Umlenkungen mit Rechteckquerschnitt

	Kanal-breite B	ΔL_W in dB bei den Oktavmittenfrequenzen in Hz						
		125	250	500	1 000	2 000	4 000	8 000
ohne Auskleidung	125 mm				6	8	4	3
	250 mm			6	8	4	3	3
	500 mm		6	8	4	3	3	3
	1000 mm	6	8	4	3	3	3	3
Auskleidung vor dem Knie *)	125 mm				6	8	6	8
	250 mm			6	8	6	8	11
	500 mm		6	8	6	8	11	11
	1000 mm	6	8	6	8	11	11	11
Auskleidung hinter dem Knie *)	125 mm				7	11	10	10
	250 mm			7	11	10	10	10
	500 mm		7	11	10	10	10	10
	1000 mm	7	12	10	10	10	10	10
Auskleidung vor und hinter dem Knie *)	125 mm				7	12	14	16
	250 mm			7	12	14	16	16
	500 mm		7	12	14	16	18	18
	1000 mm	7	12	14	16	18	18	18

*) **Länge** der Auskleidung mindestens 2mal Kanalbreite B

9.3.4.2 Berechnung der Pegelsenkung

Die Pegelsenkung beträgt:

$$\Delta L_W = 10 \ \lg \frac{S_1}{\Sigma \ S_{1,2,3}} \qquad [dB] \qquad [GL\ 9.15]$$

S_1 = Fläche des zu berechnenden Teilkanals in m²
$\Sigma \ S_{1,2,3}$ = Fläche aller Teilkanäle in m²

9.3.4.3 Beispiele von Verzweigungen

Drei verschiedene Fälle von Verzweigungen sind in Bild 9.19 dargestellt.

Bild 9.19:
Beispiele von
Verzweigungen

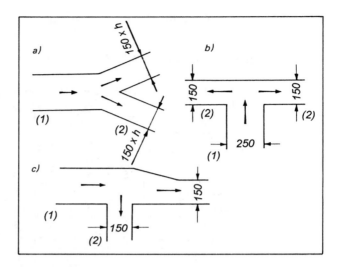

Interpretation

Fall a): Nur Verzweigung
Die Pegelsenkung von (1) nach (2) beträgt entsprechend [GL 9.15] nur 3 dB.

Fall b): Verzweigung mit Umlenkung
Wird bei der Verzweigung gleichzeitig eine Umlenkung vorgenommen, kann diese zusätzliche Pegelsenkung wie folgt berücksichtigt werden: Die Teilpegelsenkung infolge Verzweigung von (1) nach (2), entsprechend [GL 9.15], beträgt 3 dB (bei 1 000 Hz) und die Teilpegelsenkung infolge Umlenkung, entsprechend Tab. 9.15, Seite 225, beträgt 7 dB bei 1 000 Hz. Somit beträgt die Gesamtpegelsenkung 10 dB bei 1 000 Hz.

Fall c): Abzweig
Die Pegelsenkung von (1) nach (2) kann zwischen Fall A und B angesiedelt werden, also bei 3 + 7/2 = 7 dB bei 1 000 Hz (die Teilpegelsenkung gem. Tabelle 9.15, Seite 225, ist zu halbieren und mit der Teilpegelsenkung [GL 9.15], Seite 225, zu addieren).

9.3.5 Pegelsenkung durch Diffusoren

9.3.5.1 Allgemeines

Bei konischen Erweiterungen bzw. Diffusoren ist die Dämpfung frequenzabhängig. Der Öffnungswinkel α soll nicht grösser als 8° sein, damit keine zusätzlichen Geräusche entstehen (Bild 9.20). Das Flächenverhältnis S_2 / S_1 soll nicht grösser als 3 sein, ansonsten ist der Diffusor in mehrere kleinere Diffusoren zu unterteilen. Werden diese Bedingungen eingehalten, können

Wirbelbildungen und -ablösungen vermieden werden.

Bild 9.20:
Diffusor

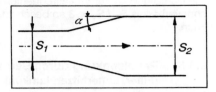

9.3.5.2 Berechnung der Pegelreduktion

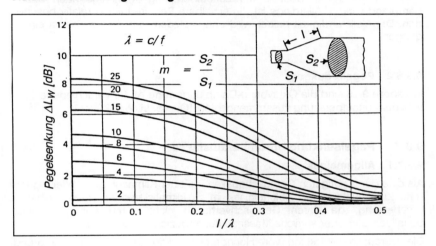

Bild 9.21:
Berechnung der Pegelsenkung eines Diffusors

Beispiel

$S_1 = 0,3\,m^2$, $S_2 = 0,9\,m^2$, $l = 0,5\,m$

Lösung: $m = 0,9 / 0,3 = 3$

Die Pegelsenkung kann nun wie folgt berechnet bzw. aus Bild 9.21 bestimmt werden:

für 125 Hz $\lambda = 340/125 = 2,72\,m$, $l/\lambda = 0,18$ → $\Delta L_W = 1\,dB$
für 1 000 Hz $\lambda = 0,34\,m$, $l/\lambda = 1,47$ → $\Delta L_W = 0\,dB$
für 31,5 Hz $\lambda = 10,8\,m$, $l/\lambda = 0,046$ → $\Delta L_W = 1\,dB$

227

Interpretation

Die Dämpfung ist nur im tieffrequenten Bereich wirksam und fällt bei dem Flächenverhältnis $S_2 / S_1 < 3$ so bescheiden aus, dass sie vernachlässigt werden kann.

9.3.6 Pegelsenkung durch Bauteile der Luftaufbereitung
(Filter, Lufterhitzer, Luftkühler, Luftbefeuchter, Luftentfeuchter)

9.3.6.1 Allgemeines

Von Luft umströmte Bauteile der Luftaufbereitung können je nach Bauart dämpfend wirken. Allerdings ist die erzielbare Pegelreduktion relativ bescheiden. Der Vollständigkeit halber wird aber trotzdem auf dieses Thema eingegangen.

9.3.6.2 Pegelreduktion

In Tabelle 9.16 sind die Oktavband-Dämpfungswerte ΔL für verschiedene Bauteile der Luftaufbereitung zusammengestellt [Quelle: LUWA, Zürich].

9.3.7 Pegelsenkung durch Luftauslässe

9.3.7.1 Allgemeines

Als eine der wichtigsten Geräuschquellen bei einer Klimaanlage tritt der eigentliche Zuluftauslass und Ablufteinlass im zu klimatisierenden Raum selbst in Erscheinung, da deren Geräuschverhalten nicht durch nachgeschaltete Schalldämpfer oder ähnliche Massnahmen reduziert werden kann.

Die Geräuschentwicklung von Hochdruck-Induktionsgeräten kann aufgrund der Katalogangaben namhafter Gerätehersteller ausreichend genau bestimmt werden. Für die Beurteilung des Geräuschverhaltens gilt im Prinzip das Gleiche. Die Werte sollten in Abhängigkeit der Betriebsdaten der Geräte die frequenzabhängigen Schalleistungspegel enthalten. Geräten mit grosser Eigendämpfung, der sog. **Einfügungsdämpfung**, soll der Vorzug gegeben werden.

Bei den üblichen Zuluftauslässen und Ablufteinlässen kann die Schallpegelreduktion vernachlässigt werden, da das Strömungsrauschen den Schallpegel bestimmt. Einen Sonderfall stellen Lochdecken dar, deren Dämpfung nur mit Hilfe eines Versuchsaufbaus bestimmbar ist. Dasselbe gilt für die meisten Schlitzauslässe und -einlässe.

Die Umrechnung des Kanalschalleistungspegels in den Raumschalldruckpegel wird in diesem Abschnitt behandelt. Je nach Anordnung der Luftaus- und Lufteinlässe und der raumakustischen Verhältnisse findet eine mehr oder weniger grosse Pegelsenkung statt.

Tab. 9.16: Oktavband-Dämpfungswerte für verschiedene Bauteile der Luftaufbereitung

Bauteil	Oktavband-Dämpfungswerte ΔL in dB bei [Hz]							
	63	125	250	500	1 000	2 000	4 000	8 000
Rollfilter	1	6	5	6	8	8	8	8
Mattenfilter	1	3	3	4	6	6	6	6
Taschenfilter	1	4	4	7	9	9	9	9
Ultrafilter	1	1	0	0	1	6	8	6
Lufterhitzer *)	0,5	0,5	0,5	0,5	0,5	0,5	1	1
Kühler inkl. Trockenabscheider	1	1	1	2	3	4	5	5
Waschereinheit	1	1	2	3	4	5	5	5
Besprühte Kühlereinheit *)	1	1	1	2	3	4	5	5

*) Pro Rohrreihe: Bei diesen Bauteilen sind die Dämpfungswerte ΔL nur für eine Rohrreihe gültig. Bei mehreren Rohrreihen kann die totale Dämpfung wie folgt abgeschätzt werden:

$$\Delta L_{total} = \Delta L + 0,5\,(n - 1) \qquad [dB] \qquad\qquad [GL\ 9.16]$$

n = Anzahl Rohrreihen

Die vorgestellten Berechnungsunterlagen basieren auf den grundlegenden Ausführungen von Abschnitt 1: **Umrechnung Schalleistungspegel - Schalldruckpegel** (Seite 16). Erst durch diesen letzten Schritt in einer langen Reihe von einzelnen Berechnungen wird es möglich, das Berechnungsergebnis zu beurteilen und allenfalls messtechnisch zu überprüfen.

9.3.7.2 Mündungsreflexion

Erfolgt der Luftaus- oder Lufteintritt über Lüftungsgitter, die sich am Ende des Kanalsystems befinden, tritt an den Aus- bzw. Einlassöffnungen die sog. Mündungsreflexion auf, deren Grösse von der Frequenz und dem Kanalquerschnitt (bzw. Gitterquerschnitt) abhängt. Aus Bild 9.22 lässt sich die entsprechende Pegelsenkung bestimmen. Zudem muss die geometrische Anordnung der Gitter im Raum berücksichtigt werden (Bild 9.23).

Bei von runder oder quadratischer Gitterfläche stark abweichenden Querschnittsformen (z.B. Schlitzauslässe) dürfen die angegebenen Werte nicht voll angerechnet werden. Eine genaue Berechnung dieser Fälle ist nicht möglich.

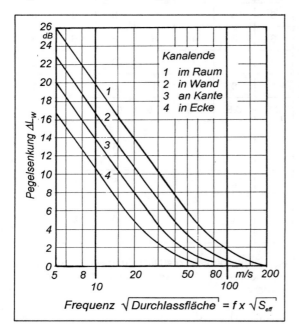

Bild 9.22:
Mündungsreflexion
(Pegelsenkung) für
verschiedene Lagen
des Zuluftauslasses
oder Ablufteinlasses
im Raum

Bild 9.23:
Lage des Gitters im Raum

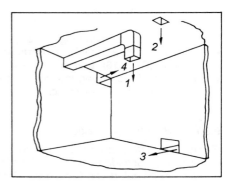

9.3.7.3 Schallpegelverteilung im Raum

Die Schalleistung, die aus der Kanalöffnung in einen halligen Raum (Raum mit grossen Nachhallzeiten und diffuser Schallpegelverteilung) gelangt, erzeugt in diesem einen bestimmten Schalldruckpegel, der abhängig ist von der Raumabsorption, dem Abstand zu der Kanalöffnung und dem Richtfaktor des Aus- oder Einlasses. Zur Berechnung des Schalldruckpegels kann [GL 1.15] verwendet werden:

$$L_p = L_W + 10 \; lg \left\{ \frac{Q}{4 \cdot \pi \cdot d^2} + \frac{4}{A} \right\} \; \text{[dB]} \qquad \text{[GL 9.17]}$$

Q = Richtfaktor gem. Ziff. 1.2.12.3
A = äquivalente Schallabsorptionsfläche in m²
d = Abstand zwischen Auslassöffnung und Raumpunkt in m

[GL 9.17] ist in Bild 9.24 dargestellt. Man verwendet für den Ausdruck $L_W - L$ häufig auch den Begriff *Raumdämpfungsmass*.

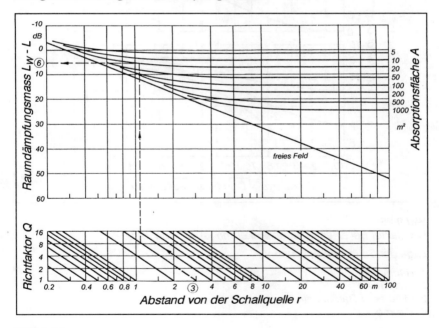

Bild 9.24:
Raumdämpfungsmass $L_W - L$ in dB in Abhängigkeit der Raumabsorption, der Distanz zu der Schallquelle sowie der Richtcharakteristik der Schallquelle

231

Aus der Mündung des Luftaus- oder Lufteinlasses tritt der Schall selten als Kugelwelle in den Raum, sondern strahlt bevorzugt in eine Richtung senkrecht zum Öffnungsquerschnitt. Der Richtfaktor Q berücksichtigt diese Eigenschaft $(Q \geq 1)$.

Je kleiner eine Auslassöffnung in bezug zur Wellenlänge ist, umso mehr kann sie als punktförmige Schallquelle angesehen werden. Umgekehrt steigt mit zunehmendem Öffnungsquerschnitt und abnehmender Wellenlänge der Richtfaktor Q. Ferner ist der Richtfaktor abhängig von der Lage des Auslasses im Raum. Diese Zusammenhänge sind in Bild 9.25 dargestellt:

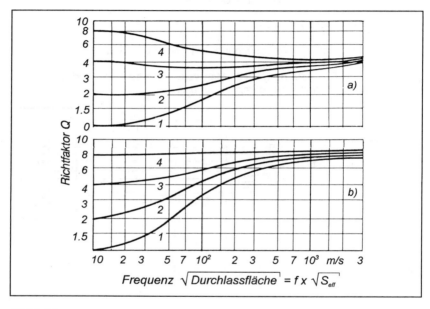

Bild 9.25:
Richtfaktor bei einem Abstrahlwinkel von a) 45° und b) 0°
Lage der Schallquellenöffnung:

1 Raummitte
2 Wandmitte
3 Mitte einer Raumkante
4 Raumecke

An dieser Stelle wird auf die detaillierten Ausführungen in Ziff. 1.2.12.3, Seite 19, zum Thema «Schallausbreitung in Räumen» hingewiesen. Unter bestimmten Voraussetzungen kann es sinnvoll sein, die dort vorgestellten Berechnungsverfahren auch für Zuluftauslässe und Ablufteinlässe zu verwenden. Allerdings müssen die raumakustischen Verhältnisse klar definiert werden. Für den allgemeinen Gebrauch liefert [GL 9.17], Seite 231, hinreichend genaue Ergebnisse.

Bedeutungsvoll bei der Umrechnung des Kanalschalleistungspegels in den Raumschalldruckpegel ist die Tatsache, dass die raumakustischen Eigenschaften des belüfteten Raumes (d.h. die Nachhallzeiten bzw. das Schallschluckvermögen, Bild 9.26) eine recht grosse Rolle spielen. Dies ist der Hauptgrund für die Empfehlung, **Kontrollmessungen** von raumlufttechnischen Anlagen erst im endgültigen Ausbauzustand vorzunehmen.

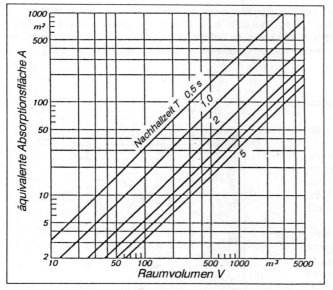

Bild 9.26:
Aequivalente
Absorptions-
fläche in
Abhängigkeit
von
Raumvolumen
und
Nachhallzeit

Aufgrund der SABIN'schen Formel [GL 1.18] kann die [GL 9.17] wie folgt umgeformt werden:

$$L_p = L_W - 10 \lg V + 10 \lg T + 14\,dB \qquad [dB] \qquad\qquad [GL\ 9.18]$$

L_p = Schalldruckpegel in dB
L_W = Schalleistungspegel in dB
V = Raumvolumen in m^3
T = Nachhallzeit in s

Diese Beziehung gilt nur, wenn der Messabstand grösser als der Hallradius ist. Bei mehreren gleichen Schallquellen in einem Raum kann die Schallpegeladdition nach [GL 1.8], Seite 12, durchgeführt werden.

9.3.8 Schallübertragung durch Kanalwandungen

9.3.8.1 Allgemeines

Das Kanalsystem ist üblicherweise von der Hauptgeräuschquelle, dem Ventilator, durch elastische Teile getrennt. Trotzdem versetzt die turbulente Rohrströmung die Kanalwandungen in Schwingungen, wobei vor allem bei Resonanzeffekten erhebliche Lärmabstrahlungen erfolgen können. Rechteckkanäle sind wegen ihrer geringeren Steifigkeit empfindlicher als runde Kanäle.

Die Schallübertragung durch Lüftungsrohre (Schallnebenwegübertragung) ist insbesondere dann kritisch, wenn diese durch Räume direkt oder durch Hohlraumdecken geführt werden müssen.

Während sich ein Teil der Schallenergie auf dem Luftwege durch den Kanal überträgt, wird der andere Teil über bzw. durch die Kanalwand selbst abgestrahlt. Durch diesen Effekt kann die Luftschalldämmung von Trennwänden, als Folge der Nebenwegübertragung, erheblich reduziert werden (Bild 9.27).

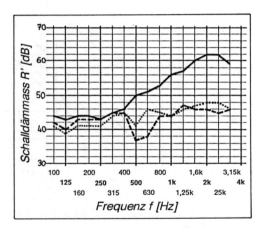

_____ Schalldämmung ohne Kanal:
R'_w = 53 dB

– – – – Schalldämmung mit rundem Blechkanal:
D = 450 mm
s = 0,9 mm
R'_w = 44 dB

········ Schalldämmung mit rechteckigem Blechkanal:
250 x 500 mm
s = 0,9 mm
R'_w = 46 dB

Bild 9.27:
Schallnebenwegübertragungen von Klimakanälen, die durch eine Backsteinwand von 24 cm Dicke führen

Bild 9.27 zeigt deutlich, wie gross die Verluste werden können, wenn ein Blechkanal durch eine Wand geführt wird ohne dass die speziellen Massnahmen (z.B. Verbesserung der Luftschalldämmung nach Ziff. 9.2.9.3, Seite 217) getroffen werden.

9.3.8.2 Schallabstrahlung und Schalleinstrahlung über Kanalwände

a. Schallabstrahlung eines Kanals

Führt ein Kanal durch einen relativ ruhigen Raum (Bild 9.28), kann der im Raum wirksame Schalldruckpegel L_2 nach [GL 9.19] berechnet werden.

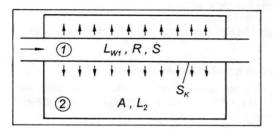

Bild 9.28:
Schallabstrahlung
eines Kanals

$$L_2 = L_{W1} - R - 10 \lg \frac{S \cdot A}{S_K} + 6 \qquad [dB] \qquad [GL\ 9.19]$$

L_2 = Schalldruckpegel im Raum in dB
L_{W1} = Schalleistungspegel im Kanal in dB
R = Schalldämmass des Kanals in dB
A = Absorptionsfläche des Raumes in m^2
S = Kanalquerschnittsfläche in m^2
S_K = Übertragungsfläche des Kanals in m^2

[GL 9.19] ist im Bereich $S_K / S \leq R$ gültig.
Diese Ungleichung bedeutet, dass beispielsweise bei einem Schalldämmass von $R = 20$ dB der Kanal 20mal so lang sein darf wie seine Querschnittsdiagonale.

b. Schalleinstrahlung in einen Kanal

Führt ein Kanal durch einen lauten Raum (Bild 9.29), kann der im Kanal wirksame Schalleistungspegel L_{W2} nach [GL 9.20] berechnet werden.

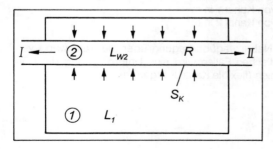

Bild 9.29:
Schalleinstrahlung
in einen Kanal

235

$$L_{W2} = L_1 - R + 10 \lg S_K - 6 \qquad [dB] \qquad [GL\ 9.20]$$

L_1 = Schalldruckpegel im Raum in dB
L_{W2} = Schalleistungspegel im Kanal in dB
R = Schalldämmass des Kanals in dB
S_K = Übertragungsfläche des Kanals in m^2

Die in Richtung I und II abgestrahlte Schalleistung ist entsprechend den Kanal-querschnitten aufzuteilen.

c. Schallübertragung über einen geschlossenen Kanal

Die Schallübertragung zwischen zwei durch einen geschlossenen Kanal ver-bundenen Räumen (Bild 9.30) kann nach [GL 9.21] berechnet werden (gilt nur für ein diffuses Schallfeld):

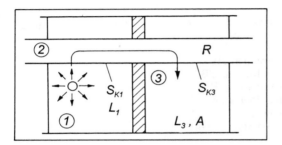

Bild 9.30:
Schallübertragung über einen geschlossenen Kanal

$$L_3 = L_1 - 2R + 10 \lg \frac{S_{K1} \cdot S_{K3}}{A} - 3 \qquad [dB] \qquad [GL\ 9.21]$$

L_1 = Schalldruckpegel in Raum 1 in dB
L_3 = Schalldruckpegel in Raum 2 in dB
R = Schalldämmass des Kanals in dB
A = Absorptionsfläche des Raumes in m^2
S_{K1} = Übertragungsfläche von Kanal 1 in m^2
S_{K3} = Übertragungsfläche von Kanal 2 in m^2

[GL 9.21] gilt nur, wenn die Nebenwegübertragung über die Kanalwand ver-nachlässigbar klein ist. In kritischen Fällen wird eine Unterbrechung der Kör-perschallübertragung empfohlen (flexible Kanalübergänge).

d. Schallübertragung über Kanäle

Die Schallübertragung zwischen zwei Räumen, die durch einen beiderseits offenen Kanal miteinander verbunden sind (vgl. Bild 9.28, Seite 235, oder 9.31), kann praktisch nicht berechnet werden. Die Ein- und Abstrahlung hängt von der Lage der Öffnungen ab. Zudem wird der Schalldurchgang von der Form der Kanalelemente beeinflusst.

Eine grobe Abschätzung lässt sich mit der Beziehung nach [GL 9.22] vornehmen, wobei die Lage der Eintrittsöffnung im Raum nicht berücksichtigt wird.

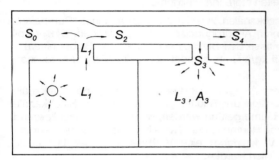

Bild 9.31:
Schallübertragung zwischen zwei Räumen durch einen beidseits offenen Kanal

$$L_3 = L_1 + 10 \lg \frac{S_1 \cdot S_2 \cdot S_3}{(S_0 + S_2)(S_3 + S_4) \cdot A_3} + 6 - \Delta L_W \quad [dB]$$

[GL 9.22]

L_1, L_3 = Schalldruckpegel im Raum in dB
A_3 = äquivalente Absorptionsfläche des Raumes in m^2
S_1, S_3 = Öffnungsflächen der Kanalauslässe in m^2
S_0, S_2, S_4 = Querschnittsflächen der Kanalstücke in m^2
ΔL_W = Pegelsenkungen durch
    - Dämpfung gerader Kanalstrecken (Ziff. 9.3.1.3, Seite 220)
    - Umlenkungen (Ziff. 9.3.3, Seite 223)
    - Querschnittssprünge (Ziff. 9.3.2, Seite 221)
    - Mündungsreflexion (Ziff. 9.3.7.2, Seite 229)

9.3.9 Richtlinien für den Bau des Kanalsystems

9.3.9.1 Allgemeine Richtlinien

Die allgemeinen Richtlinien für die Konstruktion und den Bau einer raumlufttechnischen Anlage sind auch dann zu beachten, wenn man keine detaillierten Berechnungen durchführt:

• Die Luftgeschwindigkeiten in den Kanälen sollen möglichst tief gewählt werden.

237

- Luftkanäle sollen nicht starr mit Wänden und Decken verbunden werden (besondere Beachtung verdienen Mauerdurchbrüche).

- Falls erhöhte Anforderungen an eine Lüftungs- oder Klimaanlage gestellt werden, oder speziell heikle Verhältnisse vorliegen (z.B. Wohnung, Arztpraxis oder Direktionsbüro unter Klimazentrale, oder in unmittelbarer Nähe von Kanalnetzen), sind die Kanäle körperschall- und schwingungsgedämmt aufzuhängen.

- Luftkanäle sollen dicht sein. Vor allem bei Hochdruckanlagen erzeugen bereits kleine Undichtigkeiten störende Pfeifgeräusche.

- Zur Entdröhnung von Blechkanälen, zwecks Vermeidung eines "Rumpelns", können dieselben mit einem Antidröhnbelag versehen werden. Dieser soll etwa 30 % der Flächenmasse des Bleches schwer sein (z.B. bei einem 1 mm starken Kanal ca. 2,5 kg/m^2). Im Handel sind selbstklebende, folienartige Beläge erhältlich.

- Bei der Projektierung einer Anlage muss bei der Führung der Luftkanäle besonders auf die Disposition der Räume geachtet werden. Blechkanäle sollen nicht durch laute Räume geführt werden, wenn gleich anschliessend relativ ruhige, zu belüftende Räume folgen. Notfalls muss durch aufwendige Massnahmen (schwere Verkleidung) eine Verbesserung der Luftschalldämmung der Kanäle realisiert werden.

- Im Kanalsystem sind brüske Richtungsänderungen zu vermeiden, damit keine Ablösungen entstehen, die Geräusche verursachen.

- Grundsätzlich dürfen keine scharfen Kanten angeströmt werden (z.B. Leitbleche oder Verzweigungen), da dies bei höheren Luftgeschwindigkeiten unweigerlich zu Pfeifgeräuschen führt.

9.3.9.2 Luftgeschwindigkeit

Je grösser in einem Kanalsystem die Reynolds-Zahl ist, umso grösser ist die Turbulenz und umso grösser werden die Geräusche. Im Gegensatz zu strömungstechnischen Überlegungen sind in kleinen Kanälen eher hohe Geschwindigkeiten zulässig als in grossen Kanälen. Als charakteristisches Ablösungsgeräusch in grossen Kanälen macht sich ein deutlich hörbares tieffrequentes «Rumpeln» bemerkbar.

Planungszielwerte für die Luftgeschwindigkeit:

- Niederdruckanlagen: 3 − 6 m/s
- Hochdruckanlagen: 8 − 15 m/s und mehr

9.4 Dimensionierung von raumlufttechnischen Anlagen
9.4.1 Einleitung

In diesem Abschnitt wird das Vorgehen zur Berechnung von ganzen Anlagen mit Hilfe von Beispielen gezeigt. Kernpunkt der Berechnung ist

> das systematische Vorgehen

ohne dessen Hilfe eine fehlerfreie, und somit realistische Bestimmung der akustischen Verhältnisse nicht möglich ist. Die schalltechnische Dimensionierung von raumlufttechnischen Anlagen ist im Gegensatz zur Raumakustik keine Kunst, sondern ein Handwerk, das an genau definierte Regeln gebunden ist. In den folgenden Beispielen wird die praktische Anwendung dieser Regeln gezeigt.

9.4.2 Ermittlung der erforderlichen Schallschutzmassnahmen

Zur akustischen Berechnung eines Kanalsystems wird für jedes Oktavband das von der Anlage in den Raum eingestrahlte Geräusch ermittelt und mit dem zulässigen Schallpegel verglichen (z.B. NR−Kurven). Ist anstelle einer zulässigen Grenzwertkurve der A-Schallpegel angegeben, können die maximalen Oktavpegel $L_{okt,max}$ wie folgt bestimmt werden:

$$L_{okt,max} = L_A + K \quad [dB] \qquad\qquad [GL\ 9.23]$$

Die Korrekturwerte K können der Tabelle 9.17 entnommen werden:

Tab. 9.17: Korrekturwerte K

Frequenz f	63	125	250	500	1 000	2 000	4 000	Hz
Korrekturwert K	21	11	4	−2	−5	−6	−6	dB

Diese Korrekturwerte beinhalten die inversen A-Bewertungskurven sowie die Addition der Oktavbänder. Für die Pegelzunahme ist den acht Oktavbändern ein Wert von nur 5 dB zugrunde gelegt, da die frequenzspektrale Zusammensetzung von in Lüftungs- und Klimaanlagen vorkommenden Geräuschen im allgemeinen dem Verlauf der inversen A-Kurve nicht identisch folgt.

Diese Annahme (von 5 dB) muss nach Beendigung des Berechnungsganges überprüft werden (durch logarithmische Addition der effektiv verbleibenden bewerteten Oktavpegel und im Vergleich mit dem zulässigen Wert).

9.4.3 Näherungsverfahren

Im folgenden wird ein Spezialfall beschrieben, der z.b. für Niederdruckanlagen bei relativ kurzen Kanälen zwischen Ventilator und Raum Gültigkeit hat (z.b. Belüftung von Mehrzwecksälen). Hierbei geht man davon aus, dass die Strömungsgeschwindigkeiten in den Kanälen ziemlich niedrig liegen. Die Notwendigkeit der erforderlichen Schallschutzmassnahmen kann ohne grossen Rechenaufwand abgeschätzt werden. Die Pegelsenkungen im Kanalsystem, und auch die im Kanal entstehenden Strömungsgeräusche werden hier vernachlässigt, da sie keine grosse Rolle spielen.

Vorgehen

Die Differenz zwischen der Ventilatorschalleistung L_W im Kanal und der A-Schalleistung L_{WA} im Raum ergibt sich aus den relativen Frequenzspektren des Ventilators (Ziff. 5) und dem Frequenzgang des A-Filters.

In die [GL 9.18], Seite 233

$$L = L_W - 10 \lg V + 10 \lg T + 14 \text{ bzw. } (L_W - L) = -14 + 10 \lg (V/T)$$

wird die Luftwechselzahl eingesetzt

$$n_L = \dot{V} / V \quad \text{mit } \dot{V} \text{ in m}^3/\text{h und } V \text{ in m}^3$$

Daraus ergibt sich:

$$(L_W - L) = -14 + 10 \lg \frac{V}{n_L \cdot T}$$

Mit der weiteren Näherung, dass das Produkt Nachhallzeit mal Luftwechselzahl nur wenig variiert, vereinfacht sich diese Beziehung mit den mittleren Werten $T = 1$ s und $n_L = 5$ zu

$$(L_W - L) = -21 + 10 \lg V$$

so dass sich mit dem Schalleistungspegel des Ventilators

$$L_W = 1 + 10 \lg V + 20 \lg \Delta p_t$$

der A-bewertete Schallpegel im Raum ergibt:

$$L = L_{WA} - (L_W - L)$$
$$= -(L_W - L_{WA}) + L_W - (L_W - L)$$

bzw.

$$L = 22 + 20 \lg \Delta p_t - (L_W - L_{WA}) \qquad [dB(A)] \qquad [GL \ 9.24]$$

Die Pegeldifferenz $L_W - L_{WA}$ liegt, entsprechend den unterschiedlichen Drehzahlen und Baugrössen der Ventilatoren, in der Grössenordnung von:

- Axialventilatoren   4 bis 5 dB
- Radialventilatoren mit rückwärts gekrümmten Schaufeln   8 bis 12 dB
- Radialventilatoren mit vorwärts gekrümmten Schaufeln   10 bis 14 dB

Beispiel

Belüftung eines Raumes mit einem Radialventilator, mit vorwärts gekrümmten Schaufeln (Trommelläufer), Gesamtdruckdifferenz Δp_t = 630 Pa.

$L_W - L_{WA}$ schätzen wir mit 12 dB. Nach [GL 9.24] wird somit:

$$L = 22 + 20 \lg 630 - 12 = \textbf{65 dB(A)}$$

Schallschutzmassnahmen dürften erforderlich sein.

Zusammenfassung

Diese Abschätzung zeigt, dass nur bei sehr geringen Ventilatordrücken auf den Einbau zusätzlicher Schalldämpfer verzichtet werden kann. Für die akustisch präzise Auslegung einer Anlage hat somit das Näherungsverfahren keine Bedeutung.

9.4.4 Prinzip der Berechnung

Bei der akustischen Berechnung von Systemen bestimmt man zweckmässigerweise vorerst für jede einzelne Schallquelle n (Anlagenelement) des Systems (Ventilator, Kanalelement, Luftauslass usw.) oktavbandweise den von ihr **im Raum** erzeugten **Schallpegel L**, der sich aus der **Schalleistung L_W** der Schallquelle abzüglich der nachfolgenden **Pegelsenkung ΔL_W** (Dämpfung D) der Anlage ergibt:

$$\Sigma D = \sum_{i=1}^{n-1} D_i \qquad [dB] \qquad [GL \ 9.25]$$

Abschnittweise, vom Raum in Richtung Ventilator fortschreitend, erhält man die Summe der Schallpegel ΣL im Raum durch die logarithmische Addition der Restgeräusche $L_W - \Sigma D$:

$$\Sigma L = 10 \lg \sum_{i=1}^{n} 10^{0,1 \, (L_W - \Sigma D)} \qquad [dB] \qquad [GL \, 9.26]$$

Empfehlenswert ist, um die Übersicht zu behalten, sämtliche Berechnungen tabellarisch und konsequent nach gleichem System durchzuführen. Die folgenden Beispiele werden für die Oktavbandfrequenzen von 63 bis 4 000 Hz berechnet. Unter Umständen kann eine Reduktion dieses Frequenzbereiches sinnvoll sein (z.B. bei kleineren Anlagen oder zur überschlägigen Berechnung). Alle Beispiele lassen sich mit Hilfe dieses Buches lösen; weitere Unterlagen sind nicht erforderlich. Um die Interpretation der Musterbeispiele zu vereinfachen, sind bei der Berechnung der Schalleistungspegel und der Dämpfungen die verwendeten Grundlagen angegeben (Ziffer, Gleichung, Bild, Tabelle).

Die folgenden Abkürzungen werden verwendet:

L_W	=	Schalleistungspegel in dB
D	=	Pegelsenkung des Anlagenelementes in dB
ΣD	=	Summe der Pegelsenkungen zwischen Anlagenelement und Raum in dB, [GL 9.25]
$L_W - \Sigma D = \Delta L$	=	Schallpegel im Raum, verursacht durch das Anlagenelement in dB
ΣL	=	Summenschallpegel im Raum, der Anlagenelemente 1 bis n in dB, [GL 9.26]

Zum Schluss wird der A-bewertete Gesamtschallpegel berechnet:

$$L_A = 10 \lg \sum_{f=63}^{4\,000} 10^{0,1 \, (\Sigma L_{max} - \Delta A)} \qquad [dB] \qquad [GL \, 9.27]$$

ΔA = Korrektur A-Bewertung im einzelnen Oktavband
ΣL_{max} = maximaler Schalldruckpegel des einzelnen Oktavbandes in dB

9.4.5 Beispiele

9.4.5.1 Einfaches System mit Ventilator und geradem Rohrstück

a. Ausgangslage

Belüftung eines Umformerraumes mit der Anlage nach Bild 9.32.

b. Aufgabe

Für die vorliegende Anlage soll der **Raumschallpegel** ermittelt werden, und zwar für einen Raumpunkt in 5 m Abstand zum Luftaustritt (Gesamtschallpegel in dB(A), Oktavbandpegelwerte in dB und NR−Kurve).

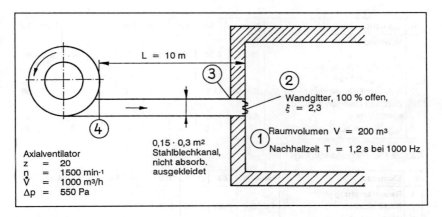

Bild 9.32:
Belüftung eines Umformerraumes

c. Lösung

Tab. 9.18: Strömungsgeräusche

n	Element	Hinweis	63	125	250	500	1 000	2 000	4 000	Hz
2	**Luftaustritt (Gitter)**	9.2.6.2								
	$L_w = 10 + 60 \log v + 30 \log \xi$									
	$\quad + 10 \log S$	GL 9.10								
	$v = 6{,}17$ m/s, $\xi = 2{,}3$									
	$S = 0{,}045$ m^2									
	$L_w = 10 + 47 + 11 - 13$		55	55	55	55	55	55	55	dB
	Relativer Frequenzgang,	Bild 9.11								
	Mittelwert, wobei									
	$v \cdot \xi = 14{,}2$ $\quad \Rightarrow \Delta L$		- 9	- 7	- 7	- 7	- 8	- 13	- 23	dB
	$L_{W,okt} = L_w + \Delta L$		46	48	48	48	47	42	32	dB
3	**Kanal** ($v = 6{,}17$ m/s)	9.2.2								
	$L_w = 7 + 50 \log v + 10 \log S$	GL 9.1								
	$\quad = 7 + 40 - 13$		34	34	34	34	34	34	34	dB
	f_m / v		10	20	41	81	162	324	648	m^{-1}
	Relativer Frequenzgang $\quad \Rightarrow \Delta L$	Bild 9.4	- 4	- 7	- 10	- 14	- 19	- 24	- 30	dB
	$L_{W,okt} = L_w + \Delta L$		30	27	24	20	15	10	4	dB

n	Element	Hinweis	63	125	250	500	1 000	2 000	4 000	Hz
4	Ventilator	5.4								
	L_W	Bild 5.4	86	86	86	86	86	86	86	dB
	Str = [(f_m . 60) / (π . n)] =									
	f_m . 0,0127		0,8	1,6	3,2	6,4	12,7	25,4	50,9	-
	Relativer Frequenzgang ⇨ ΔL	Bild 5.5	- 10	- 7	- 6	- 7	- 9	- 13	- 18	dB
	Zuschlag Drehklangfrequenz,									
	f_D = 500 Hz	5.4.3				+ 5				dB
	$L_{W,okt}$ = L_W + ΔL		76	79	80	84	77	73	68	dB

Tab. 9.19: Pegelsenkung

n	Element	Hinweis	63	125	250	500	1 000	2 000	4 000	Hz
1	Raumdämpfung									
	Nachhallzeiten	1.2.13.4	1,85	1,85	1,55	1,3	1,2	1,2	1,2	s
	Schallschluckvermögen									
	A = (0,163 . V) / T	1.2.13.3	17,6	17,6	21,0	25	27,2	27,2	27,2	m²
	f_m . $\sqrt{S}$	Bild 9.25	13	27	53	106	212	424	848	m/s
	Richtungsfaktor Q, Fall 2	Bild 9.25	2	2,5	3,3	4,2	6	6,8	7,7	-
	Raumdämpfungsmass L_W - L	Bild 9.24	+ 5	+ 5	+ 7	+ 8	+ 8	+ 8	+ 8	dB
2	Mündungsreflexion	9.3.7.2								
	f_m . $\sqrt{S}$ wie n = 1, Fall 2: ΔL	Bild 9.22	14	8	3	1	0	0	0	dB
3	Kanal	9.3.1.3								
	L = 10 m ΔL	Tab. 9.12	6	6	5	3	3	3	3	dB

Tab. 9.20: Schallpegel im Raum

n	Element	63 Hz					125 Hz					250 Hz				
		L_W	D	ΣD	ΔL	ΣL	L_W	D	ΣD	ΔL	ΣL	L_W	D	ΣD	ΔL	ΣL
1	Raum	0	5	0	0	0	0	5	0	0	0	0	7	0	0	0
2	Gitter	46	14	5	41	41	48	8	5	43	43	48	3	7	41	41
3	Kanal	30	6	19	11	41	27	6	13	14	43	24	5	10	14	41
4	Ventilator	76	0	25	51	51	79	0	19	60	60	80	0	15	65	65
5	A-Bewertung	- 26					- 16					- 9				
6	A-bewerteter OBP	25					44					56				

n		500 Hz					1 000 Hz					2 000 Hz					4 000 Hz				
		L_W	D	ΣD	ΔL	ΣL	L_W	D	ΣD	ΔL	ΣL	L_W	D	ΣD	ΔL	ΣL	L_W	D	ΣD	ΔL	ΣL
1		0	8	0	0	0	0	8	0	0	0	0	8	0	0	0	0	8	0	0	0
2		48	1	8	40	40	47	0	8	39	39	42	0	8	34	34	32	0	8	24	24
3		20	3	9	11	40	15	3	8	7	39	10	3	8	2	34	4	3	8	0	24
4		84	0	12	72	72	77	0	11	66	66	73	0	11	62	62	68	0	11	57	57
5		- 3					0					+ 1					+ 1				
6		69					66					63					58				

$$L_A = 72 \text{ dB}$$

Alle Werte in dB, Legende zu den Abkürzungen siehe Seite 242.

Aus den Berechnung können die Oktavbandwerte zusammengefasst werden.

Tab. 9.21: Zusammenfassung der Berechnungsergebnisse

Frequenz	63	125	250	500	1 000	2 000	4 000	Hz
L_{okt}	51	60	65	72	66	62	57	dB

Bild 9.33:
Bestimmung
der NR–Kurve

NR = 69

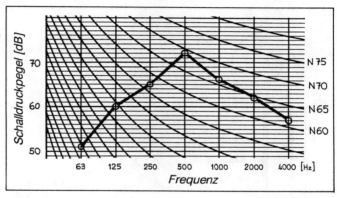

Näherungsverfahren:

Bei Anwendung der [GL 9.24], Seite 241, erhält man als Berechnungsergebnis L = 73 dB(A), was die Genauigkeit des Näherungsverfahrens für einfache Systeme zeigt.

9.4.5.2 Kanalsystem mit Krümmer, Schalldämpfer und Diffusor

a. Ausgangslage

Belüftung eines Büros: Bild 9.34.

Erklärungen

Raum ①
V = 450 m³, T = 1,0 s bei 1 000 Hz

Gitter ②
Wandgitter mit verstellbaren Strahllenklamellen, freier Querschnitt ca. 75 %, Drosselstellung 50 % offen, Mitte Wand unter Decke montiert

Kanal ③ ⑤ ⑦
Stahlblechkanäle, Blechstärke 1 mm, absorbierende Teilstücke innenseitig mit
25 mm Mineralwolle belegt

Kniestück ⑥
Kniestück mit Leitblechen

Ventilator ⑧
Radialventilator mit rückwärts gekrümmten Schaufeln, $\dot{V}$ = 2 000 m³/h,
Δp_t = 200 Pa, n = 1 500 min⁻¹, z = 10

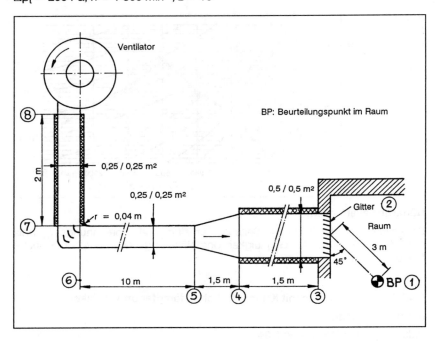

Bild 9.34:
Belüftung eines Büros

b. Aufgabe

Für den definierten Beurteilungspunkt ist der Raumschallpegel in Oktavband-
analyse und als bewerteter Gesamtschallpegel in dB(A) zu bestimmen. Kann
ein Wert von 35 dB(A) eingehalten werden? Falls nicht, dimensionieren Sie den
erforderlichen Schalldämpfer und überprüfen Sie die Berechnung! Wo soll der
allenfalls erforderliche Zusatzschalldämpfer plaziert werden?

c. Lösung

Tab. 9.22: Strömungsgeräusche

n	Element	Hinweis	63	125	250	500	1 000	2 000	4 000	Hz
2	Luftaustritt (Gitter)	9.2.6.2								
	$L_W = 10 + 60 \lg v + 30 \lg \xi$									
	$+ 10 \lg S$	GL 9.10								
	$v = 2,2$ m/s, $\xi = 4$, $S = 0,25$ m²									
	$L_W = 10 + 21 + 18 - 6$		43	43	43	43	43	43	43	dB
	Relativer Frequenzgang,									
	Mittelwert, wobei									
	$v \cdot \xi = 8,8$ ⇒ ΔL	Bild 9.11	- 7	- 7	- 7	- 8	- 12	- 19	- 29	dB
	$L_{W,okt} = L_W + \Delta L$		36	36	36	35	31	24	14	dB
3	Kanal (v = 2,22 m/s)	9.2.2								
	$L_W = 7 + 50 \lg v + 10 \lg S$	GL 9.1								
	$= 7 + 17 - 6$		18	18	18	18	18	18	18	dB
	f_m / v		28	56	112	225	450	900	1 800	m⁻¹
	Relativer Frequenzgang ⇒ ΔL	Bild 9.4	- 8	- 12	- 16	- 22	- 27	-	-	dB
	$L_{W,okt} = L_W + \Delta L$		10	6	2	-	-	-	-	dB
5	Kanal (v = 8,88 m/s)	9.2.2								
	$L_W = 7 + 50 \lg v + 10 \lg S$	9.1								
	$= 7 + 47 - 12$		42	42	42	42	42	42	42	dB
	f_m / v		7	14	28	56	112	225	450	m⁻¹
	Relativer Frequenzgang ⇒ ΔL	Bild 5.42	- 4	- 5	- 8	- 12	- 16	- 21	- 27	dB
	$L_{W,okt} = L_W + \Delta L$		38	37	34	30	26	21	15	dB
6	Kniestück	9.2.3								
	$d_g = \sqrt{4 S / \pi} = 0,28$ m	GL 9.4								
	Str = [($f_m \cdot d_a$) / v_a] = $f_m \cdot 0,31$	GL 9.6	1,95	3,9	7,8	16	31	62	124	dB
	L_W^*	Bild 9.5	7	0	- 7	- 14	- 23	0	0	dB
	10 lg Δf	Tab. 9.2	17	20	23	26	29			dB
	30 lg d_a		- 16,6	- 16,6	- 16,6	- 16,6	- 16,6	- 16,6	- 16,6	dB
	50 lg v_a		47,4	47,4	47,4	47,4	47,4	47,4	47,4	dB
	$L_{W,okt} = L_W^* + 10 \lg \Delta f + 30 \lg d_a$ $+ 50 \lg v_a$	GL 9.5	55	51	47	43	37	-	-	dB
7	Kanal (v = 8,89 m/s)									
	analog n = 5 $L_{W,okt}$		38	37	34	30	26	21	15	dB
8	Ventilator	5.4								
	L_W	Bild 5.4	80	80	80	80	80	80	80	dB
	Str = [($f_m \cdot 60$) / ($\pi \cdot n$)] =									
	$f_m \cdot 0,0127$		0,8	1,6	3,2	6,4	12,7	25,4	50,9	-
	Relativer Frequenzgang ⇒ ΔL	Bild 5.5	- 8	- 8	- 9	- 11	- 15	- 21	- 28	dB
	Zuschlag Drehklangfrequenz,									
	$f_D = 500$ Hz	5.4.3				+ 5				dB
	$L_{W,okt} = L_W + \Delta L$		72	72	76	69	65	59	52	dB

Tab. 9.23: Pegelsenkung

n	Element	Hinweis	63	125	250	500	1 000	2 000	4 000	Hz
1	Raumdämpfung	9.3.7.3								
	Nachhallzeiten	1.2.13.4	1,55	1,55	1,3	1,1	1,0	1,0	1,0	s
	Schallschluckvermögen	1.2.13.3								
	$A = (0,163 . V) / T$		47,3	47,3	56,4	66,7	73,3	73,3	73,3	m²
	$f_m . \sqrt{S}$	Bild 9.25	31,5	62	125	250	500	1 000	2 000	m/s
	Richtungsfaktor Q, Fall 3	Bild 9.25	3,8	3,7	3,7	3,8	3,9	4	4	-
	Raumdämpfungsmass L_W - L	Bild 9.24	+ 10	+ 10	+ 10	+ 10	+ 10	+ 10	+ 10	dB
2	Mündungsreflexion	9.3.7.2								
	$f_m . \sqrt{S}$ wie n = 7, Fall 3: ΔL	Bild 9.22	4	1	0	0	0	0	0	dB
3	Kanal	9.3.1.3								
	Zahlenwerte für 0,6/0,6 m²,									
	Annahme bei 63 Hz: 0,5 dB/m	Tab. 9.13	0,5	1	1,5	5	12	7	4,5	dB
	L = 1,5 m ΔL		1	2	2	8	18	11	7	dB
4	Diffusor	9.3.5								
	$S_2 / S_1 = 4; l / \lambda$ bei l = 1,5 m	Bild 9.21	0,28	0,55	1,1	2,2	4,4	8,8	17,6	-
	ΔL		1	0	0	0	0	0	0	dB
5	Kanal	9.3.1.3								
	L = 10 m ΔL	Tab. 9.12	6	6	5	3	2	2	2	dB
6	Kniestück	9.3.3.3								
	Mittelwert Tab. 9.14 und 9.15									
	(Leitbleche, Absorption vor									
	dem Knie) ΔL		0	0	0	3	5	4	6	dB
7	Kanal	9.3.1.3								
	Werte für 0,3/0,3 m²									
	L = 2 m ΔL	Tab. 9.13	3	5	4	14	31	30	20	dB

Tab. 9.24: Schallpegel im Raum

n	500 Hz					1 000 Hz					2 000 Hz					4 000 Hz				
	L_W	D	ΣD	ΔL	ΣL	L_W	D	ΣD	ΔL	ΣL	L_W	D	ΣD	ΔL	ΣL	L_W	D	ΣD	ΔL	ΣL
1	0	10	0	0	0	0	10	0	0	0	0	10	0	0	0	0	10	0	0	0
2	35	0	10	25	25	31	0	10	21	21	24	0	10	14	14	14	0	10	4	4
3	0	8	10	0	25	0	18	10	0	21	0	11	10	0	14	0	7	10	0	4
4	0	0	18	0	25	0	0	28	0	21	0	0	21	0	14	0	0	17	0	4
5	30	3	18	12	25	26	2	28	0	21	21	2	21	0	14	15	2	17	0	4
6	43	3	21	22	27	37	5	30	7	21	0	4	23	0	14	0	6	19	0	4
7	30	14	24	16	27	26	31	35	0	21	31	30	27	0	14	15	20	25	0	4
8	69	0	38	31	32	65	0	66	0	21	59	0	57	2	14	52	0	45	7	9
9	- 3					0					+ 1					+ 1				
10	29					21					15					10				
	L_A = 46 dB																			

Fortsetzung der Tabelle 9.24 auf Seite 249

Fortsetzung der Tabelle 9.24:

n	Element	63 Hz					125 Hz					250 Hz				
		L_W	D	ΣD	ΔL	ΣL	L_W	D	ΣD	ΔL	ΣL	L_W	D	ΣD	ΔL	ΣL
1	Raum	0	10	0	0	0	0	10	0	0	0	0	10	0	0	0
2	Gitter	36	4	10	26	26	36	1	10	26	26	36	0	10	26	26
3	Kanal	10	1	14	0	26	6	2	11	0	26	2	2	10	0	26
4	Diffusor	0	1	15	0	26	0	0	13	0	26	0	0	12	0	26
5	Kanal	38	6	16	22	27	37	6	13	24	28	34	5	12	22	27
6	Kniestück	55	0	22	33	34	51	0	19	32	33	47	0	17	30	32
7	Kanal	38	3	22	16	34	37	5	19	18	33	34	4	17	17	32
8	Ventilator	72	0	25	47	47	72	0	24	48	48	76	0	21	55	55
9	A-Bewertung	- 26					- 16					- 9				
10	A-bewerteter OBP	21					32					46				

Alle Werte in dB, Legende zu den Abkürzungen siehe Seite 242.

Der Raumschallpegel liegt gemäss der obigen Auswertung in den Oktavbändern bei (Tabelle 9.25):

Tab. 9.25: Raumschallpegel

Frequenz	63	125	250	500	1 000	2 000	4 000	Hz
L_{okt}	47	48	55	32	21	14	9	dB

Zu beachten ist bei diesem Beispiel, dass der massgebende Oktavbandwert für den Raumschallpegel durch die **Drehklangfrequenz** des Ventilators gegeben ist.

Beurteilung der berechneten Werte

Der berechnete Wert liegt mit 46 dB(A) um 11 dB(A) über dem zulässigen Wert. Ein **zusätzlicher Schalldämpfer** ist demzufolge **erforderlich**, wobei derselbe **direkt nach dem Kniestück** einzusetzen ist.

Die **Wirkung des Schalldämpfers** kann in einer ersten Näherung mit 11 dB bei 250 Hz eingesetzt werden.

Gewählt wird ein Absorptionsschalldämpfer, der **nach Herstellerangaben** bei einer Länge von 0,9 m und einem Abstand der Kulissen von 50 mm die folgenden Dämpfungswerte ΔL_{okt} bringt:

Tab. 9.26: Wirkung des Schalldämpfers

Frequenz	63	125	250	500	1 000	2 000	4 000	Hz
ΔL_{okt}	5	7	11	20	23	22	23	dB

Mit diesen Werten wird nun ein Teil der bereits durchgeführten Berechnung wiederholt, wobei der Schalldämpfer zwischen dem Kanal ⑤ und dem Kniestück ⑥ plaziert wird:

Die Nachrechnung setzt beim Kanal ⑤ ein, wobei die bescheidene Absorption des Kanals ⑤ nicht nachgerechnet wird. Ebenfalls kann das Strömungsrauschen des Schalldämpfers vernachlässigt werden (Tabelle 9.27).

Tab. 9.27: Nachrechnung mit Schalldämpfer

n	Element	63 Hz					125 Hz					250 Hz				
		L_W	D	ΣD	ΔL	ΣL	L_W	D	ΣD	ΔL	ΣL	L_W	D	ΣD	ΔL	ΣL
5	Kanal	38	6	16	22	27	37	6	13	24	28	34	5	12	22	27
-	Schalldämpfer	0	5	22	0	27	0	7	19	0	28	0	11	17	0	27
6	Kniestück	55	0	27	28	31	51	0	26	25	30	47	0	28	19	27
7	Kanal	38	3	27	11	31	37	5	26	11	30	34	4	28	6	27
8	Ventilator	72	0	30	42	42	72	0	31	41	41	76	0	32	44	44
9	A-Bewertung			- 26					- 16					- 9		
10	A-bewerteter OBP			16					25					35		

Die analogen Werte bei den übrigen Frequenzen betragen nach der Nachrechnung:

n	Element	500 Hz	1 000 Hz	2 000 Hz	4 000 Hz
-	Raumpegel	25	21	14	4
9	A-Bewertung	- 3	0	+ 1	+ 1
10	A-bewerteter OBP	22	21	15	5

$$L_A = 36 \text{ dB}$$

Der mit einem Zusatzschalldämpfer berechnete Wert liegt nun praktisch bei der festgelegten Anforderung von 35 dB(A).

Der dazugehörige **NR−Wert** liegt bei 34 und zeigt eindrücklich, dass eine frequenzdiskrete Spitze (Hiebton) bei 250 Hz diesen bestimmt. Abhilfe könnte hier nur ein anderer Schalldämpfer bringen, dessen Absorptionsmaximum bei 250 Hz liegt (z.B. Kammer- oder Relaxationsschalldämpfer). Das Übungsbeispiel wird aber an dieser Stelle abgebrochen.

Zusammenfassung

Das dargelegte Beispiel zeigt, dass bereits relativ einfache Lüftungsanlagen Probleme aufweisen, die nicht zu unterschätzen sind. Die Tatsache, dass nebst dem Gesamtschallpegel auch die frequenzspektrale Geräuschzusammensetzung berücksichtigt werden muss, weist mit aller Deutlichkeit auf die

Problematik hin.

9.4.5.3 Kanalsystem mit Krümmern, Abzweigungen und Schalldämpfern

a. Ausgangslage

Belüftung eines Direktionsbüros (Bild 9. 35).

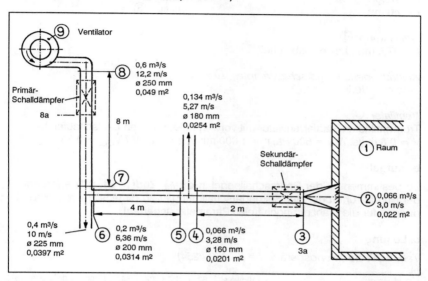

Bild 9.35:
Belüftung eines Direktionsbüros

Erklärungen

Raum ①
V = 60 m³, zulässiger Schallpegel 30 dB(A), Nachhallzeiten von 63 - 4 000 Hz
je Oktavband: 1,6 / 1,3 / 1,0 / 0,8 / 0,6 / 0,5 / 0,5 s. Beurteilungspunkt in 3 m
Abstand zum Gitter in einem Winkel von 45°.

Gitter ②
Gitter mit feststehenden Lamellen und gegenläufiger Volumenstromeinstellung,
freier Querschnitt ca. 58 %, 100 % offen.

Kanal ③
Blechkanal, Blechstärke ca. 1 mm

251

Austrittsebene Sekundärschalldämpfer ③ a
Falls erforderlich

Verzweigung ④ 　　　　　*Kanal* ⑤
r = 18 mm 　　　　　　　　 wie Nr. ③

Abzweigung ⑥ 　　　　　 *Kanal* ⑦
r = 40 mm 　　　　　　　　 wie Nr. ③

Umlenkung ⑧
r = 37,5 mm, keine Leitbleche

Austrittsebene Primärschalldämpfer ⑧ a
Falls erforderlich

Ventilator ⑨
Trommelläufer (Radialventilator mit vorwärts gekrümmten Laufschaufeln),
$\dot{V}$ = 0,6 m^3/s, Δp_t = 500 Pa, n = 1 000 min^{-1}, z = 32 , $\dot{V}$ / $\dot{V}_{Opt}$ = 0,75

b. Aufgabe

Zu bestimmen ist der Raumschallpegel in dB(A). Zudem ist, falls erforderlich, der Primär- und/oder der Sekundärschalldämpfer zu dimensionieren. Begründungen für die Wahl der noch freien Parameter angeben!

c. Lösung

Tab. 9.28: Strömungsgeräusche (S. 252 - 254)

n	Element	Hinweis	63	125	250	500	1 000	2 000	4 000	Hz
2	**Luftaustritt (Gitter)**	9.2.6.2								
	L_W = 10 + 60 lg v + 30 lg ξ									
	+ 10 lg S	GL 9.10								
	v = 3 m/s, ξ = 3,8, S = 0,022 m^2									
	L_W = 10 + 28,6 + 17,4 - 16,6		39	39	39	39	39	39	39	dB
	Relativer Frequenzgang									
	f_m / (v . ξ)		5	11	22	44	88	175	351	m^{-1}
	ΔL	Bild 9.11	- 10	- 9	- 9	- 9	- 12	- 17	- 29	dB
	$L_{W,okt}$ = L_W + ΔL		29	30	30	30	27	22	10	dB
3	**Kanal**	9.2.2								
	L_W = 7 + 50 lg v + 10 lg S	GL 9.1								
	v = 3,28 m/s, S = 0,02 m^2, 　f_m / v		19	38	76	152	305	608	1220	m^{-1}
	L_W = 7 + 25,8 - 17		16	16	16	16	16	16	16	dB
	Relativer Frequenzgang 　　 ⇨ ΔL	Bild 9.4	- 7	- 9	- 14	- 19	- 25	- 30	- 37	dB
	$L_{W,okt}$ = L_W + ΔL		9	7	2	0	0	0	0	dB

n	Element	Hinweis	63	125	250	500	1 000	2 000	4 000	Hz
4	Verzweigung	9.2.3								
	$Str = (f_m \cdot d_a) / v_a = f_m \cdot (0{,}18/5{,}27)$	GL 9.6	2,1	4,3	8,5	17	34	68	137	-
	$L_W{}^*$ für $v_h / v_a = 6{,}36 / 5{,}27$	Bild 9.5	9	3	-4	-13	-20	-	-	dB
	Einfluss $r/d_a = 18/180 = 0{,}1$ ⇨ ΔL	Bild 9.6	2	2	2	1	1	0	0	dB
	$10 \lg \Delta f$	Tab. 9.2	17	20	23	26	29			dB
	$30 \lg d_a$ ($d_a = 0{,}18$ m)		-22	-22	-22	-22	-22	-22	-22	dB
	$50 \lg v_a$ ($v_a = 5{,}27$ m/s)		36	36	36	36	36	36	36	dB
	Pegelsenkung ΔL für									
	$S_1 / (S_2 + S_2) = 0{,}39$	GL 9.15	-4	-4	-4	-4	-4	-	-	dB
	$L_{W,okt} = L_W{}^* + 10 \lg \Delta f + 30 \lg d_a + 50 \lg v_a$	GL 9.5	38	35	31	24	20	-	-	dB
5	Kanal									
	$v = 6{,}36$ m/s, $S = 0{,}0315$ m²	9.2.2								
	$L_W = 7 + 50 \lg v + 10 \lg S$ $= 7 + 40{,}2 - 15$	GL 9.1	32	32	32	32	32	32	32	dB
	f_m / v		10	20	39	79	157	314	628	m^{-1}
	Relativer Frequenzgang ⇨ ΔL	Bild 9.4	-4	-7	-10	-14	-20	-25	-30	dB
	$L_{W,okt} = L_W + \Delta L$		28	25	22	18	12	7	2	dB
6	Kniestück	9.2.3								
	$Str = (f_m \cdot d_a) / v_a = f_m \cdot (0{,}2 / 6{,}36)$	GL 9.6	2	4	8	16	31	63	126	-
	$L_W{}^*$ für $v_h / v_a = 12{,}2/6{,}36 = 1{,}9$	Bild 9.5	17	12	5	-2	-9	-17	0	dB
	Einfluss $r / d_a = 40/200 = 0{,}2$ ⇨ ΔL	Bild 9.6	-2	-2	-2	-2	-2	-1	0	dB
	$10 \lg \Delta f$	Tab. 9.2	17	20	23	26	29	32		dB
	$30 \lg d_a$ ($d_a = 0{,}2$ m)		-21	-21	-21	-21	-21	-21	-	dB
	$50 \lg v_a$ ($v_a = 6{,}36$ m/s)		40	40	40	40	40	40	-	dB
	$L_{W,okt} = L_W{}^* + 10 \lg \Delta f + 30 \lg d_a + 50 \lg v_a$	GL 9.5	51	49	45	41	37	33	-	dB
7	Kanal									
	$v = 12{,}2$ m/s, $S = 0{,}02$ m²	9.2.2								
	$L_W = 7 + 50 \lg v + 10 \lg S$ $= 7 + 54{,}3 - 13{,}1$	GL 9.1	48	48	48	48	48	48	48	dB
	f_m / v		5,2	10	21	41	82	164	328	m^{-1}
	Relativer Frequenzgang ⇨ ΔL	Bild 9.4	-4	-4	-7	-10	-14	-19	-24	dB
	$L_{W,okt} = L_W + \Delta L$		44	44	41	38	34	29	24	dB
8	Umlenkung	9.2.3								
	$Str = (f_m \cdot d_a) / v_a = f_m \cdot (0{,}25/12{,}2)$	GL 9.6	1,3	2,6	5,1	10	20	41	82	-
	$L_W{}^*$ für $v_h / v_a = 1$	Bild 9.5	11	5	-2	-9	-17	-	-	dB
	Einfluss $r / d_a = 37{,}5 / 250 = 0{,}15$									dB
	ΔL	Bild 9.6	0	0	0	0	0	-	-	dB
	$10 \lg \Delta f$	Tab. 9.2	17	20	23	26	29	-		dB
	$30 \lg d_a$ ($d_a = 0{,}25$ m)		-18	-18	-18	-18	-18	-	-	dB
	$50 \lg v_a$ ($v_a = 12{,}2$ m/s)		54	54	54	54	54	-	-	dB
	$L_{W,okt} = L_W{}^* + 10 \lg \Delta f + 30 \lg d_a + 50 \lg v_a$	GL9.5	64	61	57	53	48	-	-	dB

n	Element	Hinweis	63	125	250	500	1 000	2 000	4 000	Hz
9	Ventilator	5.4								
	$\dot{V}$ = 0,6 m³/s, Δp_t = 500 Pa ⇨ L_W	Bild 5.4	89	89	89	89	89	89	89	dB
	Korrektur $\dot{V}/\dot{V}_{opt}$ = 0,75, ⇨ ΔL_W	Bild 5.6	2	2	2	2	2	2	2	dB
	Str = [(f_m . 60) / (π . n)] =									
	f_m . 0,0191		1,2	2,4	4,8	9,5	19	38	76	-
	Relativer Frequenzgang ⇨ ΔL	Bild 5.5	- 9	- 6	- 6	- 9	- 13	- 18	- 23	dB
	Zuschlag Drehklangfrequenz,									
	f_D = 533 Hz	5.4.3				+ 3				dB
	$L_{W,okt}$ = L_W + ΔL		82	85	85	85	78	73	68	dB

Tab. 9.29: Pegelsenkung

n	Element	Hinweis	63	125	250	500	1 000	2 000	4 000	Hz
1	Raumdämpfung	9.3.7.3								
	Nachhallzeiten	1.2.13.4	1,6	1,3	1,0	0,8	0,6	0,6	0,6	s
	Schallschluckvermögen									
	A = (0,163 . V) / T	1.2.13.3	6,1	7,5	9,8	12	16	16	16	m²
	f_m . $\sqrt{S}$ (S = 0,022 m²)	Bild 9.25	9	19	37	74	148	297	593	m/s
	Richtungsfaktor Q, Fall 2	Bild 9.25	2	2	2,1	2,4	2,8	3,3	3,7	-
	Raumdämpfungsmass L_W - L	Bild 9.24	+ 2	+ 3	+ 4	+ 5	+ 6	+ 6	+ 6	dB
2	Mündungsreflexion	9.3.7.2								
	f_m . $\sqrt{S}$ (S = 0,022 m²)		9	19	37	74	148	297	593	m/s
	Fall 2: ΔL	Bild 9.22	17	11	5	2	0	0	0	dB
3	Kanal	9.3.1.3								
	⌀ 160 mm									
	L = 2 m ΔL	Tab. 9.12	0,2	0,2	0,3	0,3	0,6	0,6	0,6	dB
4	Verzweigung	9.3.4.2								
	S_1 = 0,0201 m²									
	S_2 = 0,0254 m²									
	S_1 / (S_1 + S_2) = 0,44 ΔL	GL 9.15	3,5	3,5	3,5	3,5	3,5	3,5	3,5	dB
5	Kanal	9.3.1.3								
	⌀ 200 mm									
	L = 4 m ΔL	Tab. 9.12	0,4	0,4	0,6	0,6	1,2	1,2	1,2	dB
6	Verzweigung	9.3.4.2								
	S_1 = 0,0314 m²									
	S_2 = 0,0397 m²									
	S_1 / (S_1 + S_2) = 0,44 $\Delta L'$	GL 9.15	3,5	3,5	3,5	3,5	3,5	3,5	3,5	dB
	Teilpegelsenkung ⌀ 200 mm	Tab. 9.15	0	0	0	0	0,5	1	1,5	dB
	Gesamte Pegelsenkung ΔL		3,5	3,5	3,5	3,5	4	4,5	5	dB

Fortsetzung der Tabelle 9.29 auf Seite 255

Fortsetzung der Tabelle 9.29

n	Element	Hinweis	63	125	250	500	1 000	2 000	4 000	Hz
7	Kanal Ø 250 mm L = 8 m ΔL	9.3.1.3 Tab. 9.12	0,4	0,8	0,8	1,2	1,6	1,6	1,6	dB
8	Umlenkung Ø 250 mm ΔL	Tab. 9.15	0	0	0	0	1	2	3	dB

Anmerkung

Bei der bis jetzt durchgeführten Berechnung sind die Einflüsse von Strömungsgeräuschen, die allenfalls aus den Nebensträngen (weiterführender Kanal ⑦, Abzweigkanal bei Verzweigung ④) kommen, unberücksichtigt geblieben, obschon diese unter Umständen eine Rolle spielen können.

Tab. 9.30: Schallpegel im Raum

n	Element	63 Hz					125 Hz					250 Hz				
		L_W	D	ΣD	ΔL	ΣL	L_W	D	ΣD	ΔL	ΣL	L_W	D	ΣD	ΔL	ΣL
1	Raum	0	2	0	0	0	0	3	0	0	0	0	4	0	0	0
2	Gitter	29	17	2	27	27	30	11	3	27	27	30	5	4	26	26
3	Kanal	9	0	19	0	27	7	0	14	0	27	2	0	9	0	26
4	Verzweigung	38	3	19	19	28	35	3	14	21	28	31	3	9	22	27
5	Kanal	28	0	22	6	28	25	0	17	8	28	22	1	12	10	27
6	Verzweigung	51	3	22	29	32	49	3	17	32	33	45	3	13	32	33
7	Kanal	44	0	25	19	32	44	1	20	24	33	41	1	16	25	34
8	Umlenkung	64	0	25	39	40	61	0	21	40	41	57	0	17	40	41
9	Ventilator	82	0	25	57	57	85	0	21	64	64	85	0	17	68	68
10	A-Bewertung	- 26					- 16					- 9				
11	A-bewerteter OBP	31					48					59				

n	500 Hz					1 000 Hz					2 000 Hz					4 000 Hz				
	L_W	D	ΣD	ΔL	ΣL	L_W	D	ΣD	ΔL	ΣL	L_W	D	ΣD	ΔL	ΣL	L_W	D	ΣD	ΔL	ΣL
1	0	5	0	0	0	0	6	0	0	0	0	6	0	0	0	0	6	0	0	0
2	30	2	5	25	25	27	0	6	21	21	22	0	6	16	16	10	0	6	4	4
3	0	0	7	0	25	0	1	6	0	21	0	1	6	0	16	0	1	6	0	4
4	24	3	7	17	26	20	3	7	13	22	0	3	7	0	16	0	3	7	0	4
5	18	1	10	8	26	12	1	10	2	22	7	1	10	0	16	2	1	10	0	4
6	41	3	11	30	31	37	4	11	26	27	33	4	11	22	23	0	5	11	0	4
7	38	1	14	24	32	34	2	15	19	28	29	2	15	14	23	24	2	16	8	9
8	53	0	14	39	40	48	1	17	31	33	0	2	17	25	27	0	3	18	0	9
9	85	0	14	71	71	78	0	18	60	60	73	0	19	54	54	68	0	21	47	47
10	- 3					0					+ 1					+ 1				
11	68					60					55					48				

$$L_A = 69 \text{ dB}$$

Alle Werte in dB, Legende zu den Abkürzungen siehe Seite 242.

Ein Vergleich des Ergebnisses mit der Anforderung zeigt, dass die Lüftungs-anlage ohne zusätzliche Schalldämpfer ein Geräusch erzeugt, das mit 69 dB(A) um 39 dB(A) zu hoch liegt. Es gilt also, die erforderlichen Schall-dämpfer zu dimensionieren.

Dimensionierung der zusätzlichen Schalldämpfer

Der maximal zulässige Oktavbandpegel $L_{okt,max}$ beträgt unter Verwendung der Tabelle 9.17, Seite 239 und [GL 9.24], Seite 241:

Tab. 9.31: Zulässige Oktavbandpegel $L_{okt,max}$

Frequenz	63	125	250	500	1 000	2 000	4 000	Hz
$L_{okt,max}$	51	41	34	28	25	24	24	dB

Ein Vergleich der Werte ohne Schalldämpfer (n = 9: ΣL) mit $L_{okt,max}$ zeigt, dass bei 500 Hz bereits bei n = 5 (Kanal) der zulässige Pegel erreicht wird. Vor der Verzweigung 4 (oder im nachfolgenden Kanalabschnitt) muss also – wenn man die Kanalabmessungen nicht vergrössern will – ein Sekundär-schalldämpfer eingesetzt werden. Dieser Sekundärschalldämpfer muss alle Störgeräusche abfangen, die hinter dem Primärschalldämpfer entstehen und wird im Beispiel zweckmässigerweise hinter der Umlenkung n = 8 eingebaut.

Ausgangswerte der Sekundärschalldämpfer-Berechnung

Ausgangswerte der Schalldämpfer-Berechnung in der Tabelle 9.32 sind die Summenpegel ΣL im Abschnitt c bei n = 7. Die erforderliche Mindestdämp-fung ergibt sich nach Abzug von $L_{okt,max}$ [entsprechend 30 dB(A)].

Tab. 9.32: Auslegung des Sekundärschalldämpfers (n = 3a)

Frequenz	63	125	250	500	1 000	2 000	4 000	Hz
Summenschallpegel ΣL, n = 7	32	33	34	32	19	23	17	dB
$L_{A,zul}$ = 30 dB(A), $L_{okt,max}$ nach Tab. 9.31	51	41	34	28	25	24	24	dB
Erforderliche Mindestdämpfung ($\Sigma L - L_{okt,max}$)	0	0	0	4	0	0	0	dB

Fortsetzung der Tabelle 9.32 auf Seite 257

Fortsetzung der Tabelle 9.32

Frequenz	63	125	250	500	1 000	2 000	4 000	Hz
Effektive Dämpfung des gewählten Schalldämpfers (Herstellerangabe)	1	3	5	11	24	44	25	dB
Oktavschalleistungspegel bzw. Strömungsrauschen (Herstellerangabe)	9	7	2	0	0	0	0	dB

Mit diesen Werten wird nun die Berechnung wiederholt. Analog berechnen sich die Werte bei den übrigen Frequenzen:

Tab. 9.33: Wirkung des Sekundärschalldämpfers

n	Element	63 Hz					125 Hz					250 Hz				
		L_W	D	ΣD	ΔL	ΣL	L_W	D	ΣD	ΔL	ΣL	L_W	D	ΣD	ΔL	ΣL
2	Gitter	29	17	2	27	27	30	11	3	27	27	30	5	4	26	26
3 a	Schalldämpfer	9	1	19	0	27	7	3	14	0	27	2	5	9	0	26
4	Verzweigung	38	3	20	18	27	35	3	17	18	27	31	3	14	17	26
5	Kanal	28	0	23	5	27	25	0	20	5	27	22	1	17	5	26
6	Verzweigung	51	3	26	25	29	49	3	20	29	31	45	3	18	27	30
7	Kanal	44	0	26	18	29	44	1	23	21	31	41	1	21	20	30
8	Umlenkung	64	0	26	38	38	61	0	24	37	38	57	0	22	35	36
9	Ventilator	82	0	26	56	56	85	0	24	61	61	85	0	22	63	63
10	A-Bewertung	- 26					- 16					- 9				
11	A-bewerteter OBP	30					45					54				

n		500 Hz					1 000 Hz					2 000 Hz					4 000 Hz				
		L_W	D	ΣD	ΔL	ΣL	L_W	D	ΣD	ΔL	ΣL	L_W	D	ΣD	ΔL	ΣL	L_W	D	ΣD	ΔL	ΣL
2		30	2	5	25	25	27	0	6	21	21	22	0	6	16	16	10	0	6	4	4
3 a		0	11	7	0	25	0	24	6	0	21	0	44	6	0	16	0	25	6	0	4
4		24	3	18	6	25	20	3	30	0	21	13	3	50	0	16	6	3	31	0	4
5		18	1	21	0	25	12	1	33	0	21	7	1	53	0	16	22	1	34	0	4
6		41	3	22	19	26	37	4	34	3	21	33	4	54	0	16	0	5	35	0	4
7		38	1	25	13	26	34	2	38	0	21	29	2	58	0	16	24	2	40	0	4
8		53	0	26	27	30	48	1	40	8	21	0	2	60	0	16	0	3	42	0	4
9		85	0	26	59	59	78	0	41	37	37	73	0	62	11	17	68	0	45	23	23
10		- 3					0					+ 1					+ 1				
11		56					37					18					24				

$$L_A = 58 \text{ dB}$$

Man stellt unschwer fest, dass auch der Primärschalldämpfer nötig ist. Die Ausgangswerte zur Dimensionierung desselben ergeben sich aus der Tabelle 9.33 bei n = 9 (nach dem Ventilator).

Tab. 9.34: Auslegung des Primärschalldämpfers (n = 8a)

Frequenz	63	125	250	500	1 000	2 000	4 000	Hz
Summenschallpegel ΣL, n = 9	56	61	63	59	37	17	23	dB
$L_{A,zul}$ = 25 dB(A) *), $L_{okt,max}$	46	36	29	23	20	19	19	dB
Erforderliche Mindestdämpfung ($\Sigma L - L_{okt,max}$)	10	25	34	36	17	0	0	dB
Effektive Dämpfung des gewählten Schalldämpfers (Herstellerangabe)	25	33	45	45	45	45	45	dB
Oktavschalleistungspegel bzw. Strömungsrauschen (Herstellerangabe)	49	48	47	44	41	36	31	dB

*) Damit bei einem allfälligen Verbleib eines Ventilatorrestgeräusches in gleicher Höhe der zulässige Pegel nicht überschritten wird, muss der Primärschalldämpfer tiefer als 30 dB(A) abgestimmt werden. Weil das durch den Sekundärschalldämpfer abgedeckte Störgeräusch (Tabelle 9.33, n = 7) bereits einen Raumpegel von ca. 28 dB(A) erreicht, erscheint eine Auslegung auf $L_{okt,max}$ − 5 zweckmässig.

Der Berechnungsgang wird nun ab n = 7 wiederholt

Tab. 9.35: Wirkung des Primärschalldämpfers

n	Element	63 Hz L_W	D	ΣD	ΔL	ΣL	125 Hz L_W	D	ΣD	ΔL	ΣL	250 Hz L_W	D	ΣD	ΔL	ΣL
7	Kanal	44	0	26	18	29	44	1	23	21	31	41	1	20	20	30
8 a	Schalldämpfer	49	25	26	23	30	48	33	24	24	32	47	45	22	25	31
8	Umlenkung	64	0	51	13	30	61	0	47	4	32	57	0	67	0	31
9	Ventilator	82	0	51	31	34	85	0	57	28	33	85	0	67	18	31
10	A-Bewertung	- 26					- 16					- 9				
11	A-bewerteter OBP	8					17					22				

n	500 Hz L_W	D	ΣD	ΔL	ΣL	1 000 Hz L_W	D	ΣD	ΔL	ΣL	2 000 Hz L_W	D	ΣD	ΔL	ΣL	4 000 Hz L_W	D	ΣD	ΔL	ΣL
7	38	1	25	13	26	34	2	38	0	21	29	2	58	0	16	24	2	40	0	4
8 a	44	45	26	18	27	41	45	40	40	21	36	45	60	0	16	31	45	42	0	4
8	53	0	71	0	27	48	1	85	0	21	0	2	105	0	16	0	3	87	0	4
9	85	0	71	14	27	78	0	85	0	21	73	0	107	0	16	68	0	90	0	4
10	- 3					0					+ 1					+ 1				
11	24					21					17					5				

$$L_A = 28 \text{ dB}$$

Zusammenfassung

Wir sehen aufgrund des Berechnungsergebnisses, dass es mit Hilfe von zwei optimal ausgelegten Schalldämpfern möglich ist, den geforderten Zielwert von 30 dB(A) zu erreichen. Allerdings ist der nötige Rechenaufwand relativ gross, daher ist es empfehlenswert, einen programmierbaren Rechner für die sich wiederholenden Berechnungsgänge einzusetzen.

9.4.5.4 Komplexe raumlufttechnische Anlagen

Die vorgestellten drei Berechnungsbeispiele sind, im Vergleich zum praktischen Alltag, noch nicht sehr komplex. Bei der akustischen Berechnung komplizierterer Anlagesysteme (Bild 9.36) soll jedoch der Aufwand nicht übertrieben werden, da die ermittelten Pegel teilweise mit grossen Unsicherheiten behaftet sind. Hinzu kommt, dass ein Teil der Anlagenbauteile gar nicht berechnet werden kann. In solchen Fällen profitiert der geübte Ingenieur von seinen Erfahrungen, während der «Einsteiger» mit Hilfe von Messungen in verschiedenen Bauphasen Sicherheit gewinnen kann.

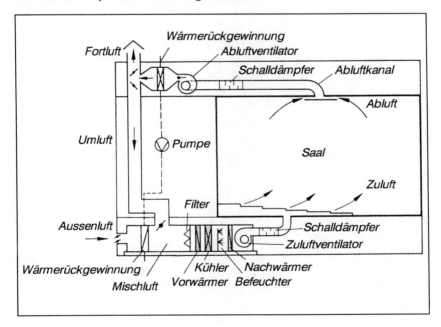

Bild 9.36:
Komplexe raumlufttechnische Anlage mit Bezeichnungen der entsprechenden Bauteile

259

9.4.5.5 Berechnungshilfen

Auf den folgenden beiden Seiten sind Vorlagen abgebildet, die sich als Berechnungsblätter eignen. Werden sie kopiert und vergössert, können die Berechnungsergebnisse übersichtlich eingetragen werden. Mit Hilfe dieser Darstellung fällt die Beurteilung der Werte leichter.

n	Element	☐ Strömungsgeräusche		☐ Pegelsenkung							
		63	125	250	500	1000	2000	4000	8000	Hz

n	Element (Kurzbezeichnung)	63 Hz					125 Hz					250 Hz					500 Hz					1000 Hz					2000 Hz					4000 Hz				
		L_W	D	ΣD	ΔL	ΣL	L_W	D	ΣD	ΔL	ΣL	L_W	D	ΣD	ΔL	ΣL	L_W	D	ΣD	ΔL	ΣL	L_W	D	ΣD	ΔL	ΣL	L_W	D	ΣD	ΔL	ΣL	L_W	D	ΣD	ΔL	ΣL
	A-Bewertung																																				
	A-bew. Oktavbandpegel																																				

$$L_A = \underline{\hphantom{xxxx}} \ \text{dB}$$

10 Schalldämpfer

10.1 Einleitung

Schalldämpfer sind für die Strömungsakustik von ausserordentlich grosser Bedeutung. Es gibt unzählige Möglichkeiten, mit Schalldämpfern irgend einer Bauform Geräusche zu reduzieren. Mit der Hilfe von neuartigen Technologien, die strömungsakustische Effekte optimal einsetzen, konnten in den letzten Jahren für immer anspruchsvollere Probleme gute Lösungen gefunden und realisiert werden.

Es gibt zwei Möglichkeiten, Schalldämpfer zu dimensionieren. Muss beispielsweise der Geräuschpegel, der von einer raumlufttechnischen Anlage erzeugt wird, gesenkt werden, bevorzugt man für die Berechnungen Hersteller-Unterlagen. Wenn aber an einer Maschine oder einer Produktionsanlage die Geräuschübertragung von Kanälen oder Leitungen reduziert werden muss, benutzt man vielfach die allgemeinen Berechnungsunterlagen.

In diesem Abschnitt wird eine Übersicht der für *gasförmige Fluide* zur Verfügung stehenden Schalldämpfertypen und deren Einsatzbereiche vermittelt. Gleichzeitig werden einfache Abschätzverfahren vorgestellt. Anspruchsvolle Berechnungen sind nur mit Hilfe der Fachliteratur möglich, z.B. [2].

10.2 Schalldämpferbauarten: Übersicht

Jede Bauart eines Schalldämpfers nützt einen ganz bestimmten akustischen Effekt aus, der sich auch in der Bezeichnung des Schalldämpfers auswirkt:

• Absorptionsschalldämpfer
• Relaxationsschalldämpfer
• Drosselschalldämpfer
• Reflexionsschalldämpfer (oder Interferenzschalldämpfer)
• Resonanzschalldämpfer

In den letzten Jahren sind neue Bauformen von Schalldämpfern entwickelt worden, die als Folge ihrer konstruktiven Besonderheiten nicht eindeutig einer der oben aufgeführten Bauarten zugeordnet werden können. In den meisten Fällen steht eine deutlich erhöhte Wirksamkeit im tieffrequenten Bereich im Vordergrund (z.B. Silatoren, Membranabsorber). In einem gesonderten Abschnitt (Ziff. 10.9, Seite 278) wird auf solche Schalldämpfer und entsprechende Beispiele eingegangen.

10.3 Messungen an Schalldämpfern

10.3.1 Ziel

Messungen an Schalldämpfern haben das Ziel, für die praktische Anwendung Daten zu beschaffen. Der Anwender hat in den meisten Fällen eine klare Vorstellung, wie gross die Wirksamkeit eines Schalldämpfers für ein ganz bestimmtes Problem sein muss. Gleichzeitig müssen aber noch weitere Daten – wie z.B. die geometrischen Abmessungen und der Druckverlust – zur Verfügung stehen.

Internationale Normen schaffen zur Erreichung dieses Zieles die erforderlichen Voraussetzungen, indem verschiedene Messverfahren und Prüfkriterien festgelegt wurden.

10.3.2 Grundlagen und Begriffe

Das Hauptinteresse bei der Beschreibung der Wirksamkeit eines Schalldämpfers gilt dem *Einfügungsdämpfungsmass D*. Das Einfügungsdämpfungsmass wird experimentell im Labor bestimmt. Man baut in eine Teststrecke, die ganz bestimmte Anforderungen erfüllen muss, einen sog. Substitutionskanal ein. Am Anfang der Prüfstrecke wird mit einem Lautsprecher ein Rauschsignal in den Kanal eingestrahlt, das am anderen Kanalende (in einem angrenzenden Hallraum) als Schalldruckpegel gemessen wird. Dann ersetzt man den Substitutionskanal durch den zu prüfenden Schalldämpfer und ermittelt den Schalldruckpegel erneut. Die erzielte Pegelminderung wird als Einfügungsdämpfungsmass bezeichnet. Solche Messungen können ohne oder mit Luftströmung durchgeführt werden.

Die zweite Grösse, die ebenfalls im Labor ermittelt wird, ist der Schalleistungspegel des Strömungsgeräusches. Dieser muss beispielsweise für die akustische Berechnung von raumlufttechnischen Anlagen bekannt sein.

Die Messungen sind in den Terzbändern 50 Hz bis 10 000 Hz durchzuführen. Für bestimmte Anwendungen ist ein Bereich von 100 bis 8 000 Hz ausreichend.

Zusammenfassend sind für die Beschreibung eines Schalldämpfers die folgenden Daten erforderlich:

- Einfügungsdämpfungsmass D in dB
- Strömungsgeräusch L_W in dB bzw. dB(A)
- der Druckverlust Δp_t in Pa

10.3.3 Normen

Es liegen drei Normenentwürfe vor, die die Durchführung von Messungen an Schalldämpfern genau festlegen:

- DIN EN 31 691, 1993 [65]
  Bestimmung des Einfügungsdämpfungs-Masses von Schalldämpfern in Kanälen ohne Strömung (vereinfachtes Laborverfahren)
- DIN EN 27 235, 1993 [64]
  Messungen an Schalldämpfern in Kanälen (Einfügungsdämpfungsmass, Strömungsgeräusch, Druckverlust)
- DIN EN 31 820, 1994 [66]
  Messungen an Schalldämpfern im Einsatzfall
  Mit dieser Norm sollen die akustischen Eigenschaften von Schalldämpfern unter anlagetechnischen Betriebsbedingungen geprüft werden.

10.4 Absorptionsschalldämpfer

10.4.1 Allgemeines

Von allen Schalldämpfertypen kommt der Absorptionsschalldämpfer am häufigsten zum Einsatz (Bild 10.1). Physikalisch betrachtet wird die Schallenergie der im Kanal fortschreitenden Wellen durch Absorption in Wärme umgewandelt.

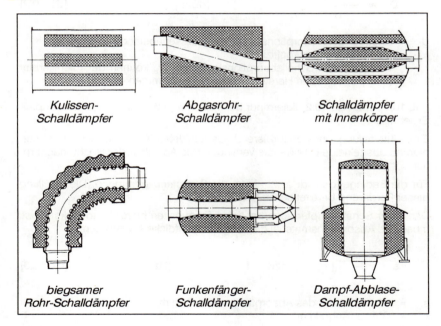

Kulissen-Schalldämpfer	*Abgasrohr-Schalldämpfer*	*Schalldämpfer mit Innenkörper*
biegsamer Rohr-Schalldämpfer	*Funkenfänger-Schalldämpfer*	*Dampf-Abblase-Schalldämpfer*

Bild 10.1:
Beispiele für den Einsatz von Absorptionsschalldämpfern

10.4.2 Berechnung der Dämpfung

Die Dämpfung eines Absorptionsschalldämpfers ist umso höher, je grösser das Verhältnis vom absorbierenden Umfang zum freien Kanalquerschnitt und je grösser die Dämpferlänge ist.

Die einfachste Konstruktionsart des Absorptionsschalldämpfers ist die Auskleidung der Kanalwandungen mit schallabsorbierenden Materialien. Die zum Einsatz gelangenden Materialien dürfen nicht brennbar und müssen abriebfest sein (Einsatz von Absorptionsmaterial, das einen sog. Rieselschutz aufweist).

Die Dämpfung kann überschlägig wie folgt berechnet werden (Näherungsformel nach Piening):

$$D \; = \; \frac{2,2}{d} \cdot \left\{ \alpha_s + \frac{\alpha_s^2}{2} \right\} \qquad \text{[dB/m]} \qquad \text{[GL 10.1]}$$

oder näherungsweise

$$D \; \approx \; \frac{3 \cdot \alpha_s}{d} \qquad \text{[dB/m]} \qquad \text{[GL 10.2]}$$

d = Abstand der Absorptionsschichten (Kulissenabstand) in m
α_s = Schallabsorptionskoeffizient
Werte für den Schallabsorptionskoeffizient α_s können der Fachliteratur (z.B. [4]) oder den Herstellerkatalogen entnommen werden.

[GL 10.1] und [GL 10.2] liefern nur bei kleinen α_s - Werten (< 0,3) brauchbare Ergebnisse.

Eine Unterteilung eines absorbierend ausgebildeten Kanals in mehrere absorbierend ausgekleidete Teilkanäle verhindert das Absinken der Hochtonabsorption.

Für die Bedingungen d ≥ 2 λ ist die Dämpfung genügend. Die Erfüllung dieser Forderung bereitet selten Probleme.

Damit der Schalldämpfer auch bei tiefen Frequenzen hinreichend wirksam ist, muss das Absorptionsmaterial die nötige Schichtdicke s aufweisen:

$$s \; \geq \; \frac{\lambda}{4} \;\; \text{[m]} \qquad \text{bzw.} \qquad f \; \leq \; \frac{c}{4 \cdot s} \;\; \text{[Hz]} \qquad \text{[GL 10.3]}$$

s = Schichtdicke des Absorptionsmaterials in m
λ = Wellenlänge in m
f = Frequenz in Hz
c = Schallgeschwindigkeit im Kanal unter Betriebsbedingungen in m/s

Diese Forderung ist in der Praxis kaum realisierbar und hat zur Folge, dass die Dämpfung von Absorptionsschalldämpfern bei tiefen Frequenzen meist deutlich schlechter ist als bei hohen.

10.4.3 Einfluss der Luftströmung auf die Dämpfung

Mit der in ruhender Luft gemessenen Dämpfung D_0 lässt sich die Dämpfung D_c des luftdurchströmten Schalldämpfers überschlägig wie folgt berechnen:

$$D_c = \frac{D_0}{1 \pm v_i / c} \quad [dB] \qquad [GL\ 10.4]$$

v_i = Strömungsgeschwindigkeit der Luft im Schalldämpfer in m/s
c = Schallgeschwindigkeit in m/s
$+$ = Schallausbreitung in Strömungsrichtung
$-$ = Schallausbreitung gegen Strömungsrichtung

Bei Luftgeschwindigkeiten im Schalldämpfer von 20 m/s beträgt diese Korrektur 0,9 dB. Sie kann, insbesondere bei kleineren Luftgeschwindigkeiten, in den meisten Fällen vernachlässigt werden.

10.4.4 Strömungsgeräusche im Schalldämpfer

Meistens findet im Schalldämpfer eine Querschnittsreduktion statt. Im verbleibenden freien Querschnitt treten demzufolge grössere Strömungsgeschwindigkeiten und damit auch grössere Strömungsgeräusche auf, die in die angeschlossenen Kanäle abgestrahlt werden. Verfügt man über keinerlei Messergebnisse, können diese Strömungsgeräusche abgeschätzt werden:

$$L_W = 7 + 50 \lg \left\{ v \cdot \frac{S}{S_i} \right\} + 10 \lg S \quad [dB] \qquad [GL\ 10.5]$$

v = Anströmgeschwindigkeit (bezogen auf den Anströmquerschnitt) in m/s
S = Anströmquerschnitt in m^2
S_i = freier Querschnitt im Schalldämpfer in m^2

Aufgrund der frequenzspektralen Zusammensetzung des Strömungsrauschens lässt sich auch der A-bewertete Schalleistungspegel L_{WA} abschätzen:

$$L_{WA} \approx -25 + 70 \lg \left\{ v \cdot \frac{S}{S_i} \right\} + 10 \lg S \quad [dB] \qquad [GL\ 10.6]$$

Oft interessiert auch der Frequenzgang des Strömungsrauschens. Mit Hilfe des Diagramms in Bild 10.2 kann die Pegeldifferenz ΔL_W als Differenz zwischen dem Oktav-Schalleistungspegel $L_{W,okt}$ und dem nach [GL 10.4] ermittelten Schalleistungspegel bestimmt werden. Als Hilfsgrösse ist auf der Abszisse das Verhältnis von Mittenfrequenz f_m zu Strömungsgeschwindigkeit im Schalldämpfer v_i eingetragen.

Bild 10.2:
Relatives
Frequenz-
spektrum des
Strömungs-
rauschens von
Schalldämpfern

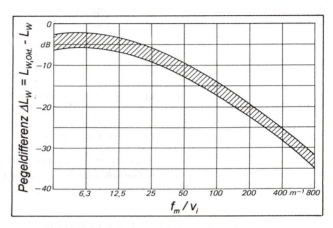

10.4.5 Beispiele aus der Praxis

Die folgenden Beispiele zeigen verschiedene Bauformen von Absorptionsschalldämpfern, wobei jeweils auf die akustischen Besonderheiten hingewiesen wird.

Breitbandig wirksame Absorptionsschalldämpfer (Bild 10.3)
Die maximale Wirkung der einzelnen Kammern liegt bei etwa der Frequenz, deren Wellenlänge der vierfachen Kammertiefe entspricht. Die Querschotten zwischen den Kammern sind erforderlich, um eine verschiedene Abstimmung zu erzielen und um eine Luftströmung durch die Absorptionskammern zu unterbinden.

Bild 10.3:
Absorptions-
schalldämpfer
mit breitbandiger
Wirkung

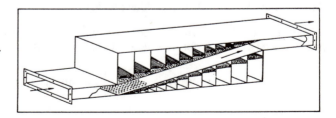

Kulissenschalldämpfer (Bild 10.4)
Solche Kulissenschalldämpfer sind eine der am meisten verwendeten Schalldämpferbauarten überhaupt. Die Kulissen sind umso dicker, je tiefer der zu
dämpfende Frequenzbereich ist.

Kulissenschalldämpfer mit geknickten Kulissen (Bild 10.5)
Diese Schalldämpfer sind besonders bei mittleren und hohen Frequenzen
wirksam. Die Absorption wird durch eine verhältnismässig dünne Absorptions-
schicht mit Lochblechabdeckung erzielt. Die maximale Dämpfung liegt bei
einer Frequenz, die durch Lochblechdicke, Lochflächenanteil und dahinter lie-
gendem Hohlraum bestimmt wird. Die Knickung unterbindet die Durchstrah-
lung des Schalldämpfers bei hohen Frequenzen.

Bild 10.4:
Kulissen-
schalldämpfer

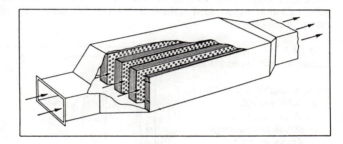

Bild 10.5:
Schalldämpfer
mit abgeknickten
Kulissen

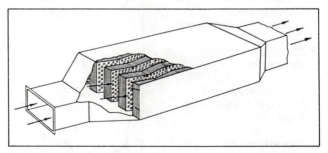

Zylindrischer Absorptionsschalldämpfer (Bild 10.6)
Dieser Schalldämpfer arbeitet nach dem gleichen Prinzip wie die übrigen
Kulissenschalldämpfer. Das perforierte Rohr wird durch eine mit Faserstoffen
gefüllte Kammer geführt.

Bild 10.6:
Zylindrischer
Absorptions-
schalldämpfer

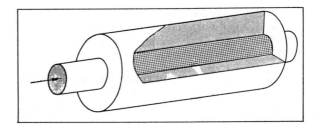

Drosseldämpfer (Bild 10.7)
Solche Schalldämpfer werden oft bei kleineren Kompressoren als Luftfilter und Ansaugschalldämpfer verwendet. Für sehr kleine Luftmengen an pneumatischen Einrichtungen sind solche Schalldämpfer auch als Sintermetallschalldämpfer lieferbar.

Bild 10.7:
Bauarten von Drosseldämpfern

1 *Ansaugschalldämpfer*
  a *Gasführung,*
    Strömungskanal
  b *schalldurchlässige*
    Abdeckung
  c *poröse Anordnung mit*
    angepasstem
    Strömungswiderstand

2 *Drosseldämpfer aus*
  Sintermetall

3 *Drosseldämpfer mit*
  Füllung aus gepresster
  Stahlwolle

4 *Drosseldämpfer mit*
  Filtereinsatz und
  Stahlgewebe

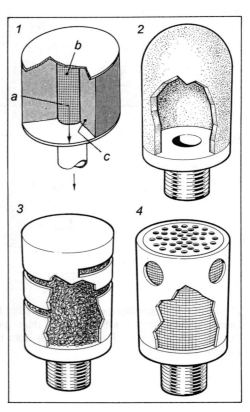

10.5   Relaxationsschalldämpfer

10.5.1   Wirkungsweise

Der Relaxationsschalldämpfer, der die spezielle strömungsakustische Wirkung der Relaxation ausnützt, ist eine Weiterentwicklung des Absorptionsschalldämpfers.

Die zeitliche Verzögerung beim Durchströmen eines Schallabsorptionsmaterials mit einem bestimmten Strömungswiderstand bewirkt insbesondere bei den tiefen Frequenzen eine Dämpfungserhöhung. Die Dämpfung erfolgt also durch Strömungseffekte. Mit der Relaxationskulisse werden Hohlräume im Luftkanal geschaffen, die gegen den Kanal mit Platten abgedeckt sind. Die durch ein Störgeräusch erzeugte Druckänderung überträgt sich mit einer gewissen Verzögerung auf die Hohlräume im Innern der Kulisse. Die dazu notwendige Querströmung wird durch den Widerstand der Abdeckung behindert; es entstehen Strömungen quer zur Luftrichtung. Die Zunahme des Schalldruckes im Kanal bewirkt ein zeitlich verzögertes Einströmen in die Kammer. Bei der nachfolgenden Druckabnahme im Kanal expandiert der vorhin aufgebaute Kammerdruck wieder in den Kanal.

10.5.2   Berechnung der Dämpfung

Relaxationsschalldämpfer lassen sich theoretisch sehr genau berechnen. Allerdings ist der erforderliche Aufwand recht gross. Aus diesem Grunde wird hier auf die technischen Informationsblätter der Herstellerfirmen hingewiesen, die Relaxationsschalldämpfer bauen.

10.5.3   Beispiele

Relaxationsschalldämpfer zeichnen sich durch ihre konstruktive Einfachheit aus (Bild 10.8). Äusserlich lassen sie sich nur sehr schwer von reinen Absorptionsschalldämpfern unterscheiden.

Bild 10.8:
Relaxationsschalldämpfer mit zwei Mittel- und zwei Randkulissen

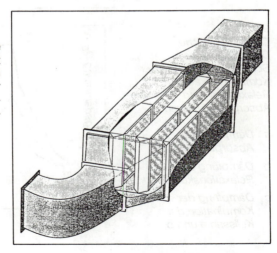

Ein Hauptmerkmal der Relaxationsschalldämpfer ist das gute Dämpfungsvermögen bei tiefen Frequenzen. Oft werden sie in der Praxis mit normalen Absorptionskulissen kombiniert, um eine möglichst breitbandige Wirkung zu erreichen (Bild 10.9).

Das Arbeiten mit den Berechnungsunterlagen der Hersteller
Praktisch jeder Hersteller von Schalldämpfern bietet Berechnungsunterlagen an, mit deren Hilfe es meistens ohne grossen Aufwand möglich ist, Schalldämpfer zu dimensionieren. Grössere Firmen bieten sogar EDV-Programme zur Lösung dieser Probleme an. Dabei spielt es für die Berechnung keine Rolle, ob Relaxations- oder Absorptionskulissen geplant sind. Massgebend ist das Berechnungsergebnis für die prognostizierte Wirksamkeit des Schalldämpfers (Bild 10.10).

Ebenfalls den Herstellerunterlagen kann das Strömungsrauschen in Abhängigkeit von der Frequenz sowie der Druckverlust entnommen werden.

Bild 10.9:
Anordnung von
Relaxations- und
Absorptionskulissen
in einem
Schalldämpfer

a Absorptionskulissen

b Relaxationskulissen

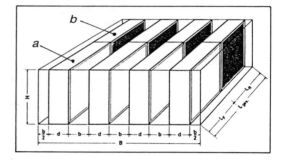

Bild 10.10:
Charakteristische
Dämpfung eines
Schalldämpfers mit einer
Kombination aus
Relaxations- und
Absorptionskulissen

a Dämpfung der
  Absorptionskulissen

b Dämpfung der
  Relaxationskulissen

c Dämpfung der
  Kombination der
  Kulissen a und b

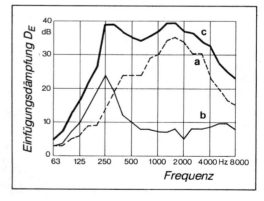

272

10.6 Reflexionsschalldämpfer

10.6.1 Allgemeines

Beim Reflexionsschalldämpfer nützt man die Schallreflexionen der Diskontinuitäten von Umlenkungen, Querschnittssprüngen usw. aus. Die notwendige Umwandlung von Schallenergie in Wärme geschieht durch Reibung an den Rohrwandungen oder durch nichtlineare Effekte an Querschnittssprüngen. Zu diesem Zweck werden häufig Lochbleche eingesetzt.

Die einfachste Bauart des Reflexionsschalldämpfers ist die Kammer oder der doppelte Querschnittssprung (siehe Ziff. 9.3.2.3, Seite 222). Durch die Aneinanderreihung von einzelnen Kammern entsteht der sog. Reihenfilter, der ein ausgesprochen schmalbandiges Dämpfungsmaximum besitzt und in der Praxis als Tiefpass- oder Hochpassfilter bezeichnet wird.

10.6.2 Berechnung der Dämpfung

Eine einzelne Querschnittserweiterung (Kammer) kann als einseitig geschlossene Luftsäule betrachtet werden. Die Grundfrequenz f_0 beträgt:

$$f_0 = \frac{c}{4 \cdot l_1} \qquad [Hz] \qquad [GL\ 10.7]$$

c = Schallgeschwindigkeit in m/s
l_1 = Länge der Querschnittserweiterung in m

Die Berechnungsunterlagen nach Ziff. 9.3.2.3, Seite 222, dienen zur Bestimmung der Dämpfung einer einzelnen Kammer. Werden mehrere Kammern gekoppelt, müssen die folgenden Punkte beachtet werden:

- Die Kammern müssen soweit voneinander entfernt liegen, dass sie sich gegenseitig nicht beeinflussen [Abstand $\leq c / (2 \cdot f_0)$].
- Das Verbindungsrohr, beidseitig offen betrachtet, verursacht eine Verschlechterung des Reihenfilters, die vor allem im Bereiche der Grundfrequenz f_1 liegt:

$$f_1 = \frac{c}{2 \cdot l} \qquad [Hz] \qquad [GL\ 10.8]$$

l = Länge des Verbindungsrohres

- Die theoretischen Dämpfungswerte lassen sich nur dann erreichen, wenn alle Querabmessungen höchstens gleich der halben Wellenlänge sind.

Hinweis

Eine zuverlässige Prognose über die geräuschmindernde Dämpfung von Reflexionsschalldämpfern ist praktisch nicht möglich. Man kann jedoch abschätzen bei welchen Frequenzen eine besonders gute Wirkung zu erwarten ist. Bei Auspuffschalldämpfern für Verbrennungsmotoren muss die als Folge erhöhter Temperaturen deutlich grössere Schallgeschwindigkeit von etwa 550 m/s berücksichtigt werden.

10.6.3 Tiefpassfilter

Wird ein Resonator (vgl. Ziff. 10.7, Seite 275) in seiner Eigenfrequenz angeregt, hat dies entweder eine Schallverstärkung oder Schallminderung zur Folge. Dabei spielt es eine wichtige Rolle, ob der Resonator mit der Rohrleitung in Reihe liegt (als sog. Reihenfilter) oder ob er in einer Abzweigung (Abzweigresonatoren) angeordnet wird. Die Eigenfrequenz eines in Reihe liegenden Resonators muss so tief gewählt werden, dass sie höchstens bei der Hälfte der tiefsten noch zu dämpfenden Frequenz liegt. Bei einer Anordnung der Resonatoren in einer Abzweigung liegt die massgebende Dimensionierungsfrequenz bei einem Viertel der Hauptstörfrequenz bzw. deren harmonische Oberwellen. Die Berechnung eines Tiefpassfilters ist eine recht anspruchsvolle Arbeit und kann beispielsweise nach der Theorie von Zeller durchgeführt werden.

Die charakteristischen Abmessungen eines Tiefpassfilters sind in Bild 10.11 dargestellt.

Bild 10.11:
Tiefpassfilter

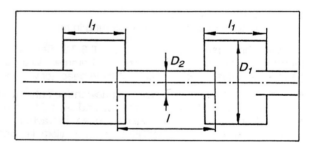

10.6.4 Hochpassfilter

Der Hochpassfilter ist ein gelochtes Rohr, wobei das Volumen der Rohrleitung als Resonator benützt wird (Bild 10.12). Die Resonatoröffnung wird durch die seitlichen Löcher gebildet (mit oder ohne Stutzen).

10.6.5 Beispiele

Reflexionsschalldämpfer werden überall dort eingesetzt, wo z.B. Absorptionsschalldämpfer aus betrieblichen Gründen nicht in Frage kommen (z.B. hohe Temperatur des Fluids). Verbreitete Anwendung hat diese Schalldämpferbau-

art im Automobilbau gefunden, sind doch heute praktisch alle Auspuffschalldämpfer als Reflexionsschalldämpfer gebaut (Bild 10.13). Die Konstruktionen
sind so gewählt, dass sie eine möglichst breitbandige Wirkung erzielen.

Bild 10.12:
Hochpassfilter

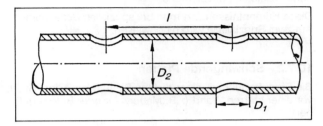

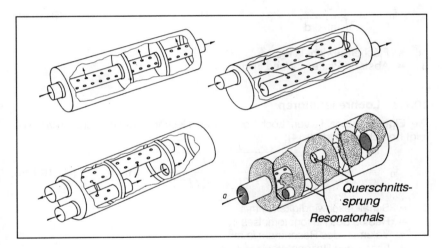

Bild 10.13:
Reflexionsschalldämpfer für den Fahrzeugbau (Auspuffschalldämpfer)

10.7 Resonanzschalldämpfer

10.7.1 Allgemeines

Trifft Schall auf einen schwingungsfähigen Körper, wird dieser in Schwingun-
gen versetzt. Bei diesem Schwingvorgang wird Energie verbraucht, die der
Schallenergie entzogen wird. Man unterscheidet zwischen schwingenden
Platten und Lochresonatoren.

Der Dämpfungsmechanismus besteht im Entzug von Schallenergie durch einen Resonanzeffekt der schwingenden Luftmasse in den Löchern einer Lochplatte oder der Masse einer schwingenden Platte mit der Federwirkung des kompressiblen Luftvolumens.

Diese Erkenntnisse nützt man bei speziellen Schalldämpferkonstruktionen aus. Auf zwei Spezialfälle wird hingewiesen.

10.7.2 Schwingende Platten

Die Eigenfrequenz f_0 einer dichten Platte (Holz, Gips, Stahl, Glas usw.), die sich vor einer starren Wand (z.B. Mauerwerk oder Beton) befindet, beträgt angenähert:

$$f_0 = \frac{600}{\sqrt{m' \cdot d}} \qquad \text{[Hz]} \qquad \qquad \text{[GL 10.9]}$$

m' = Flächengewicht in kg/m²
d = Abstand Platte – Wand in cm

10.7.3 Lochresonatoren

Die Eigenfrequenz f_0 von Loch- oder sog. Helmholtz-Resonatoren wird wie folgt berechnet (Bild 10.14):

$$f_0 = \frac{c}{2 \cdot \pi} \cdot \sqrt{\frac{\pi \cdot r^2}{V \cdot [l + \pi(r/2)]}} \qquad \text{[Hz]} \qquad \text{[GL 10.10]}$$

c = Schallgeschwindigkeit in m/s
r = Radius des Resonatorhalses in m
V = Volumen des Resonators in m³
l = Länge des Resonatorhalses in m

Bild 10.14:
Helmholtz-Resonator

Die Dimensionen V, l und r beziehen sich auf [GL 10.10]

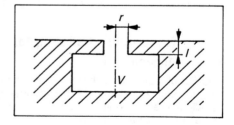

10.8 Interferenzschalldämpfer

10.8.1 Allgemeines

Der Interferenzschalldämpfer kann als Spezialfall des Reflexionsschalldämpfers betrachtet werden. Wie der Name schon sagt, beruht sein Prinzip auf dem Effekt der sog. Interferenz. Zwei Schallwellen gleicher Wellenlänge werden in eine unterschiedliche Phasenlage zueinander gebracht, bis sie sich gegenseitig auslöschen (siehe auch Ziff. 4.7, Seite 85, aktive Schallunterdrückung).

Auch Interferenzschalldämpfer werden praktisch ausschliesslich dort eingesetzt, wo erhöhte Temperaturen oder stark verschmutzte Gase vorhanden sind. Eine grosse Verbreitung haben sie, obschon sie konstruktiv einfach sind, bis heute noch nicht gefunden. Das mag teilweise an den fehlenden Berechnungsgrundlagen liegen.

10.8.2 Berechnung der Dämpfung

Grundsätzlich kann die Dämpfung der einzelnen Kanalabschnitte wie beim Reflexionsschalldämpfer berechnet werden. Die Berücksichtigung der Interferenz bereitet aber einige Schwierigkeiten. In der Praxis führt man Versuchsmessungen mit verschieden Abmessungen der einzelnen Teilkanäle durch und bestimmt so den für einen bestimmten Verwendungszweck optimalen Interferenzschalldämpfer.

Bei der Auslegung von Interferenzschalldämpfern sind die folgenden Grundsätze zu beachten:

● Ein Kanal oder eine Rohrleitung wird im einfachsten Fall in zwei Rohre unterteilt, deren Längen sich um $\lambda / 2$ unterscheiden (Bild 10.15).

Bild 10.15:
Funktionsprinzip eines
Interferenzschalldämpfers

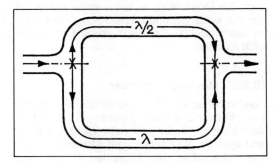

● Die Dämpfung durch Interferenz ist praktisch nur bei einer bestimmten Frequenz möglich. Immerhin besteht eine kleine Bandbreite wegen den durch die Rohrquerschnitte bedingten kleinen Weglängendifferenzen.
● Die Dämpfung wird gross, wenn die Rohrquerschnitte der beiden Zweige gleich gross sind und klein im Vergleich zur Wellenlänge.

10.8.3 Beispiel

In Bild 10.16 ist ein Beispiel für einen Interferenzschalldämpfer abgebildet, bei dem die unterschiedlichen Weglängen mit einem 180° – Bogen gebaut sind.

Bild 10.16:
Beispiel eines
Interferenz-
schalldämpfers mit

a Strömungskanal
b Umwegleitungen

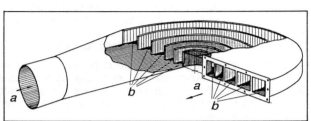

10.9   Neue Schalldämpferbauarten

10.9.1 Allgemeines

Die Bereitschaft, bestimmte Lärmprobleme als unlösbar zu akzeptieren, sinkt bei lärmgeplagten Beschäftigten und Anwohnern. Durch diesen Sinneswandel sehen sich die Ingenieure gezwungen, für spezielle Lärmsituationen nach effizienten Lösungen zu suchen.

Neue Schalldämpfer orientieren sich nicht mehr an der klassischen Einteilung nach Bauart, wie sie in diesem Abschnitt vorgestellt wurden. Die strömungsakustischen Effekte sind teilweise sehr komplex. Versuche mit völlig neuartigen Konstruktionen führen manchmal zu guten Dämpfungsergebnissen, und erst im Nachhinein wird nach theoretischen Erklärungen gesucht. Es besteht aber auch die Möglichkeit, in bestimmten Fällen mit wissenschaftlichen Mitteln – von der umfangreichen Berechnung über den Laboratoriumsversuch bis zur Praxiserprobung – ein komplexes Lärmproblem mit Schalldämpfern erfolgreich zu lösen.

10.9.2 Membranabsorber

Membranabsorber [51] sind wirksame Schalldämpfer für spezielle Anwendungen. Mit ihrer Entwicklung wurde ein Ersatz für die Schalldämpfer mit porösen Materialien gefunden, die unter gewissen Bedingungen ungeeignet sind. Sie sind anstelle der offenporigen Absorptionsmaterialien in vielen Anwendungsfällen einsetzbar. Die folgenden Anforderungen können im Extremfall an Schalldämpfer gestellt werden (Auswahl):

- Wirksamkeit bei tiefen Frequenzen bei geringem Raumbedarf und Gewicht
- Langzeitgarantie für die akustischen Eigenschaften bei stark verschmutzten Einsatzbedingungen
- hygienische Unbedenklichkeit bei Gefahr von Keimbildung

- geringer Wartungsaufwand bei unvermeidbarer Verschmutzung
- hohe Standzeiten

Durch eine speziell leichte Kulissenkonstruktion in Wabenform gelang es, eine hervorragende Dämpfungswirkung vor allem im Tieftonbereich zu erzielen. Dazu nützt man die in einem Hohlraum eingeschlossene Luft als Schwingungssystem.

Der Vergleich verschiedener Schalldämpferbauarten für den Einsatz in Kohlegruben zeigt, dass der Membranabsorber mindestens ebenso gute Ergebnisse liefert wie die klassischen Schalldämpferkulissen für diesen extremen Einsatzbereich (Tabelle 10.1). Hinzu kommt, dass die Kulissen der Membranabsorber nur 100 mm dick sind, im Gegensatz zu den beiden anderen Bauarten, in denen sie 400 mm dick sind.

Tab. 10.1: Vergleich verschiedener Schalldämpfer-Kulissen für den Einsatz in Kohlegruben

Frequenz	63	125	250	500	1 000	2 000	4 000	Hz
Membranabsorber	4	5	10	18	10	4	4	dB
λ / 4 - Resonator	2	3	9	16	12	9	7	dB
Helmholtz-Resonator	4	4	10	18	15	8	5	dB

10.9.3 Silatoren

Bei Silatoren handelt es sich um Resonator-Elemente ähnlich den Helmholtz-Resonatoren. Silatoren haben den Vorteil einer geringen Baugrösse im Gegensatz zu den Helmholtz-Resonatoren, die vor allem im Bereich niedriger Frequenzen ein grosses Bauvolumen aufweisen, [Quelle: MBB, München].

Bei den neu entwickelten Resonatoren umschliessen gewölbte dünnwandige Membranen aus Aluminium oder Stahlblech ein evakuiertes Volumen und bilden mit ihrer Masse und Steifigkeit ein auf Schalldruck reagierendes Dämpfungselement, das auf eine bestimmte Frequenz anspricht. Das Prinzip eines Silators ist in Bild 10.17 dargestellt.

Bild 10.17:
Ersatzsystem eines Silators bei Luftschall

m = Masse
c = Federkonstante
s = Silatoroberfläche
k = Dämpfungskonstante

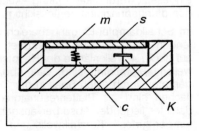

Durch Materialauswahl, definierte Fertigungsstreuung und Silatorenanordnungen lassen sich Frequenzbereich und Einsatzmöglichkeit dieses Schalldämpfungsmittels bestimmen.

Durch ihre glatte metallische Oberfläche sind Silatoren schmutz- und feuchtigkeits-unempfindlich und verfügen über eine sehr lange Lebensdauer. Wegen ihrer geringen Baugrösse sind Silatoren prädestiniert für den Einbau in Luftströmungen bzw. Schalldämpfern. Der Frequenzbereich, in dem Silatoren schwergewichtig wirken sollen, kann in einer beinahe beliebigen Bandbreite festgelegt werden.

Der Silator besteht aus einer linsenförmigen Blechkalotte, die den Innenraum eines Gehäuses vakuumdicht abschliesst (Bild 10.18).

Bild 10.18:
Prinzipieller Aufbau eines Silators

m = *Silatorkalotte*
b = *Gehäuse*
c = *Innenraum*

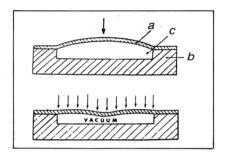

10.10 Spezielle Schalldämpfer: Beispiele

10.10.1 Schalldämpfer für tieffrequente Abgasgeräusche von Blockheizkraftwerken

Blockheizkraftwerke werden in der Regel mit Verbrennungsmotoren betrieben. Die tieffrequenten Abgasgeräusche mit Pegelmaxima im Bereich von 60 Hz bis 80 Hz werden häufig als lästig oder störend empfunden.

Es wurde ein spezieller Schalldämpfer entwickelt, welcher in die Abgasleitung eingesetzt werden kann [Jung Akustik, Essen]. Dabei werden mehrere Schalldämpfungsprinzipien berücksichtigt:

Im Schalldämpfer-Eingangsbereich ist ein Expansionsraum mit einem umlaufenden Randabsorber angeordnet. Danach folgen Abzweigresonatoren, die auf die λ / 4 Wellenlänge der Hauptstörfrequenz und deren harmonische Oberwellen abgestimmt sind. Das Abgas durchläuft anschliessend den Schalldämpfer durch einen Spalt in der Schalldämpfermitte. Die Spaltbegrenzungsflächen sind als Plattenresonatoren und als Lochplattenabdeckungen der dahinter liegender Absorber ausgebildet. Als Absorptionsmaterial wird hochtemperaturfeste Keramikwolle und feingespinstige Edelstahlwolle verwendet.

Eingesetzte Abschottungen mit definierten Kammergrössen wirken als Reflexi-onsschalldämpfer.

Ein solcher Schalldämpfer für eine BHKW-Leistung von ca. 120 kW weist eine Länge von 2,8 m und ein Durchmesser von 0,75 m auf. Er kann somit norma-lerweise ohne bauliche Zusatzaufwendungen eingebaut werden.

Die mit diesem Schalldämpfer erzielte Pegelminderung ist in Bild 10.19 darge-stellt.

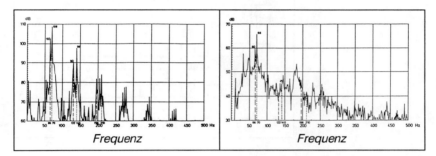

Frequenz   *Frequenz*

Bild 10.19:
Abgasgeräusch eines BHKW ohne (links) und mit (rechts) Schalldämpfer (gemittelte Spektren). Pegelbereich links: 60 -110 dB, rechts 30 - 70 dB

Bei den Frequenzen 66 Hz und 70 Hz sowie den ersten harmonischen Fre-quenzen 132 Hz und 140 Hz konnte der Schalldruckpegel um über 40 dB reduziert werden.

10.10.2 Rohrleitungsschalldämpfer für Prüfstand (Fackel)

In einem Prüfstand für Raketentriebwerk-Turbopumpen [52] wird heisses, wasserstoffhaltiges Abgas über eine Hochfackel (DN 600, h = 27 m) nachver-brannt und ins Freie abgegeben. Der A-Schalleistungspegel der Fackel-mündung beträgt etwa 150 dB(A). Dies führt in einem Abstand von ca. 300 m zu einem Schalldruckpegel von 85 bis 90 dB(A), wobei die Versuchsdauer auf ca. 20 s begrenzt ist.

Der ausgeführte Rohrleitungsschalldämpfer hat folgende Merkmale:

- Inhalt ca. 4,2 m^3
- Gewicht ca. 3 500 kg
- Zulässiger Betriebsdruck 10,4 bar
- Zulässige Betriebstemperatur 550 °C
- Strömungsgeschwindigkeit ca. 450 m/s

Diese extremen Bedingungen konnten nur mit einem speziellen Schalldämpfer erfüllt werden (Bild 10.20).

Bild 10.20:
Schnitt durch den
Rohrschalldämpfer für
eine Fackelgasleitung
(Quelle [52])

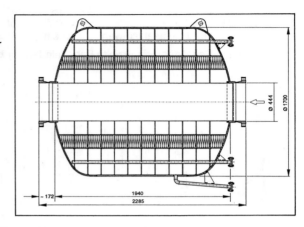

Die Wirksamkeit des eingebauten Rohrschalldämpfers kann Bild 10.21 entnommen werden (als Messstelle wurde die Einmündung in den Fackelfuss gewählt). Der Beurteilungspegel am Immissionspunkt lag nach dem Einbau des Schalldämpfers unter dem Tagrichtwert für reine Wohngebiete.

Bild 10.21:
Wirksamkeit des
Rohrschalldämpfers am
Fackelfuss
(aus messtechnischen Gründen
als effektiver Wechseldruck in
mbar dargestellt)

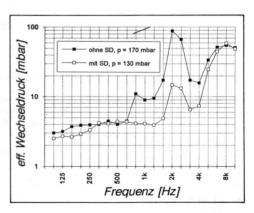

10.10.3 Schalldämpfer für einen Hybrid-Kühlturm eines Grosskraftwerkes

Beim Hybrid-Kühlturm des Gemeinschaftkraftwerkes Neckar GmbH in Neckarwestheim mit einer Kraftwerksnettoleistung von 1 225 MW musste in einem Abstand von 800 m ein Geräuschimmissionspegel von 30 dB(A) garantiert werden. Wenn man berücksichtigt, dass der Kühlturm einen Basisdurchmesser von 160 m und eine Höhe von 51 m aufweist wird eindrücklich gezeigt, dass es sich hier um ein einmaliges Schallschutzprojekt handelte (ausführlich vorgestellt in [50]).

Für den Schallschutz mussten die folgenden Flächen berücksichtigt werden:

- Nassteil-Zuluft: 44 Felder (Breite 9,5 m, Höhe 8,75 m)
- Trockenteil-Zuluft: 44 Felder (Breite 9,5 m, Höhe 8,75 m)
- Trockenteil-Abluft: 44 Felder (Breite 7,6 m, Höhe 10 m)
- Nassteil-Abluft: Fläche ⌀ 110 m

Für die Planung und Ausführung wurde ausschliesslich mit Absorptionsschalldämpfern gearbeitet (Bild 10.22).

Bild 10.22:
Schallschutz
für
Hybridkühl-
turm

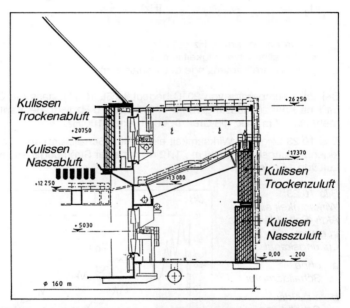

Für dieses weltweit wahrscheinlich grösste Schallschutzprojekt, das 1988 nach einer sechsjährigen Planungs- und Montagezeit abgeschlossen wurde, mussten insgesamt 45 000 m² Schalldämpfer-Kulissen eingebaut werden. Dazu benötigte man 540 t Aluminium, 40 t Edelstahl und 700 t Mineralwolle !

Nach Abschluss der Arbeiten und Inbetriebsetzung des Kraftwerkes ergaben Nachmessungen, dass der geforderte Wert um 1,5 dB(A) unterschritten wurde.

Dieses Beispiel zeigt, wie breit das Spektrum von zum Teil extremen Schalldämpfer-Lösungen sein kann.

10.10.4 Aktiv-Schalldämpfer

In Ziff. 4.7, Seite 85, wurden bereits die technischen Möglichkeiten zur aktiven Schallunterdrückung vorgestellt. Die Gruppe der speziellen, modernen Schalldämpfer wäre unvollständig, wenn nicht an dieser Stelle ein entsprechendes Beispiel vorgestellt würde.

Aktiv-Schalldämpfer kommen vorwiegend in Kanälen von raumlufttechnischen Anlagen oder in Abgasleitungen von lärmintensiven Maschinen (z.B. Gasturbinen) zum Einsatz. Zu beachten ist, dass die kleinste Grenzfrequenz von den Querschnittsabmessungen des Kanals abhängt. Beim Rechteckkanal ist dies die grössere Länge a der beiden Kantenlängen. Für die Grenzfrequenz f_g ergibt sich die einfache Beziehung:

$$f_g = \frac{c}{2 \cdot a} \qquad \text{[Hz]} \qquad \text{[GL 10.11]}$$

f_g = Grenzfrequenz in Hz
c = Schallgeschwindigkeit in m/s
a = grössere Kantenlänge des Kanals in m

Bei einer Temperatur von 20°C bedeutet [GL 10.11], dass die Grenzfrequenz für eine Kanalabmessung von a = 1 m bei 170 Hz liegt. Bei Kantenlängen von mehr als 1,7 m sinkt die Grenzfrequenz unter 100 Hz.

Bild 10.23 zeigt die Wirksamkeit eines Aktiv-Schalldämpfers in einem rechteckigen Lüftungskanal (0,86 m / 1,12 m) mit einer Strömungsgeschwindigkeit der Luft von 14 m/s [50].

Bild 10.23:
Wirksamkeit eines
Aktiv-Schalldämpfers
in einem
Lüftungskanal

a ohne
Schalldämpfer

b mit Aktiv-
Schalldämpfer

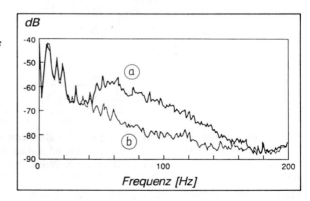

11 Heizungsanlagen

11.1 Einleitung

Das Spektrum der Heizungsanlagen reicht von der kleinen ölgefeuerten Kompaktheizungsanlage für das Einfamilienhaus bis hin zum grossen Prozessofen. Bei allen Wärmeerzeugungssystemen, die auf dem Prinzip eines Verbrennungsprozesses basieren, stehen als Hauptgeräuschquellen Flammen im Vordergrund. Strömungsakustisch sind Flammen, wenn sie mit Hilfe von Prozessluft erzeugt werden, turbulente Freistrahlen nach Ziff. 2.4.3.3, Seite 44. Aber nicht nur die Wärmeerzeugung, sondern auch die Wärmeverteilung ist eine wahre Fundgrube von strömungsakustischen Problemen. Dabei wird man mit Tatsachen konfrontiert, die teilweise in Abschnitt 7 (Rohrleitungen und Ventile) diskutiert wurden.

Für Heizungsanlagen ist es praktisch ausgeschlossen, zuverlässige Geräuschprognosen zu stellen. Man geht in der Praxis davon aus, dass die Anlage so gebaut und betrieben wird, dass sie keine akustischen Probleme verursacht. Aus diesem Grunde liegt das Schwergewicht in diesem Abschnitt auf Empfehlungen, wie eine moderne Heizungsanlage gebaut werden soll. Viele dieser Hinweise eignen sich natürlich auch für den Sanierungsfall.

Prozessöfen nehmen in der Strömungsakustik eine Sonderstellung ein. Aus diesem Grunde werden sie am Schluss dieses Abschnittes, in Ziff. 11.6, Seite 314 bis 317, vorgestellt.

11.2 Wärmeerzeugung

11.2.1 Schallemissionen: Übersicht

Geräusche von Heizungsanlagen können zu erheblichen Störungen im Wohn- oder Arbeitsbereich führen. Vor allem auch nachts werden unerwünschte Immissionen in der Nachbarschaft festgestellt.

Die folgende Tabelle 11.1 zeigt die verschiedenen Arten der Wärmeerzeugung und die damit allenfalls verbundenen hausinternen und -externen Lärmprobleme. Das Schwergewicht bei dieser pauschalen Beurteilung liegt in der «Möglichkeit» für eine unerwünschte Geräuschimmission, denn ein Kreuz in einer Spalte bedeutet noch lange nicht, dass auch tatsächlich ein akustisches Problem auftreten muss.

Tab. 11.1: Zusammenhang zwischen der Art der Wärmeerzeugung und den möglichen Lärmproblemen

Art der Wärmeerzeugung	Mögliche Lärmprobleme [(x): Extremfälle]					
	hausintern			hausextern		
	klein	mittel	gross	klein	mittel	gross
Einzelofenheizung (Öl, Gas, Holz)	x			x		
Warmluft-Zentralheizung	x	(x)		x		
Luftheizung für grosse Einzelräume			x	x		
Öl-Zentralheizung		x	(x)		x	(x)
Gas-Zentralheizung mit Gebläsebrenner		x	(x)		x	(x)
Gas-Zentralheizung mit atmosphärischem Brenner	x			x		
Holzkessel handbeschickt	x			x		
Automatische Stückholz- und Schnitzelfeuerungen		x			x	
Luft-Wasser-Wärmepumpe		x			x	(x)
Wasser-Wasser-Wärmepumpe		x			x	
Luft-Luft-Wärmepumpe		x				x
Sonnenenergienutzung	x			x		
Blockheizkraftwerke (BHKW)		x			x	
Fernwärmeanschluss	x			x		

11.2.2 Geräuschentstehung

11.2.2.1 Verbrennungsgeräusche

Verbrennungsgeräusche entstehen durch thermische und strömungstechnische Vorgänge in der Reaktionszone der Flammen. Die dabei auftretenden Turbulenzen und Druckschwankungen erzeugen Geräusche, die durch Übertragung auf die Kesselwände von diesen nach aussen abgestrahlt werden. Verbrennungsgeräusche von Gebläsebrennern sind durch ausgesprochen tieffrequente Lärmanteile gekennzeichnet, welche durch mitschwingende Explosionsklappen noch verstärkt werden können.

Durch Resonanzeffekte können Verbrennungsgeräusche verstärkt werden, da der Feuerraum zusammen mit dem Schornstein ein schwingungsfähiges System bildet.

11.2.2.2 Motorische Geräusche

Bei der Wärme-Kraft-Koppelung (z.B. Blockheizkraftwerk, Bild 11.1) werden meistens Diesel- oder Gasmotoren eingesetzt. Diese entwickeln die für solche Motoren üblichen hohen Schallpegel. Problematische Stellen sind speziell die Aussen- und Fortluftöffnungen, sowie die Abgasleitungen.

Als weitere, weniger bedeutsame Lärmquellen müssen bei Blockheizkraftwerken der Generator, die Wärmetauscher und Pumpen betrachtet werden. Blockheizkraftwerke sind insbesondere bezüglich Körperschall sehr problematisch.

Bild 11.1:
Wärme-Kraft-
Koppelung am
Beispiel eines
Blockheizkraft-
werkes, ohne
Wärmeverbraucher

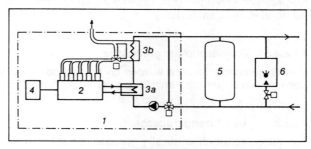

1	BHKW	2	Dieselmotor	3a	Kühlwasser-Wärmetauscher
3b	Abgas-Wärmetauscher	4	Generator	5	Speicher
6	Spitzen-Heizkessel				

11.2.2.3 Wärmepumpengeräusche

Da Wärmepumpen den konstruktiv gleichen Aufbau haben wie Kältemaschinen, wird auf die entsprechenden Ausführungen in Abschnitt 12 verwiesen. Dies gilt auch für die Verflüssiger (Kondensatoren) und die Verdampfer. Eine Ausnahmestellung nimmt die Luft-Luft-Wärmepumpe ein, deren strömungstechnische Lärmprobleme mit Hilfe der Berechnungsgrundlagen in Abschnitt 5 (Ventilatoren) und Abschnitt 9 (Kanalsysteme) gelöst werden können.

11.2.2.4 Anfahrgeräusche

Durch die Zündungen im Feuerraum entstehen Anfahrgeräusche, die bis zu 10 dB(A) höher liegen können als die Geräusche bei Normalbetrieb. Durch die plötzliche Druckerhöhung können auch andere Bauteile der Heizungsanlage (z.B. Feuerungs- und Explosionsklappen) zur Schallabstrahlung angeregt werden.

11.2.2.5 Ventilatorgeräusche

Ventilatorgeräusche bilden einen erheblichen Anteil an den Heizungsgeräuschen. Zusätzlicher Lärm kann bei mangelhaftem Laufverhalten entstehen.

11.2.2.6 Heizölpumpengeräusche

Schmutzablagerungen im Filter oder in der Pumpe können Geräusche (Pfeifen) in der Heizölpumpe verursachen.

11.2.2.7 Geräusche von Brenngut-Förder-Einrichtungen

Förderbänder und Transportschnecken können je nach Zustand Luft- und Körperschall erzeugen (z.B. Quietschen durch Transportschnecken bei Holzschnitzel-Heizungsanlagen).

11.2.2.8 Umwälzpumpengeräusche

Umwälzpumpengeräusche werden als Körper- oder Flüssigkeitsschall übertragen und wirken je nach Konstruktion der Anlage unterschiedlich.

11.2.2.9 Armaturengeräusche

Strömungstechnisch ungünstig gebaute Armaturen und zu hohe Strömungsgeschwindigkeiten in den Armaturen können Geräusche als Folge der Kavitation hervorrufen.

11.2.2.10 Knackgeräusche von Heizleitungen und Heizkörpern

Solche Geräusche werden vor allem durch kurzfristige Temperaturänderungen als Folge von Wärmespannungen verursacht (z.B. in der Aufheizphase am frühen Morgen, wenn man besonders empfindlich auf Lärm reagiert, oder als Folge von Montagefehlern).

11.2.2.11 Plätschergeräusche

Schlecht gefüllte oder schlecht entlüftete Anlagen können in Heizkörpern und Rohrleitungen Plätschergeräusche hervorrufen.

11.2.2.12 Schaltgeräusche

Beim Ein- und Ausschalten der Heizungsanlage können die Schlaggeräusche der Schaltschütze als störender Körperschall auf das Gebäude übertragen werden.

11.2.2.13 Netzkommandogeräusche

Die Übertragung von hochfrequenten Signalen vom Stromlieferanten zur Steuerung von Elektroheizungen kann via Motorenwicklung auf Rohrleitungen und somit Heizkörper übertragen werden. Abhilfe schafft hier ein Filter in der elektrischen Zuleitung.

11.2.3 Ausbreitung bzw. Fortpflanzung von Geräuschen

Bei der Ausbreitung von Geräuschen in Heizungsanlagen muss zwischen Luftschall, Körperschall und Flüssigkeitsschall unterschieden werden (Bild 11.2).

Bild 11.2:
Ausbreitung von Geräuschen am Beispiel einer Öl-Zentralheizung

① *Luftschall*

② *Körperschall*

③ *Flüssigkeitsschall*

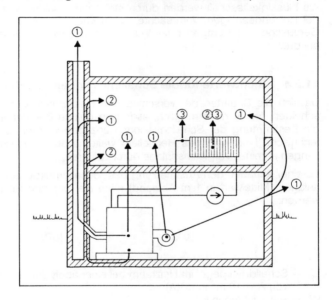

11.2.3.1 Luftschall

Die von der Heizungsanlage in den Heizraum abgestrahlten Geräusche werden normalerweise als Luftschall über Decken und Wände in die Nachbarräume übertragen. Von Bedeutung sind Frequenzen von weniger als 500 Hz, da diese schlechter gedämmt werden als höhere, die daher selten beanstandet werden. Ungünstig gelegene und nicht genügend bedämpfte Lüftungsöffnungen des Heizraumes können sowohl im eigenen Haus wie auch in benachbarten Gebäuden zu Belästigungen führen.

289

11.2.3.2 Körperschall

Die Körperschallübertragung über die Fundamente der Heizungsanlage ist vor allem bei Dachheizzentralen von Bedeutung. Steht der Heizkessel auf dem Boden eines Kellers, treten solche Probleme weniger häufig auf. Der über Heizungsrohre und deren Befestigungen übertragene Körperschall kann erheblich stören, wenn er durch Anlageteile (z.B. Pumpen) verursacht wird, die starr mit den Rohren und Halterungen verbunden sind.

11.2.3.3 Flüssigkeitsschall

Als Flüssigkeitsschall werden durch strömende Fluide, vorzugsweise Wasser bei Heizungsanlagen, verursachte Geräusche bezeichnet. Auch können sich Geräusche von Pumpen oder Ventilen über grössere Distanzen im Wasser ausbreiten.

11.2.4   Richtwerte für die Schallemissionen von Heizungsanlagen

Da sich die Bauarten der verschiedenen Heizungsanlagen sehr stark unterscheiden, ist es nicht möglich, allgemein gültige Berechnungsunterlagen für die Bestimmung der Schallemissionen anzugeben. Hier kann nur der messtechnische Nachweis des Herstellers weiterhelfen. Allenfalls sind Schallmessungen an einer Vergleichsanlage durchzuführen.

Zu einer annähernden Abschätzung des Schalldruckpegels L_p von Heizungsanlagen (Mittelwert in 1 m Abstand) kann die folgende Beziehung eingesetzt werden:

$$L_p = 52 + 10 \lg \frac{W}{W_0} \qquad [dB(A)] \qquad [GL\ 11.1]$$

L_p = Schalldruckpegel im Heizraum bei einer äquivalenten Absorptionsfläche von A = 10 m^2 in dB(A)
W = Heizleistung in kW
W_0 = Bezugs-Heizleistung 1 kW

[GL 11.1] gilt für Heizleistungen im Bereiche von 20 bis 2 500 kW mit Gebläsebrenner. Der Schalldruckpegel nimmt proportional mit der Heizleistung zu. Die berechneten Werte können durch verschiedene Massnahmen an der Schallquelle und durch den Einsatz lärmarmer Brennersysteme um bis zu 15 dB(A) gesenkt werden.

Während die Nutzung der **Sonnenenergie** und die Heizung über **Fernwärme** zu keinen nennenswerten Lärmproblemen führen dürften, sieht die Situation bei der **Wärme-Kraft-Koppelung** völlig anders aus (Blockheizkraftwerke). Die Hauptlärmquelle (Diesel- oder Gasmotor) im Leistungsbereich von 100 bis

1 000 kW erzeugt ein Geräusch, dessen Schalleistungspegel L_{WA} wie folgt abgeschätzt werden kann:

$$L_{WA} = 59 + 10 \lg n_N + 10 \lg W_N \quad \text{[dB]} \qquad \text{[GL 11.2]}$$

L_{WA} = A-bewerteter Schalleistungspegel in dB
W_N = Nennleistung in kW, mechanische Motorleistung
n_N = Nenndrehzahl in min^{-1}

Für das Ansauggeräusch müssen etwa 5 dB, für das Auspuffgeräusch bis etwa 15 dB höhere Werte angesetzt werden.

11.2.5 Emissionen von Wärmepumpen

Wärmepumpen sind in ihrer Bauart so verschieden, dass keine Abschätzung des voraussichtlichen Geräusches mit einer genügenden Sicherheit möglich ist (vgl. Beispiele in Bild 11.3). Je nach Leistung (Bandbreite 10 bis 400 kW) liegen die Schalleistungspegel im Bereich von 55 bis 90 dB(A). Auch in diesem Fall helfen nur die Angaben der Hersteller oder Geräuschmessungen an einer Vergleichsanlage weiter.

Bild 11.3:
Schalleistungs-
pegel von
Wärmepumpen
(verschiedene
Fabrikate, ohne
Verkleidung)

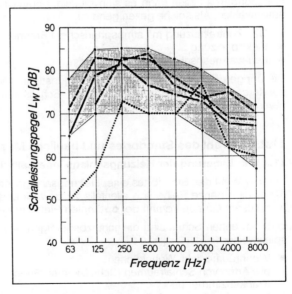

Zur Vereinheitlichung der Messmethoden bei der Bestimmung der Schalleistung von Wärmepumpen erschien 1992 der Entwurf DIN EN 255, Teil 7 [62]

291

(der ganze Entwurf umfasst 8 Teile). Gegenstand dieses Normenentwurfes sind anschlussfertige Wärmepumpen und Wärmepumpen zum Erwärmen von Trink- und Betriebswasser. Für die folgenden Bauarten werden Messvorschriften vorgestellt:

- Aussenluft / Wasser-Wärmepumpen
- Umgebungsluft / Wasser-Wärmepumpen
- Abluft / Wasser-Wärmepumpen
- Wasser / Wasser-Wärmepumpen
- Sole / Wasser-Wärmepumpen
- Aussenluft / Recycleluft-Wärmepumpen
- Abluft / Recycleluft-Wärmepumpen
- Wasser / Recycleluft-Wärmepumpen
- Sole / Recycleluft-Wärmepumpen
- Abluft / Frischluft-Wärmepumpen

Der Anwender hat die Wahl zwischen dem Hüllflächenmessverfahren (ISO 3741 und 3742) oder dem Hallraumverfahren (ISO 3744 und 3745).

11.2.6 Geräuscharme Heizungs-Bauarten

In besonderen Fällen kann es sinnvoll sein, geräuscharme Heizungsbauarten auszuwählen. Als solche gelten generell:

- Gas-Zentralheizung mit atmosphärischem Brenner
- Elektroheizung
- Fernwärmeanschluss

Die übrigen Bauarten können nur unter günstigsten Voraussetzungen, insbesondere unter Einbezug der baulichen Schallschutzmassnahmen, als geräuscharm bezeichnet werden.

11.2.7 Wahl des Standortes und bauliche Massnahmen

11.2.7.1 Lagerung der Heizungsanlage innerhalb des Gebäudes

Von der Wahl des Standortes einer Heizungsanlage innerhalb eines Gebäudes hängt eine ganze Reihe von allenfalls zu bewältigenden Lärmproblemen ab. Aus diesem Grunde kommt der **optimalen Planung** besondere Bedeutung zu.

In einem ersten Schritt sind die schutzbedürftigen Räume festzulegen, wie beispielsweise:

- Wohnräume, inkl. Wohnküchen
- alle Arten von Schlafräumen (Schlafzimmer, Ruheräume, Hotelzimmer, Krankenzimmer usw.)
- Unterrichtsräume in Schulen und ähnlichen Einrichtungen
- Büro- und Praxisräume, Sitzungszimmer und ähnliche schutzbedürftige Räume

Für all diese Räume gibt es differenzierte Anforderungen für die zulässigen Störschallpegel unter Berücksichtigung der vorgesehenen Nutzung. Diese Werte sollen mit einem minimalen baulichen Aufwand eingehalten werden. Dabei kann von den folgenden allgemein gültigen Planungsempfehlungen ausgegangen werden:

- Keine schutzbedürftigen Räume direkt neben, über oder unter Heizungsanlagen vorsehen
- Schornstein nicht durch schutzbedürftige Räume führen
- Aussenluftöffnungen nicht im Bereich der Fenster von schutzbedürftigen Räumen planen (oder allenfalls Schalldämpfer vorsehen)
- Heizraum genügend gross planen, sodass z.b. die nachträgliche Montage eines erforderlichen Abgasrohrschalldämpfers oder einer Brennerkapsel möglich ist
- Wahl eines lärmarmen Heizungssystems

11.2.7.2 Bauliche Massnahmen

a. Raumakustik
Zur Reduktion der Halligkeit grösserer Heizungsräume kann eine günstige Akustikdecke vorgesehen werden. Durch diese Massnahme lassen sich die Nachhallzeiten reduzieren und der Raumschallpegel wird bereits am Ort der Entstehung verringert. Die zu erwartende Schallpegelreduktion darf aber nicht überschätzt werden: im allgemeinen kann mit etwa 2 − 3 dB gerechnet werden.

Bei der Wärme-Kraft-Koppelung ist es sinnvoll, den Maschinenraum mit einer guten Schallabsorption zu planen (z.B. mineralfaserhinterlegte Lochsteinvormauerung).

b. Luftschalldämmung
Da Heizräume meistens im Kellerbereich liegen, bereitet die Erfüllung von Anforderungen an eine gute Luftschalldämmung der Trennwände und Decken keine grossen Probleme. Schwieriger wird die Situation, wenn schutzbedürftige Räume unmittelbar an den Heizraum angrenzen. Je nach vorgesehener Heizungsart müssen dann Doppelschalen-Mauerwerke und verstärkte Decken geplant werden.

c. Körperschall- und Schwingungsdämmung
Bauseits sind für die Körperschall- und Schwingungsdämmung bei üblichen Heizungsanlagen keine speziellen Vorkehrungen zu treffen. So sind beispielsweise schwimmende Böden für Heizräume nicht notwendig. Wichtig für die Lagerung des Heizkessels ist eine massive Betonplatte.

11.2.8 Schornsteine

11.2.8.1 Bauarten

Die folgenden Schornsteinkonstruktionen befinden sich am häufigsten in Gebäuden (Bild 11.4):

- gemauerte Schornsteine alter Bauart (meistens mit zu grossem Querschnitt und ungenügender Wärmedämmung)
- sanierte alte Schornsteine (mit eingezogenem Edelstahlrohr)
- eingemauerte und gedämmte Edelstahl-Schornsteine
- gebäudeexterne, gedämmte Edelstahl-Schornsteine (z.B. an Fassade)

Bild 11.4:
Moderne
Schornstein-
konstruktionen

a) Element-
Schornstein
b) eingemauerter
und
gedämmter
Edelstahl-
Schornstein
c) sanierter alter
Schornstein

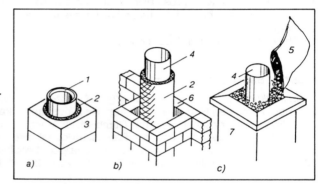

1 dünnwandiges Schamottenrohr	*2 Dämmstoffmatte*
3 Formelement	*4 glattwandiges Edelstahlrohr*
5 Schütt-Dämmstoff	*6 Schornsteinschacht*
7 bestehender Schornstein	

Moderne Schornsteine unterscheiden sich bezüglich Geräuschverhalten nur unwesentlich voneinander. Gemauerte Schornsteine und gut gedämmte, eingemauerte Edelstahlrohre haben den Vorteil, dass sie keine Eigengeräusche als Folge von Längenveränderungen bei Temperaturdifferenzen erzeugen. Im Gegensatz dazu kann das bei gebäudeexternen, gedämmten Edelstahlrohren durchaus der Fall sein und möglicherweise zu Beanstandungen in der Nachbarschaft führen.

11.2.8.2 Lage des Schornsteins

Schornsteine dürfen generell nicht durch schutzbedürftige Räume geführt werden. Schornsteine werden allgemein im Bereich von Treppenhäusern, WC, Bädern oder Nebenräumen gebaut. In diesen Räumen stören ihre Geräuschemissionen nicht. Gebäudeexterne, gedämmte Edelstahl-Schornsteine dürfen nicht an Fassaden von empfindlichen Räumen (z.B. Wohn- und Schlafräumen) montiert werden.

11.2.8.3 Schornstein-Bestandteile

a. Abgasrohr
Ein wichtiges Bauelement der Heizungsanlage ist das Abgasrohr. Dieses soll, wenn Geräuschprobleme zu erwarten sind, so geplant werden, dass später ein Abgasrohrschalldämpfer eingebaut werden kann. Besondere Beachtung muss der Einführung des Abgasrohres in den Schornstein geschenkt werden. Das Abgasrohr darf nicht fest in die Schornsteinwand oder die Vormauerung eingemauert werden (Verhinderung von Körperschallübertragungen). Einen praktischen Vorschlag für eine Abgasrohreinführung zeigt Bild 11.5. Als weitere Möglichkeit kann beim Abgasrohr ein Kompensator eingesetzt werden. In Bild 11.6 sind die für diesen Anwendungsbereich speziellen, hitzefesten Abgasrohrkompensatoren dargestellt.

Bild 11.5:
Detail Abgasrohr-Einführung

1 *Schornsteinwand, 2-schalig*
2 *Wärmedämmung*
3 *Futterrohr*
4 *Abgasrohr*

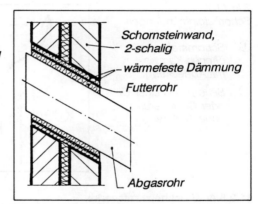

Schornsteinwand, 2-schalig
wärmefeste Dämmung
Futterrohr
Abgasrohr

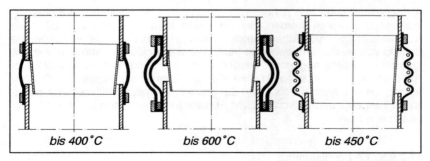

bis 400 °C   bis 600 °C   bis 450 °C

Bild 11.6:
Abgasrohr-Kompensatoren für verschiedene Temperaturbereiche

b. Explosionsklappe

Als weiteres Bauelement muss die Explosionsklappe genannt werden. Sie muss mit einer hitzefesten Dämmschnur versehen sein, damit der Druckstoss beim Zünden der Flamme keine Störgeräusche verursacht. Bei der Wahl der Explosionsklappe ist auf möglichst schwere Ausführungen (z.B. Grauguss) zu achten, welche weniger Geräusche erzeugen als leichte Blechkonstruktionen.

c. Schornsteinmündung

Schornsteinmündungen der Zentralheizungsanlage und Mündungen eines offenen Kamins sollen nicht mit einer gemeinsamen Blende versehen sein, um eine Übertragung der Verbrennungsgeräusche über solche Blenden, die als Reflektoren wirken, in bewohnte Räume zu vermeiden (z.B. über offenes Kamin), Bild 11.7. Gruppen-Schornsteine mit geringer Luftschalldämmung der Trennstege begünstigen die Schallübertragungen. Aus diesem Grunde sind die Schornsteine pro Nutzungseinheit einzeln bis über das Dach zu führen.

Bild 11.7:
Schornsteinmündungen

① *Schornstein eines*
  offenen Kamins,
  mit Abdeckung

② *Schornstein einer Öl-*
  oder Gasfeuerung,
  ohne Abdeckung

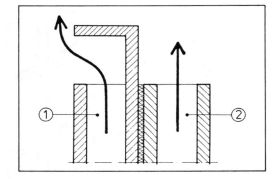

11.2.8.4 Blockheizkraftwerke

Als Spezialfall unter den Schornsteinen muss die Abgasleitung von Blockheizkraftwerken erwähnt werden, die mit einem konventionellen Auspuff eines Autodieselmotors verglichen werden kann. Hier braucht es wirkungsvolle Schalldämpfer, die den jeweiligen Verhältnissen (gebäudeinterne und -externe Immissionsstellen) angepasst werden müssen. Häufig wird in unmittelbarer Nähe des Motors ein erster, in der Nähe des Austritts ein zweiter Schalldämpfer angeordnet. Auch die als Folge der grossen Temperaturdifferenzen beachtlichen Längenänderung von solchen Abgasleitungen müssen bei der Planung beachtet werden.

11.2.8.5 Lärmemissionen

Die Lärmemissionen von Schornsteinen führen, bei günstiger Lage innerhalb des Gebäudes, zu keinen nennenswerten Lärmproblemen. Eine Abschätzung ist praktisch nicht möglich, da zu viele Grössen nicht bestimmt werden können. Dies ist einer der Gründe für die Empfehlung, für einen allenfalls notwendigen Abgasrohrschalldämpfer den erforderlichen Platz zu reservieren («man weiss ja nie ..... !»). Diese Zusatzmassnahme kann auch dann sinnvoll sein, wenn es um die Reduktion von Geräuschen geht, die in die Nachbarschaft abgestrahlt werden. Mit Hilfe des Entwurfs zur VDI 3733 und VDI 2714 besteht die Möglichkeit, eine angenäherte Berechnung der Schallabstrahlung von Schornsteinen durchzuführen.

11.2.8.6 Zukünftige Entwicklungen

Es muss damit gerechnet werden, dass in Zukunft vermehrt Schornsteine aus Kunststoff zum Einbau gelangen. Lärmtechnisch können diese wie Edelstahlrohre betrachtet werden, wenn auch andere Einbauvorschriften bestehen. Auch bei Kunststoff-Schornsteinen muss die Längenänderung als Folge von Temperaturdifferenzen, die zu störenden Geräuschen führen kann, beachtet werden.

Eine weitere Neuentwicklung ist der Glas-Schornstein. Hier können die Lärmprobleme praktisch vernachlässigt werden.

11.2.9 Lagerung

11.2.9.1 Randbedingungen

Falls sich eine Heizungsanlage im Keller befindet, können Kessel bis etwa 700 kW Leistung ohne spezielle Massnahmen direkt auf das Fundament gestellt werden. Ist die Leistung aber grösser, müssen Schwingungsdämmelemente oder schwingungsdämmende Unterlagen vorgesehen werden. Dies gilt auch für Diesel- oder Gasmotoren von Blockheizkraftwerken, wobei zweckmässigerweise die ganze Einheit Motor – Generator auf einem verwindungssteifen Rahmen (ev. mit Zusatzmasse) elastisch gelagert wird. Bei der Dimensionierung der Lagerung kann davon ausgegangen werden, dass die Resonanzfrequenz f_0 des Schwingungssystems 20 Hz nicht überschreitet.

11.2.9.2 Ausführungsdetails

Wird ein Heizkessel auf Schwingungsdämmelementen gelagert, müssen sämtliche zu- und wegführenden Leitungen (inkl. Abgasrohr) elastisch angeschlossen werden. Dies gilt auch für die Zuführung des Brennstoffs (Öl, Gas), für die am einfachsten ein Metallschlauch vorgesehen wird. Die elektrischen Leitungen dürfen nicht starr (z.B. mit Stahlrohren) montiert werden, da sie sonst Körperschallbrücken bilden (Bild 11.8). Ausführliche Informationen über die Rohrleitungen von Heizungsanlagen folgen in Ziff. 11.3.4, Seite 304.

Bild 11.8:
Heizkessel auf
Schwingungs-
dämmelementen mit
flexiblen Leitungs-
anschlüssen

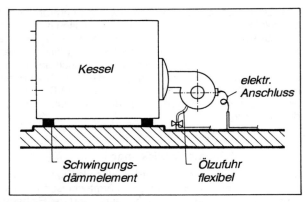

Auch Wärmepumpen und Blockheizkraftwerke sind Anlagen, deren zu- und wegführende Leitungen als Folge der erforderlichen schwingungsdämmenden Lagerung besondere Beachtung verdienen. Aufgrund der hohen Temperaturen werden oft Ganzmetall-Kompensatoren eingesetzt.

Der Flüssigkeitsschall, der in Rohrleitungen von Heizungsanlagen weitergeleitet wird, spielt eine so kleine Rolle, dass auf spezielle Massnahmen (z.B. Flüssigkeitsschalldämpfer) verzichtet werden kann.

11.3   Wärmeverteilung

11.3.1   Schallemissionen

11.3.1.1 Übersicht

Im Zusammenhang mit der Wärmeverteilung wird nur auf Systeme eingegangen, die *Wasser als Wärmeträger* verwenden. Probleme, wie sie bei Luftheizungen auftreten, können mit Hilfe der Berechnungsunterlagen in Abschnitt 9 (Kanalsysteme) gelöst werden. Bei solchen Heizungsanlagen treten praktisch die gleichen Probleme auf, wie sie in raumlufttechnischen Anlagen üblich sind. Luftheizungen sind zudem in Europa – im Gegensatz zu den USA oder Japan – nicht sehr weit verbreitet. Auf die speziellen Probleme der Luftheizungen für industrielle Räume (Luftheizapparate) wird hier ebenfalls nicht eingegangen.

Wichtig bei der Betrachtung der Schallemissionen bei der Wärmeverteilung ist die Differenzierung zwischen:

● Entstehung von Geräuschen
● Fortpflanzung von Geräuschen
● Schallschutzmassnahmen

Wo entstehen denn eigentlich die Geräusche bei der Wärmeverteilung? Bild 11.9 und Tabelle 11.2 beantworten diese Frage.

Bild 11.9:
Bauelemente der
Wärmeverteilung

① *Heizkessel*
② *Armatur*
③ *Umwälzpumpe*
④ *Rohrleitung*

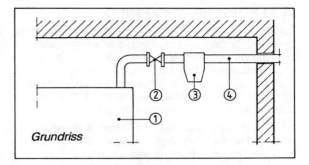

Grundriss

Tab. 11.2: Übersicht über die Geräuschprobleme bei der Wärmeverteilung

Bauelement	Beurteilung
Heizkessel	Hauptlärmquelle, Weiterleitung der Geräusche via Rohrleitungen
Umwälzpumpen	Kleine Pumpen führen bei optimaler Auslegung selten zu Problemen, grössere Pumpen können zusätzlich Geräusche erzeugen.
Armaturen	Gute Armaturen erzeugen praktisch keine Geräusche, falls die Heizungsanlage optimal ausgelegt ist.
Rohrleitungen	Rohrleitungen erzeugen bei den üblichen Fliessgeschwindigkeiten keine Geräusche. Ausnahme: bei Luftblasen im Leitungssystem

Die Übersicht zeigt, dass Rohrleitungen Geräusche in erster Linie übertragen und abstrahlen, nicht aber verursachen. Diese Tatsache gilt es bei der Planung von Schallschutzmassnahmen zu nutzen.

11.3.1.2 Schalltechnische Bedeutung der Verteilelemente im Gesamtsystem

Obschon, wie eben gezeigt, Rohrleitungen praktisch keine Geräusche verursachen, bleiben sie, was ihre Bedeutung bezüglich Übertragung von Geräuschen betrifft, **das** zentrale Element. Durch die Tatsache, dass Rohrleitungen die Verbindungen zwischen den Geräuschquellen sind und dass Wasser ein besonders guter Leiter für Flüssigkeitsschall ist, wird klar wie gross die Bedeutung ist, die den Rohrleitungen zukommt.

11.3.1.3 Hinweise für die Planung

Leider ist es nicht üblich, eine Heizungsanlage einwandfrei hydraulisch abzugleichen. Damit die Anlage trotzdem einigermassen zufriedenstellend arbeitet, wird die Umwälzpumpe zu gross dimensioniert. Dadurch kann auch in ungünstig konzipierten Heizkörpern ein angemessener Nenndurchfluss erreicht werden (der zu grosse Durchfluss in den übrigen Heizkörpern, und die dadurch erhöhten Raumtemperaturen führen kaum zu Reklamationen, sie können ja durch Fensteröffnen «geregelt» werden...).

Wird die Anlage zusätzlich mit Thermostatventilen ausgerüstet, hat dies in den entsprechenden Heizkörpern eine variable Durchflussmenge zur Folge. Wenn nun ein Teil der Thermostatventile wegen Fremdwärme schliesst, steigt der Druck und damit die Durchflussgeschwindigkeit in den geöffneten Ventilen. Jetzt treten Geräuschprobleme auf !

Wenn eine solche Anlage nachträglich hydraulisch abgeglichen wird, ohne die zu grosse Umwälzpumpe auszuwechseln, verschwinden zwar die bisherigen Geräusche, dafür pfeifen dann die Drosselorgane.

Schlussfolgerung
Nur eine korrekt dimensionierte Umwälzpumpe und eine hydraulisch einwandfrei abgeglichene Anlage bieten Gewähr dafür, dass keine Geräuschprobleme auftreten. Dies gilt besonders für Anlagen mit Thermostatventilen.

11.3.2 Umwälzpumpen

11.3.2.1 Bauarten der Umwälzpumpen

In Ergänzung zu den Ausführungen in Abschnitt 6 (Pumpen) werden die für die Warmwasserzirkulation einsetzbaren oder geeigneten Pumpenbauarten kurz vorgestellt (Bild 11.10 bis 11.12).

Bild 11.10:
Stopfbüchsenlose
Rohreinbaupumpe

$\dot{V}$ *bis etwa*
100 m³/h
Δp bis etwa
1 bar

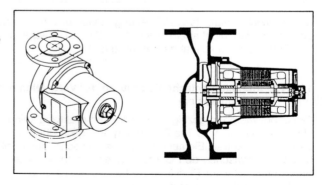

Bild 11.11:
In-Line Pumpe
$\dot{V}$ bis etwa 300 m³/h
Δp bis etwa 3,2 bar

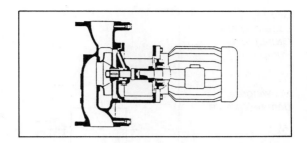

Bild 11.12:
Grundplattenpumpe
$\dot{V}$ bis etwa 630 m³/h
Δp bis etwa 4 bar

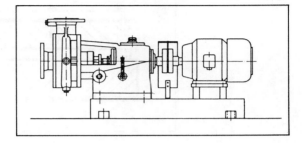

11.3.2.2 Entstehung und Ausbreitung von Pumpengeräuschen

Pumpen, die in Heizungsanlagen eingesetzt werden, unterstehen den selben Geräuschentstehungsmechanismen wie diejenigen, die in Ziff. 6.3, Seite 115, beschrieben wurden.

11.3.2.3 Lagerung von Pumpen

Für Rohreinbau- und In-Line-Pumpen müssen keine speziellen Lagerungen vorgesehen werden, da sie direkt am Rohr befestigt werden. Anders liegen die Verhältnisse bei den Grundplattenpumpen. Diese müssen zur Vermeidung von Körperschall- und Schwingungsübertragungen auf Schwingungsdämmelementen gelagert werden (Bild 11.13). Als Ausnahme können hier ältere, niedertourige Sockelpumpen erwähnt werden, die trotz starrer Lagerung, selten zu Beanstandungen führen.

11.3.2.4 Abschätzung der Schallemissionen

Man kann bei der Planung annehmen, dass die Geräusche von **Rohreinbaupumpen** zu keinen Problemen führen. Eine Vorausbestimmung der Geräusche entfällt somit. Bei den **Grundplattenpumpen** hängen die Geräusche stark von der Leistung und der Bauart der Pumpen ab. Berechnungsunterlagen sind in

301

Bild 11.13:
Lagerung einer
Grundplatten-
Pumpe

①
Schwingungs-
dämmelemente

②
Zusatzmasse

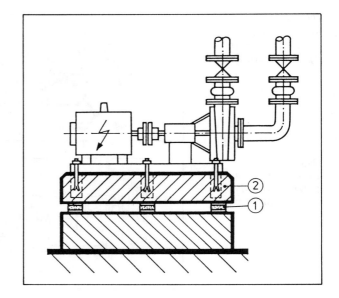

Ziff. 6.4, Seite 116 bis 122 (Emissionskennwerte für Pumpen) zusammengestellt. Für Spiral- oder Kreiselpumpen lässt sich der Schalleistungspegel L_{WA}
nach der folgenden Beziehung abschätzen:

$$L_{WA} = 71 + 13,5 \lg \frac{W}{W_0} \qquad [dB] \qquad [GL\ 11.3]$$

W = Leistungsbedarf der Pumpe in kW
W_0 = Bezugsleistung 1 kW

[GL 11.3] gilt für einen Leistungsbereich (elektr. Antriebsleistung) von 4 bis
2 000 kW mit einer Genauigkeit von etwa ± 6 dB .

11.3.3 Armaturen

11.3.3.1 Geräuschentstehung

Die Geräuschentwicklung in Armaturen wurde bereits in Ziff. 7.6, Seite 158 bis
173, vorgestellt. Trotzdem die Druck- und Volumenstromverhältnisse deutlich
höher liegen, können die Aussagen auf Armaturen für Heizungsanlagen übertragen werden.

11.3.3.2 Bauarten

In den Verteilsystemen von Heizungsanlagen werden aufgrund der strömungstechnischen Aufgaben die Ventile in Bild 11.14 bis 11.18 eingesetzt.

Bild 11.14:
Klappen

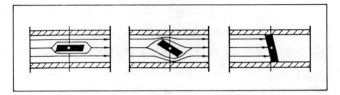

Kostengünstig, platzsparend, Geräuschbildung bei hohen Geschwindigkeiten

Bild 11.15:
Hahnen

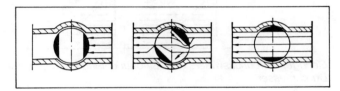

Einfach, kleiner Durchflusswiderstand, ungünstige Konstruktionen sind laut.

Bild 11.16:
Schieber

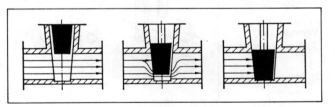

Kostengünstig, geringer Durchflusswiderstand, nur Absperrorgan, meist undicht

11.3.3.3 Verteiler / Sammler

Verteiler haben die Aufgabe, den zugeführten Heizwasserstrom auf mehrere Verbrauchergruppen mit verschiedenen Vorlauftemperaturen und zeitlich veränderlichen Volumenströmen zu verteilen und das Rücklaufwasser wieder zu sammeln. Lärmtechnisch kann bei einwandfreier Ausführung keiner Bauart der Vorzug gegeben werden (Bild 11.19).

Bild 11.17:
Ventil

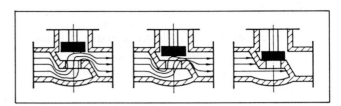

Bei ungünstiger Konstruktion Kavitation, Regelorgan, dichtschliessend

Bild 11.18:
Schrägsitzventil

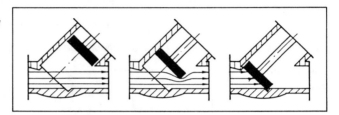

Geringer Durchflusswiderstand, Einbaurichtung beachten, nur für kleine Durchmesser

Bild 11.19:
Verteiler-
konstruktionen

a) b)
Verteiler und
Sammler separat

c)
Rechteckverteiler

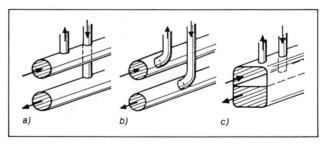

a)   b)   c)

Die Konstruktionen a) und c) nach Bild 11.19 dürfen nicht für Anlagen mit einer zwingend grossen Temperaturdifferenz eingesetzt werden (Anhebung der Rücklauftemperatur durch Wärmetausch).

11.3.4 Rohrleitungen

11.3.4.1 Geräuschentwicklung

Die Berechnung des Schalleistungspegels für eine Rohrleitung ist recht aufwendig (vgl. Ziff. 7.4, Seite 139 bis 149). Für Heizungsanlagen erübrigt sich dieser Aufwand, weil man davon ausgehen kann, dass das Rohrleitungsnetz so geplant und ausgeführt ist, dass es keine wesentlichen Geräuschanteile produziert.

11.3.4.2 Strömungsgeschwindigkeit

Zur Vermeidung von Strömungsgeräuschen in Rohrleitungen (auch in den nachgeschalteten Heizkörpern) ist es gerechtfertigt, die Strömungsgeschwindigkeit auf etwa **1 m/s** zu beschränken.

11.3.4.3 Optimale Leitungsführung

Die zu beachtenden Punkte bei der optimalen Leitungsführung werden wesentlich durch das verwendete Material bestimmt:

- Stahlrohre (Gasrohre, Siederohre, schwarz oder verzinkt)
- Weichstahlrohre (dünnwandige Präzisionsstahlrohre, meistens mit einer Kunststoffummantelung für Einrohrheizung)
- Kupferrohre (für Fussbodenheizungen, Sanitär, Öl)
- Kunststoffrohre (vor allem für Fussbodenheizungen und Sanitär)

Die Temperaturausdehnung ist je nach Material sehr verschieden. Bei der Erwärmung einer 10 m langen Rohrleitung von 10 auf 60°C beträgt die Verlängerung bei unbehinderter Dehnung bei Stahlrohren 6 mm, bei Kupferrohren 8 mm und bei Kunststoffrohren 75 – 100 mm.

Um ein optimales Rohrleitungsnetz zu planen müssen die folgenden Punkte beachtet worden:

- Fixpunkte und Dehnungsmöglichkeiten der Rohrleitungen müssen in der Planung berücksichtigt werden.
- Fehlzirkulationen und Unterzirkulationen innerhalb eines Rohres bei der Verteilstation sind zu vermeiden.
- Die Abzweiger müssen sauber und strömungsgünstig eingeschweisst werden (Bild 11.20). Bei kleinen Nennweiten sind Querschnittsverengungen an den Einschweissstellen besonders sorgfältig zu vermeiden.

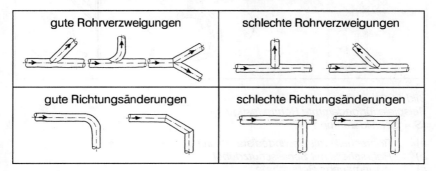

Bild 11.20:
Gute und schlechte Rohrverzweigungen und Richtungsänderungen

305

11.3.4.4 Rohrleitungsbefestigungen

Die körperschall- und schwingungsdämmende Rohrbefestigung ist ein wichtiges Bauelement zur Vermeidung von Geräuschübertragungen. Die Dimensionierung von Rohrbefestigungen hat unter den folgenden Aspekten zu erfolgen:

● Verhinderung von Schall- und Schwingungsübertragungen, wobei jede Aufhängung konsequent gedämmt sein muss, auch diejenigen bei Verteilern (Bild 11.21).

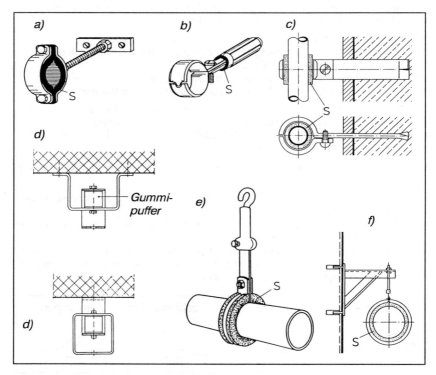

Bild 11.21:
Beispiele für gedämmte Rohrbefestigungen
(S = Schalldämmung)

a)   Rohrschelle mit Gewindedistanzhalter und Grundplatte
b)   Rohrschelle mit Schallschutzdübel
c)   eingemauerte Rohrschelle
d) e) Deckenbefestigungen
f)   Rohrbefestigung mittels Konsole

- Aufnahme des Rohr-, Armaturen- und Wassergewichtes und somit auch Verhinderung übermässiger Druck- und Scherkräfte auf die Anschlussstutzen von Apparaten, Pumpen und Armaturen
- Sicherstellung der nötigen Verschiebungsmöglichkeiten der Rohrleitungen
- Verhinderung des seitlichen Ausknickens und einer zu grossen Durchbiegung
- Fixierung der Anschlussleitungen beim Auswechseln demontierbarer Teile wie Pumpen oder Ventile
- Aufnahme der Dehnungskräfte
- Sicherstellung eines ausreichenden Wandabstandes für die Dämmung

11.3.4.5 Kompensatoren

In Rohrleitungen werden Kompensatoren dort eingesetzt, wo die von einer Anlage erzeugten Schwingungen unterbrochen werden sollen (Bild 11.22). Kompensatoren haben teilweise auch die Aufgabe, Längenänderungen der Rohre als Folge von Temperaturdifferenzen aufzunehmen.

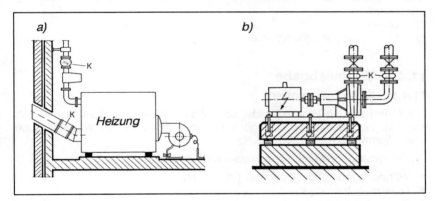

Bild 11.22:
Einsatz von Kompensatoren (K) bei a) Zentralheizung, b) Pumpe

Für Warmwasserleitungen eignen sich in erster Linie Metall- oder Gummikompensatoren (Bild 11.23). Gummikompensatoren müssen häufiger ausgewechselt werden.

Allfällig erforderliche Längenbegrenzer dürfen keinen metallischen Kontakt mit den Rohrleitungen herstellen. Kompensatoren dürfen grundsätzlich weder axial noch radial belastet werden, da sie sonst beschädigt werden könnten. Um diese Bedingungen zu erfüllen, müssen die Rohrleitungsfixpunkte möglichst günstig gewählt werden.

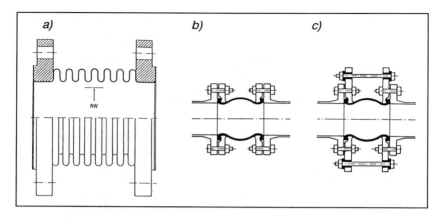

Bild 11.23:
Kompensatoren aus
a)   Metall
b)   Gummi
c)   Gummi mit Längenbegrenzer

11.4 Wärmeabgabe

11.4.1 Schallemissionen

Die Wärmeabgabe kann entweder über Warmwasser oder über warme Luft erfolgen. Im Zentrum der folgenden Ausführungen steht die Wärmeabgabe über Warmwasser.

Die Wärmeabgabe durch Warmwasser wird unterteilt in:

- Wärmeabgabe über Heizkörper (Bild 11.24)
- Fussbodenheizungen
- Deckenheizungen

Bild 11.24:
Wärmeabgabe von
Heizkörpern

a) vorwiegend
durch Strahlung
b) durch Strahlung
und Konvektion
c) vorwiegend
durch
Konvektion

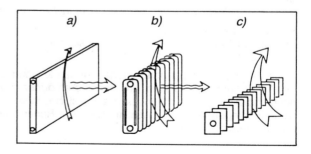

Schalltechnische Beurteilung

Werden die schalltechnischen Planungsrichtlinien eingehalten, können bezüglich Geräuschentwicklung alle Wärmeabgabesysteme als gleichwertig betrachtet werden. Heizkörper neigen eher zu leicht höheren Geräuschen. Diese sind aber für die übliche Nutzung von Räumen bedeutungslos.

11.4.2 Heizkörper

Erwartungsgemäss sinkt die Schallabstrahlung von Heizkörpern mit zunehmender Masse (ohne Wasser). Blechkonstruktionen schneiden hierbei am schlechtesten, Gusskonstruktionen am besten ab. Allgemein kann festgehalten werden, dass heute die zum Einsatz gelangenden Heizkörperbauarten zu keinen Lärmproblemen führen.

Zur Vermeidung von «Knackgeräuschen» bei langen Heizkörpern sind diese entsprechend aufzuhängen (Bild 11.25).

Bild 11.25:
Aufhängung von
Heizkörpern

① *Heizkörper*
② *Konsole*
③ *Teflon-Einlage*

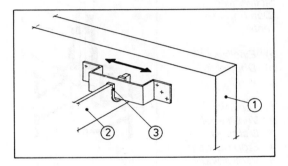

11.4.3 Fussbodenheizungen

Auf dem Markt wird eine grosse Anzahl verschiedener Fussbodenheizungs-Systeme angeboten. Man kann diese in zwei Hauptgruppen einteilen: Nass-Systeme und Trocken-Systeme. Die bauakustischen Probleme im Zusammenhang mit Fussbodenheizungen werden an dieser Stelle nicht eingehend beschrieben.

11.4.4 Regelorgane

11.4.4.1 Stellhahnen und Stellventile

Zur Steuerung der Wasserstromverstellung (Mischung) unmittelbar nach dem Heizkessel bzw. vor oder nach der Umwälzpumpe baut man sog. Stellglieder ein. Die einfachste Bauart ist der Stell*hahn*, meist als Dreiweg- oder Vierweghahn konstruiert (Bild 11.26). Die Dreiweg- oder Durchgangs*ventile* sind strömungstechnisch günstiger gebaute Stellglieder (Bild 11.27 und 11.28).

Bild 11.26:
Vierweghahn

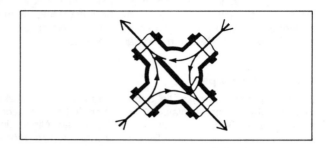

Bild 11.27:
Bauformen und
Sinnbilder von
Stellventilen
(Durchgangs-
ventile)

a) Einsitzventil
b) Doppelsitz-
*   ventil*

1 Ventilsitz
2 Ventilkegel
3 Dichtung
4 Stopfbüchse
5 Ventilspindel

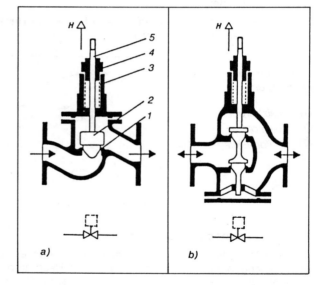

11.4.4.2 Heizkörperventile

Am weitesten verbreitet ist immer noch das klassische Heizkörperventil, mit dessen Hilfe die Durchflussmenge manuell reguliert wird.

11.4.4.3 Thermostatische Heizkörperventile

Im thermostatischen Heizkörperventil (TRV) sind der Raumtemperaturfühler, der Regler und das Stellglied in einem einzigen Bauteil zusammengefasst (Bild 11.29).

Bild 11.28:
Bauformen und
Sinnbilder von
Stellventilen

a)   Umlenkventil
b)   Mischventil

A   Regeltor

B   Beimisch-
*   oder*
*   Bypasstor*

AB   Gesamtstrom

H   Ventilhub

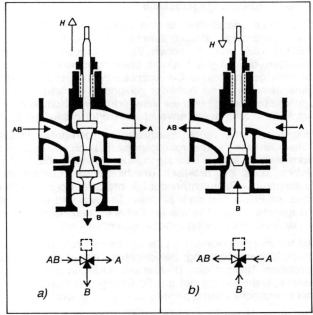

Bild 11.29:
Funktionsweise des thermo-
statischen Heizkörperventils:
Mit steigender Raumtempe-
ratur dehnt sich der Tempe-
raturfühler (1) aus. Er be-
steht aus einem gas-, flüs-
sigkeits- oder wachsgefüllten
Federbalg. Der Übertra-
gungsstift (2) bewegt den
Ventilteller (3) gegen die
Ventilöffnung (4) und
schliesst damit das Ventil.
Sinkt die Temperatur im
Raum, zieht sich der Fühler
zusammen und öffnet über
den Stift das Ventil. Mit dem
Handrad (5) wird der Soll-
wert eingestellt.

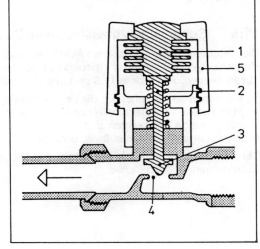

11.4.4.4 Strömungsgeräusche

Stellhahnen und Stellventile sind durchaus in der Lage, bei strömungstechnisch ungünstiger Bauart, falschem Einbau (Durchflussrichtung beachten: Pfeilsymbole) oder zu hohen Strömungsgeschwindigkeiten Geräusche zu erzeugen, die auf das Bauwerk übertragen werden können. Mögliche Massnahmen gegen solche Geräuschübertragungen sind einerseits die richtige Dimensionierung und Wahl der geeigneten Bauteile, anderseits aber auch die gedämmte Montage und die Verwendung von Kompensatoren. Eine quantitative Abschätzung der zu erwartenden Geräuschsituation ist hier nicht möglich.

Heizkörperventile, auch thermostatisch geregelte, erzeugen bei richtiger Dimensionierung und sorgfältigem hydraulischem Abgleich Geräusche, die im Normalfall zu keinen Beanstandungen Anlass geben. Allerdings besteht die Gefahr, dass bei praktisch geschlossenen Thermostatventilen (z.B. beim Ansteigen der Raumtemperatur bei intensiver Sonneneinstrahlung) Pfeifgeräusche als Folge des stark erhöhten Druckes und der damit erhöhten Durchflussgeschwindigkeit entstehen. Dabei können Heizwände in ungünstigen Fällen zu Resonanzschwingungen angeregt werden.

Die technisch einwandfreie Lösung dieses Problems besteht im Einbau einer Druckdifferenz-Regelung: Bei kleineren Anlagen kann ein Überströmventil, bei grösseren Anlagen eine Drehzahlverstellung in die Umwälzpumpe eingebaut werden (sehr wichtig bei der Sanierung von bestehenden Anlagen, die auf thermostatische Heizkörperventile umgerüstet werden).

Bestimmte Hersteller von TRV haben begonnen, die Geräuschpegel in ihre Leistungsdiagramme einzuzeichnen.

11.5 Schallschutzmassnahmen: Zusammenfassung

Die Ausführungen in diesem Abschnitt zeigen deutlich, dass es viele Möglichkeiten gibt, an einer Heizungsanlage Geräusche zu reduzieren. In der Zusammenstellung Tabelle 11.3 sind drei Massnahmengruppen aufgeführt:

- Massnahmen baulicher Art, die bei der Planung zu berücksichtigen sind
- Massnahmen anlagetechnischer Art, die bei der Projektierung einer Heizungsanlage zu beachten sind
- Sanierungsmassnahmen (bzw. Unterhalt)

Die Tabelle 11.3 ist schwergewichtig auf Öl- und Gaszentralheizungen mit Gebläsebrenner ausgerichtet.

Tab. 11.3: Mögliche Schallschutzmassnahmen

Geräuschursache (Bauteil)	Lärmminderungsmassnahmen	a bauliche Planung	b Planung Anlage	c Sanierung
Feuerungssystem	Einbau eines Abgasrohrschalldämpfers, Schallschutzhaube	x	x	x
	Änderung der Öl-Luft-Mischvorrichtung (bei Ölheizungen)			x
	Änd. Sprühcharakteristik (andere Düse bei Ölheizungen)			x
	Körperschall- und Schwingungsdämmung des Kessels		x	x
Anfahrvorgang	Optimale Einstellung der Anfahr-Entlastung			x
	Optimale Zündeinstellung (Elektroden)			x
	Änderung der Sprühcharakteristik (Öl)			x
Ventilator (vorwiegend grosse Anlagen)	Beseitigung von Unwuchten oder Lagerschäden			x
	Austausch des Laufrades			x
	Einbau eines Ansaugschalldämpfers		x	x
	Kapselung des Ventilators bzw. Brenners		x	x
	Austausch des Brenners, speziell zu grosser Brenner nach Sanierungsarbeiten an der Heizungsanlage			x
Heizölpumpe	Reinigung von Filter oder Pumpe			x
Umwälzpumpe	Kontrolle der Drehrichtung und Einbaulage		x	x
	Säuberung der Pumpe			x
	Einbau von Kompensatoren (grosse Anlagen)		x	x
	Austausch von Laufrad / Reduktion der Drehzahl			x
Armaturen	Einbau geräuscharmer Armaturen		x	x
	Strömungsgeschwindigkeit üblicherweise max. 1 m/s (bei grösseren Armaturen nach Herstellerangaben)		x	
	Reduktion der Strömungsgeschwindigkeit durch Verringerung der Wassermenge oder Differenzdruckregelung			x
Wärmespannungen	Einbau von Kompensatoren, Heizkörper-Konsolen mit Tefloneinlagen	x	x	
Luftblasen im Heizsystem	Entlüftung des Rohrleitungssystems und der Heizkörper (Entlüftungshahnen, automat. Entlüftung, Luftflaschen)			x
Lüftungsöffnungen	Richtige Lage der Öffnung	x		
	Einbau eines Lüftungsschalldämpfers		x	x
	Absorbierende Auskleidung des Lüftungsschachtes	x	x	x
Geringe Luftschalldämmung von Decken oder Wänden	Keine Angrenzungen an Aufenthaltsräume	x		
	Wahl der erforderlichen Konstruktion	x		x
	Schallabsorbierende Heizraumdecke	x	x	x
	Dämmung der durch Decken und Wände führenden Rohrleitungen		x	x

Geräuschursache (Bauteil)	Lärmminderungsmassnahmen	a bauliche Planung	b Planung Anlage	c Sanierung
Abgasrohr und Schornstein	Elast. Verbindung Abgasrohr / Schornstein, Kompensator im Abgasrohr		x	x
	Einbau eines Abgasrohrschalldämpfers		x	x
	Verwendung von weichen Anschlägen für Zugbegrenzer- und Überdruckklappen		x	x
	Keine Verwendung von Trennblenden zur Abtrennung eines offenen Schornsteins von einem geschlossenen-Schornstein	x	x	x
Lüftungs- öffnungen	Richtige Lage der Öffnung	x		
	Einbau eines Lüftungsschalldämpfers		x	x
	Absorbierende Auskleidung des Lüftungsschachtes	x	x	x

11.6 Prozessöfen

11.6.1 Grundlagen

Die folgenden Ausführungen sind der VDI-Richtlinie 3730 [34] entnommen. Für 5 Gruppen von Prozessöfen wird der A-bewertete Schalleistungspegel angegeben. Die Daten basieren auf Messungen und repräsentieren den aktuellen Stand der Lärmminderungstechnik.

Die Daten können für Prozessöfen (Kasten- oder Rundöfen) für Raffinerien und petrochemische Betriebe verwendet werden. Dabei handelt es sich um Röhrenöfen mit selbstansaugenden oder zwangsbelüfteten Brennern für flüssige und / oder gasförmige Brennstoffe mit unterfeuerten Heizleistungen von etwa 2 bis 600 MW.

11.6.2 Maschineneinteilung

Die Prozessöfen werden nach der Feuerungsart unterschieden:

- Bodenbefeuerung
- Seitenwandbefeuerung
- kombinierte Seitenwand- / Bodenbefeuerung

Andere Bauarten von Prozessöfen können mit diesen Grundlagen akustisch nicht beurteilt werden.

11.6.3 Emissionskennwerte

Die Geräuschemission der Prozessöfen wird in Abhängigkeit von der unterfeuerten Heizleistung P dargestellt: Bild 11.30. Die Einteilung der Gruppen und ihre spezifischen Konstruktionsmerkmale können der Tabelle 11.4 entnommen werden.

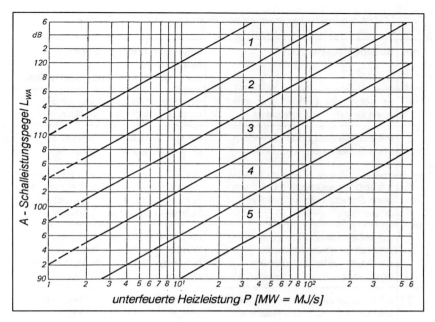

unterfeuerte Heizleistung P [MW = MJ/s]

Bild 11.30:
Emissionskennwerte von Prozessöfen
(Beschreibung der Gruppen 1 bis 5 siehe Tabelle 11.4)

Bemerkungen zu den Emissionskennwerten

Bei der praktischen Anwendung von Bild 11.30 sind die folgenden Punkte zu beachten:

- Bei den Öfen der Gruppe 1 bis 4 kann im Normalfall die von den Ofenwänden abgestrahlte Schalleistung vernachlässigt werden.
- Bei den Öfen der Gruppe 5 muss der Wandeinfluss bei der Ermittlung der Schalleistung berücksichtigt werden.
- Der Bau dickerer Ofenwände erhöht die Schalldämmung und kann bei den geräuscharmen Öfen der Gruppe 5 eine zusätzliche Pegelminderung bewirken.
- Öfen mit Seitenwandbefeuerung emittieren im Normalfall grössere Schalleistungen als bodenbefeuerte Prozessöfen.

Tab. 11.4: Konstruktionsmerkmale von Prozessöfen (Nr. = Gruppe)

Nr.	bodenbefeuerte Öfen	seitenwandbefeuerte oder kombinierte seitenwand- / bodenbefeuerte Öfen
1	mit selbstansaugenden Brennern ohne Schallschutz erreichbar	mit selbstansaugenden Brennern ohne Schallschutz erreichbar
2	mit selbstansaugenden Brennern ohne Schallschutz erreichbar	mit selbstansaugenden Brennern ohne Schallschutz sicher nicht erreichbar
3	mit selbstansaugenden Brennern ohne Schallschutz nicht sicher erreichbar	mit selbstansaugenden Brennern und Schallschutz [1] sowie mit druckluftbefeuerten Brennern [2] erreichbar
4	mit selbstansaugenden Brennern und Schallschutz sowie mit druckluftbefeuerten Brennern erreichbar	mit selbstansaugenden Brennern und Schallschutz [1] sowie mit druckluftbefeuerten Brennern [2] nicht sicher erreichbar
5	mit selbstansaugenden Brennern und Ummauerung des Raumes zw. Ofenboden und Erdboden und auch mit druckluftbefeuerten Brennern nicht sicher erreichbar. Mit druckluftbefeuerten Brennern ausgeführt mit Verbrennungskammern erreichbar [3]	mit druckluftbefeuerten Brennern ausgeführt mit Verbrennungskammern erreichbar [3]

[1]) *Alternativ können vorhanden sein:*

- *Schallabsorbierende Auskleidung der bei bodenbefeuerten Öfen vorhandenen gemeinsamen Luftansaugkammer, die mehrere Brenner umschliesst.*
- *Absorptionsschalldämpfer in Kulissenform auf der Luftansaugseite, vorzugsweise einzusetzen bei bodenbefeuerten Öfen. Die Kulissen stehen auf dem Erdboden und reichen bis unter den Ofenboden.*
- *Schalldämpfer auf jeder Luftzuführungsseite bei Zufuhr von Primär- und Sekundärluft.*
- *Kapselung des kompletten Brenners, wobei die Luftansaugöffnungen mit Schalldämpfern versehen sind.*

[2]) *Einsatz von Druckluftbrennern mit Verbrennungskammern. Diese Brenner sind nur bei Neuplanungen und nicht bei jedem druckluftbefeuerten Ofen einsetzbar.*

[3]) *Die Ofenwände sollten mit einer mittleren flächenbezogenen Masse von mindestens 400 kg/m² oder mit weichen Zwischenschichten und besonderen Abstandshaltern ausgeführt werden. Besonders wirksam ist eine absorbierende Innenauskleidung des Ofen-Innenbereiches. Zudem ist darauf zu achten, dass der in den Brennern vorhandene Körperschall nicht auf die Ofenwände übergeleitet wird und diese zu Biegeschwingungen anregt.*

11.6.4 Einfluss der Betriebsbedingungen auf die Geräuschemission

Eine Reduzierung der unterfeuerten Heizleistung eines Ofens hat grundsätzlich eine Verringerung der Schallemission zur Folge. Allerdings können hier, bedingt durch die unterschiedlichen Brennerkonstruktionen sowie Brennerdüsen und Heizmedien, keine verbindlichen Werte angegeben werden.

In besonderen Fällen werden die Öfen mit einem Gasgemisch aus Erdgas und Wasserstoff befeuert. Mit steigendem H_2 – Antell steigt auch die Geräuschentwicklung und erreicht bei etwa 70 % H_2 – Anteil das Maximum. Bei diesem Gas-Mischungsverhältnis kann der Innenpegel im Ofen um 20 dB(A) und der nach aussen abgestrahlte A-Schallleistungspegel um 10 dB(A) ansteigen.

317

12 Kälteanlagen

12.1 Einleitung

In diesem Abschnitt geht es in erster Linie darum, wie man Kältemaschinen und Verflüssiger unter Beachtung ihrer strömungsakustischen Eigenschaften optimal bestimmt und einbaut. Es werden keine Möglichkeiten zur lärmarmen Konstruktion von solchen Geräten aufgezeigt. Man muss demzufolge die spezifischen Eigenschaften der verschiedenen Anlagenteile kennen. Von Interesse ist vielleicht der Hinweis, dass die meisten Probleme von Wärmepumpen mit den in diesem Abschnitt dargelegten Ausführungen gelöst werden können. Verschiedene Baugruppen von Wärmepumpen sind thermodynamisch nichts anderes als «umgekehrte» Kältemaschinen.

Strömungsakustische Hinweise, wie man möglichst lärmarme Kältemaschinen oder Verdichter bauen kann, enthalten die Abschnitte 2 (Strömungsakustische Grundlagen) und 5 bis 9 (Ventilatoren, Pumpen, Rohrleitungen und Ventile, Öl-hydraulische Anlagen, Kanalsysteme für Lüftungs- und Klimaanlagen).

Haben Sie, verehrter Leser, auch schon festgestellt, dass physikalisch der Begriff «Kälte» gar nicht existiert? Denn in der Wärmelehre wird alles, was über dem absoluten Nullpunkt liegt, eben als Wärme bezeichnet. Trotzdem sind heute die Bezeichnungen «Kälteanlagen» und «Kältetechnik» üblich, und daran wollen wir uns auch halten.

12.2 Maschinen und Aggregate

12.2.1 Der mechanische Kälteprozess

Die häufigste Art, Kälte zu erzeugen, besteht in der Anwendung des mechanischen Kälteprozesses. Bild 12.1 zeigt das Funktionsprinzip einer solchen Anlage.

Im **Verdampfer-Wärmetauscher** liegt die Kältemittel-Temperatur unter der Umgebungstemperatur. Aus der Umgebung fliesst deshalb Wärme auf das unter niedrigem Druck stehende Kältemittel und bringt es zum Sieden und Verdampfen. Der kalte Dampf wird vom Verdichter angesaugt («Sauggas») und unter hohem Druck verdichtet. Dadurch steigt die Temperatur des Kältemitteldampfes. Der heisse Dampf («Heissgas») gibt im **Verflüssiger-Wärmetauscher** Wärme an die Umgebung ab und kondensiert dadurch. Im **Expansionsventil** wird das verflüssigte Kältemittel entspannt. Bei niedrigem Druck fliesst es wieder zum Verdampfer zurück.

Der mechanische Kälteprozess wird am häufigsten für Anwendungen im Klima-, Kühl- und Gefrierbereich sowie für **Wärmepumpen** eingesetzt.

Auf den Absorptions-Kälteprozess, den Dampfstrahl-Kälteprozess und die thermoelektrische Kälteerzeugung wird an dieser Stelle nicht näher eingegangen.

Bild 12.1:
Funktionsprinzip
des
mechanischen
Kälteprozesses

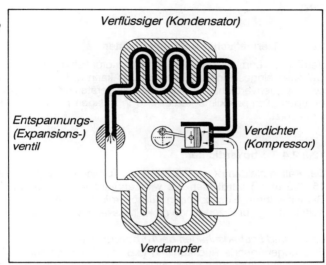

Verflüssiger (Kondensator)

Entspannungs-
(Expansions-)
ventil

Verdichter
(Kompressor)

Verdampfer

12.2.2 Verdichter (Kompressor)

Der Verdichter, als Bestandteil einer mechanischen Kälteanlage oder Wärmepumpe, saugt den Kältemitteldampf von niedrigem Druck und niedriger Temperatur an und bringt ihn auf einen höheren Druck. Dabei erwärmt sich der Kältemitteldampf. Die Verdichterbauarten, die heute am meisten verbreitet sind, werden kurz vorgestellt.

12.2.2.1 Offener Kolbenverdichter

Die Antriebswelle ragt aus dem Verdichtergehäuse heraus. An diese kann ein Elektro-, Diesel- oder Gasmotor gekuppelt werden. Die Leistung wird durch Abschalten einzelner Zylinder oder Veränderung der Drehzahl des Antriebsmotors geregelt. Offene Kolbenverdichter werden normalerweise bis zu etwa 500 kW Kälteleistung eingesetzt.

12.2.2.2 Halbhermetischer Kolbenverdichter

Verdichter und Antriebsmotor sind im selben Gehäuse untergebracht. Üblich

ist der Antrieb mittels Elektromotor. Dieser wird von dem am Motor vorbei-
strömenden kalten Kältemittelgas (Sauggas) gekühlt. Die Leistung wird durch
Abschalten einzelner Zylinder oder Veränderung der Drehzahl des Antriebsmotors geregelt. Halbhermetische Kolbenverdichter werden in Anlagen bis
etwa 100 kW oder, beim Einsatz mehrerer Verdichter, bis etwa 400 kW eingesetzt.

12.2.2.3 Hermetischer Kolbenverdichter

Verdichter und elektrischer Antriebsmotor sind in einem verschweissten
Gehäuse eingeschlossen. Die Leistung kann nicht geregelt werden. Hermetische Kolbenverdichter werden in Kleingeräten (Kühlschränke, Klein-Wärme-
pumpen, Kompaktklimageräte) und in Anlagen bis etwa 30 kW Kälteleistung
eingesetzt.

12.2.2.4 Turboverdichter

Der Kältemitteldampf wird durch eine Turbine mit hoher Drehzahl (bis etwa
15 000 min^{-1}) verdichtet. Sie wird angetrieben von einem Elektromotor mit
Getriebe. Ihren Einsatz finden Turboverdichter in Anlagen ab etwa 3 000 kW
Kälteleistung zur Erzeugung von Kaltwasser sowie als Grosswärmepumpen.

Lager- und Laufradschäden bei Turboverdichtern
Eine ungenügende Rückkühlung (z.B. durch verschmutzten Verflüssiger) verursacht Druckverlagerungen zwischen der Druck- und Saugseite des Turboverdichters. Dies kann zum sog. «Pumpen» der Maschine, erkennbar durch
Lärm, und zu Lager- und Laufradschäden führen.

12.2.2.5 Schraubenverdichter

Der Kältemitteldampf wird mittels einer Schraube bei hoher Drehzahl verdichtet. Für den Antrieb dient üblicherweise ein Elektromotor (als Wärmepumpe
auch ein Gas- oder Dieselmotor). Schraubenverdichter werden neuerdings
schon ab 20 kW eingesetzt.

12.2.3 Verflüssiger (Kondensator)

Der Verflüssiger-Wärmetauscher gibt die Wärme aus dem Kältemittelkreislauf
an die Umgebung oder, bei einer Wärmepumpe, an das Heizmedium ab.

12.2.3.1 Luftgekühlte Verflüssiger

Das heisse Kältemittelgas gibt seine Wärme an die den Verflüssiger durchströmende Luft ab und verflüssigt sich dabei (Luftgeschwindigkeit üblicherweise 2 bis 4 m/s). Die Leistung des Verflüssigers wird bestimmt durch den Volumenstrom und die Temperatur der durchströmenden Luft. Diese wird mit Ventilatoren verschiedener Bauart gefördert:

- *Axialventilator* in Geräten für die Aufstellung im Freien, wo der Ventilatorlärm nicht stört (Bild 12.2.a). Die Schalleistung hängt von der Ventilatordrehzahl ab. Bei exponierter Lage soll die Drehzahl 500 min^{-1} nicht überschreiten. Sind bestehende Ventilatoren zu laut, können im Notfall zylindrische Schalldämpfer über den Ventilatoren angebracht werden (Druckverlust beachten).

- *Radialventilator* in Geräten für die Aufstellung im Freien oder in Gebäuden mit Luftkanälen (Bild 12.2.b). Der zusätzliche Anbau von Schalldämpfern ist möglich, sofern das Ventilatorgeräusch das zulässige Mass überschreitet.

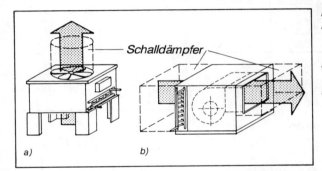

Bild 12.2:
Luftgekühlte
Verflüssiger

a) Axialventilator

b) Radialventilator

Luftgekühlte Verflüssiger sind in der Haustechnik die am meisten eingesetzten Geräte. Einen Überblick der Bauarten vermittelt Bild 12.3. Solche Systeme werden auch in Lüftungsanlagen eingebaut, z.B. im Fortluftstrom, oder – zur Wärmerückgewinnung – im Aussenluftstrom.

12.2.3.2 Wassergekühlte Verflüssiger

Das heisse Kältemittelgas gibt seine Wärme an das den Verflüssiger durchströmende Wasser ab und verflüssigt sich dabei. Röhrenkessel-Verflüssiger werden am häufigsten gebaut.

12.2.3.3 Verdunstungsverflüssiger

Das heisse Kältemittelgas gibt seine Wärme, ähnlich wie beim luftgekühlten Verflüssiger, an die den Wärmeaustauscher durchströmende Luft ab (Bild 12.4). Zusätzlich wird das Rohrsystem zur Kühlung mit Wasser besprüht (Wasserumwälzung).

Ausführungs-form	Vertikal-bauweise	Horizontal-bauweise	Reihen-bauweise	V-Form- bzw. Dachbauweise
saugend	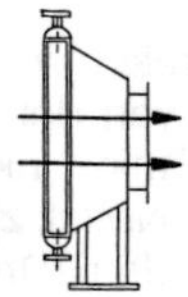	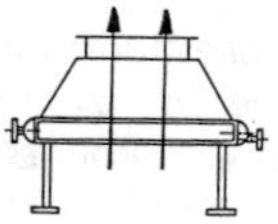	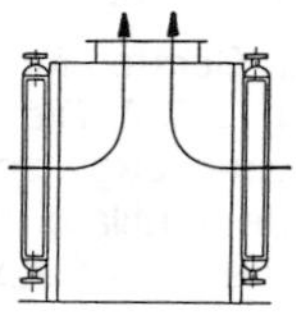	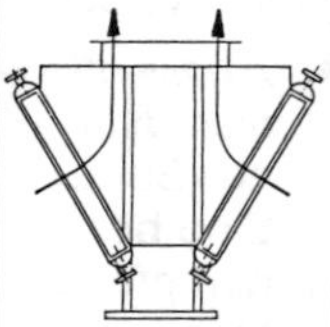
drückend	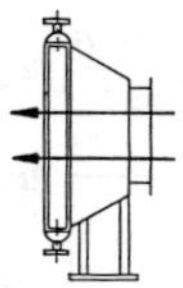		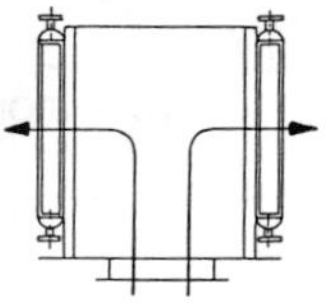	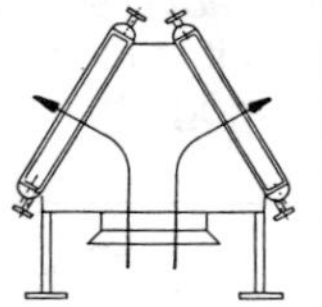

Bild 12.3:
Bauarten von luftgekühlten Verflüssigern

Bild 12.4:
Verdunstungs-Verflüssiger

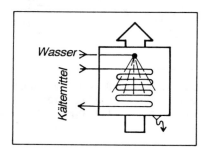

12.2.4 Regelgerät

Das Regelgerät hat den Kältemittelfluss zum Verdampfer zu regeln. Das am häufigsten verwendete Regelgerät ist das **thermostatische Expansionsventil**. Strömungsakustische Probleme im Zusammenhang mit solchen Ventilen können mit den Grundlagen des Abschnittes 7 (Rohrleitungen und Ventile) gelöst werden.

12.2.5 Verdampfer

Der Verdampfer entzieht dem zu kühlenden Medium – bei einer Wärmepumpe der Wärmequelle – die Wärme, indem das flüssige Kältemittel verdampft und zusätzlich noch etwas sensible Wärme (aus der Umgebung des Verdampfers) aufnimmt. Die Verdampfer sind grundsätzlich gleich konstruiert wie die Verflüssiger. Man unterscheidet:

- *Lamellenverdampfer* für die Kühlung von Luft, z.B. in Klimaanlagen und in Kühlräumen oder zum Wärmeentzug aus der Luft bei Wärmepumpen; meist mit erzwungener Konvektion durch Axial- oder Radialventilatoren

- *Rohrbündelverdampfer*, sog. Chiller, für die Kühlung von Wasser, z.B. Kaltwasser für Klimaanlagen

- *Plattenverdampfer* für die Kühlung von Wasser unter den Gefrierpunkt (z.B. Eisspeicheranlagen) oder bei der Wärmerückgewinnung aus verschmutzter Fortluft bzw. aus Abwasser

- *Glattrohrverdampfer* mit ähnlichen Einsatzgebieten wie Plattenverdampfer

12.2.6 Kühltürme

Heute werden die meisten Kälteanlagen mit wassergekühlten Verflüssigern ausgerüstet. Das Wasser zirkuliert in einem Kreislauf und gibt seine Wärme in einem Kühlturm an die Umgebungsluft ab. Das Prinzip dieses Vorgangs ist in Bild 12.5 dargestellt. Üblicherweise werden heute offene Kühltürme (auch Rückkühlwerke genannt) gebaut. Dies bedeutet, dass ein Teil des Kühlwassers verdunstet. Die einzelnen Komponenten eines solchen Kühlturms sind am Beispiel in Bild 12.6 dargestellt.

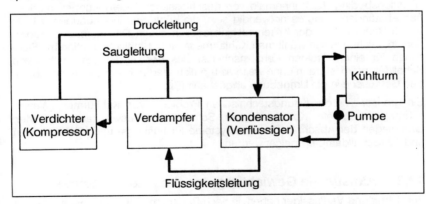

Bild 12.5:
Funktionsschema einer Kälteanlage mit wassergekühltem Verflüssiger

Für grosse Leistungen werden meistens Axialventilatoren verwendet. Für kleinere Leistungen sowie bei der Aufstellung innerhalb von Gebäuden kommen auch Radialventilatoren zur Anwendung. Die Luftgeschwindigkeit, bezogen auf den freien Querschnitt, beträgt etwa 2 bis 3,5 m/s. Die Ventilatordrehzahl sollte schaltbar sein, damit beispielsweise in der Nacht aufgrund einer kleineren Drehzahl weniger Geräusche abgestrahlt werden.

Bild 12.6:
Rechteckiger Kühlturm mit
Axialventilator

① *Wasserzufluss*
② *Axialventilator*
③ *Wasserverteilrohre*
④ *Tropfenabscheider*
⑤ *Füllkörper*
⑥ *Verkleidung*
⑦ *Tragprofile*
⑧ *Wassersammelbecken*
⑨ *Wasserabfluss*

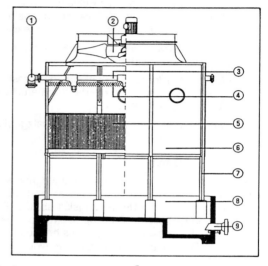

Situationsbedingt (z.B. innerhalb von geschlossenen Überbauungen mit kleinen Abständen) kann es notwendig sein, die Kühltürme in Gebäuden, z.B. in einem Raum neben der Kältemaschine oder in einem Dachaufbau, anzuordnen. In solchen Fällen wählt man Kühltürme in einer Stahlkonstruktion mit Flanschen für einen direkten Kanalanschluss. Das Vor- und Nachschalten von Schalldämpfern ist dann ohne weiteres möglich, dadurch werden keine störenden Geräusche in die Umgebung abgestrahlt (Bild 12.7).

Ein grosser Teil der lüftungstechnischen Probleme von Kühltürmen (Wetterschutzgitter, Kanäle, Kompensatoren, Schalldämpfer usw.) kann nach den Grundlagen der Abschnitte 9 (Kanalsysteme für Lüftungs- und Klimaanlagen) und 10 (Schalldämpfer) gelöst werden.

12.3 Akustische Gewichtung der einzelnen Systeme

Verdichter und Verflüssiger haben, je nach Bauart, mehr oder weniger grossen Einfluss auf die Schallschutzplanung. Die nachstehende Tabelle 12.1 vermittelt einen Überblick über die wichtigsten Probleme.

Bild 12.7:
Kühlturm für den Einbau
im Gebäude

① Kühlturm

② Kulissenschalldämpfer

③ Ventilator

④ Kanäle zu den
Wetterschutzgittern

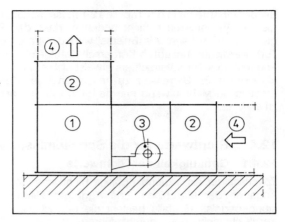

Tab. 12.1: Lärmprobleme bei Verdichtern und Verflüssigern (Kühltürmen)

Lärmproblem	Verdichter			Luftgekühlte Verflüssiger und Kühltürme	
	Kolben	Turbo	Schrauben	im Freien	in Gebäuden
Luftschall					
Übertragungen im Gebäude	x x x	x x x	x x x	x	x x
Nachbarschaftsimmissionen	x	x	x	x x x	x x
Körperschall					
Übertragungen im Gebäude	x x x	x x x	x x x	–	x x
Übertragungen durch Leitungen	x x	x	x	–	x
Nachbarschaftsimmissionen	–	–	–	–	–
Zeitlicher Betrieb Tag/Nachtschaltung notwendig	–	–	–	x x x	x

x x x von grosser Bedeutung
x x   von Bedeutung
x   von geringer Bedeutung
–   bedeutungslos

325

Bei der Interpretation der Tabelle 12.1 muss darauf geachtet werden, dass eine gleiche Anzahl Kreuze nicht bedeutet, dass das Problem auf dieselbe Art gelöst werden kann. Als Beispiel wird der Vergleich zwischen Kolben- und Turboverdichter bezüglich Körperschall aufgeführt. Infolge der hohen Erregerfrequenz des Turboverdichters erweist sich seine Lagerung als verhältnismässig einfach, im Gegensatz zu derjenigen eines Kolbenverdichters, die einen erheblichen Mehraufwand erfordert, um eine nur annähernd so gute Wirkung zu erzielen.

12.4 Richtwerte für die Schallemissionen

12.4.1 Genauigkeit der Richtwerte

Zuverlässiger als allgemein gültige Richtwerte sind in jedem Fall verbindliche Angaben der Maschinen- und Aggregate-Hersteller in Form des Schalleistungspegels. Allenfalls besteht die Möglichkeit, an einer ähnlichen Anlage Vergleichsmessungen durchzuführen. Ist keine der Varianten möglich, helfen die folgenden **Abschätzmethoden**, Richtwerte zu erhalten. Dabei muss speziell auf die grosse Bandbreite dieser Richtwerte hingewiesen werden.

12.4.2 Kolbenverdichter

Für offene wassergekühlte Kolbenverdichter mit einer Drehzahl von n = 1 450 min^{-1} kann der A-bewertete Schalleistungspegel L_{WA} überschlägig wie folgt berechnet werden:

$$L_{WA} \; = \; 16 \; + \; 15 \lg W_K \cdot 10^{-3} \quad \text{[dB]} \qquad \text{[GL 12.1]}$$

oder

$$L_{WA} \; = \; 19 \; + \; 15 \lg W_M \cdot 10^{-3} \quad \text{[dB]} \qquad \text{[GL 12.2]}$$

W_K = Kälteleistung in kW
W_M = Antriebsleistung in kW

Für hermetische Kolbenverdichter liegen die Werte etwa 10 dB niedriger, hingegen muss für luftgekühlte Maschinen ein Zuschlag von 10 dB gemacht werden.

12.4.3 Turboverdichter

Im Leistungsbereich von W_K = 3 000 bis 30 000 kW (Kälteleistung) kann der A-bewertete Schalleistungspegel L_{WA} wie folgt abgeschätzt werden:

$$L_{WA} \; = \; (90 \pm 5) \; + \; 8 \lg W_K \quad \text{[dB]} \qquad \text{[GL 12.3]}$$

Die Ungenauigkeit von ± 5 dB(A) signalisiert den möglichen Streubereich.

12.4.4 Schraubenverdichter

Schraubenverdichter sind normalerweise nicht nur diejenigen mit dem kleinsten A-bewerteten Schallleistungspegel L_{WA}, sondern auch diejenigen mit dem grössten Streubereich (durch die Bauart bedingt):

$$L_{WA} = (82 \pm 15) + 10 \lg W_M \quad [dB] \qquad \text{[GL 12.4]}$$

Diese Beziehung ist für den Antriebsleistungsbereich von W_M = 20 bis 800 kW anwendbar. Trockenläufer liegen eher im positiven Streubereich.

12.4.5 Luftgekühlte Verflüssiger

Die folgenden Angaben gelten für luftgekühlte Verflüssiger (Luftkühler, Bild 12.8) mit erzwungener Strömung ohne sekundäre Schallschutzmassnahmen, d.h. ohne Kapsel und ohne Schalldämpfer. Den Werten liegt als Betriebszustand der Dauerbetrieb bei der Nennleistung und bei der Nenndrehzahl zugrunde (Quelle: [39]).

Bild 12.8:
Schematischer Aufbau eines
Luftkühlers

1 Verteilerkammer
2 Axial-Ventilator mit
*   Elektromotor*
3 Luftführungskasten
4 Kühlerbündel
5 Luft
6 zu kühlendes Medium

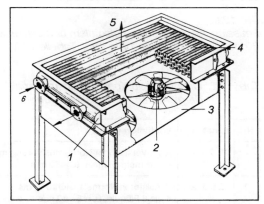

Die Emissionskennwerte für Luftkühler sind in Bild 12.9 in Abhängigkeit der Nennleistung W dargestellt, wobei:

$$W = \frac{\dot{V}_L \cdot \Delta p_t}{1\,000} \quad [kW] \qquad \text{[GL 12.5]}$$

Δp_t = Gesamtdruckdifferenz des Rohrbündels bei Nennleistung in Pa
$\dot{V}_L$ = Luftvolumenstrom bei Nennleistung in m³/s

Integrierter Bestandteil von Bild 12.9 ist die Tabelle 12.2.

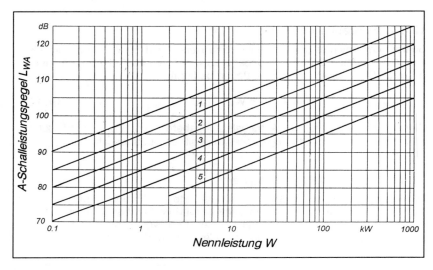

Bild 12.9:
Emissionskennwerte von Luftkühlern und Luftkühlerbänken
(Konstruktionsgruppen 1 bis 5 vgl. Tabelle 12.2)

Tab. 12.2: Orientierende Konstruktionsmerkmale für die in Bild 12.9
dargestellten Konstruktionsgruppen

Nr.	const *)	Ventilatorsystem	Antriebssystem
1	$97,5 \pm 2,5$	Klein-Ventilator in Normalausführung mit 4 und mehr Flügeln, u > 60 m/s	alle Antriebsarten möglich
2	$92,5 \pm 2,5$	Ventilator in Normalausführung mit 4 bis 6 Flügeln, u = 5 - 60 m/s	alle Antriebsarten möglich
3	$87,5 \pm 2,5$	Ventilator in Normalausführung mit 6 Flügeln, reduzierte Förderleistung, u = 40 - 45 m/s, Einlaufkonus	für P > 20 kW nur erreichbar mit geräuscharmem Getriebe mit Kapselung
4	$82,5 \pm 2,5$	geräuscharmer Ventilator mit 6 Flügeln, u = 30 - 40 m/s, parabolische Einlaufdüse, strömungsgünstige Nabenverkleidung	im allgemeinen erreichbar mit geräuscharmem E-Motor und Getriebe oder Getriebekapselung

Nr.	const *)	Ventilatorsystem	Antriebssystem
5	77,5 ± 2,5	geräuscharmer Ventilator mit 8 - 10 Flügeln oder bei kleinerer Flügelzahl mit Vorleitrad, u = 25 - 30 m/s, parabolische Einlaufdüse, strömungsgünstige Flügelgestaltung und Nabenverkleidung, optimaler Abstand der Lüfterkonstruktion und des Schutzgitters von den Schaufeln	Kapselung des Getriebes, geräuscharmer oder gekapselter E-Motor, körperschallgedämmte Aufstellung von E-Motor und Getriebe

*) gem. Gleichung in Bild 12.8
u = Umfangsgeschwindigkeit an den Flügelspitzen

In [39] findet man zudem weitere Informationen, wie man die Schallspektren angenähert bestimmen kann.

12.4.6 Kühltürme

Kühltürme können, je nach Lage gegenüber exponierten Wohnbauten, zu grossen Immissionsproblemen führen. Dabei spielt es keine Rolle, ob die Geräusche durch den Kühlturm einer kleinen Kälteanlage oder durch den Naturzugkühlturm eines Grosskraftwerkes verursacht werden. Entscheidend für das Mass der Belästigung sind die Schalleistungspegel der Kühltürme und die Abstände gegenüber den Immissionspunkten.

Über Kühltürme liegen umfangreiche Untersuchungen vor. 1990 erschien die VDI-Richtlinie 3734, Blatt 2 [40]. Für einen sehr breiten Leistungsbereich werden Kenndaten angegeben (Tabelle 12.3, Bild 12.10).

Tab. 12.3: Übersicht über den Bereich der Kenndaten der untersuchten Kühltürme (Bauart siehe Bild 12.10)

Kühlungsart und Typ		Bereich	
		Ventilatorantriebs-leistung in kW	Wassermenge in m³/h
Zwangs-belüftung	Serienkühltürme *)	0,5 bis 35	25 bis 300
	Zellenkühltürme *)	35 bis 350	1 000 bis 8 000
	Rundkühltürme	650 bis 2500	10000 bis 105 000
Naturzug			1 500 bis 210 000

*) gilt jeweils nur für eine Zelle

In der Zeit von 1985 bis 1988 wurden insgesamt 133 verschiedenartige Kühltürme untersucht. Die Ergebnisse der Messungen und die Auswertungen sind in den Diagrammen Bild 12.11 bis 12.13 auszugsweise dargestellt (ohne

Schalldämpfer und Aufprallabschwächer). Diese Untersuchungen können als repräsentativ betrachtet werden für den Stand der Technik.

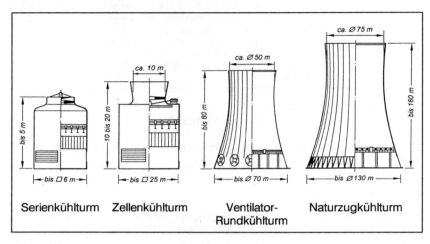

Serienkühlturm   Zellenkühlturm   Ventilator-Rundkühlturm   Naturzugkühlturm

Bild 12.10:
Schematische Darstellung der vier Kühlturmbauarten

Fehlen die erforderlichen Kenndaten zur Bestimmung des Schalleistungspegels nach Bild 12.11 bis 12.13, können die Schall**druck**pegel L_p in 1 m Abstand abgeschätzt werden.

Bei Radialventilatoren:

$$L_p = 73 + 10 \lg W_M \quad [dB(A)] \qquad\qquad [GL\ 12.6]$$

Bei Axialventilatoren:

$$L_p = 80 + 10 \lg W_M \quad [dB(A)] \qquad\qquad [GL\ 12.7]$$

W_M = elektrische Antriebsleistung des Ventilators in kW

Das eigentliche Wassergeräusch (Vielzahl von fallenden Wassertropfen) spielt bei kleinen Kühltürmen eine untergeordnete Rolle, da es vom Ventilatorgeräusch überdeckt wird.

Die namhaften Kühlturm-Hersteller sind in der Lage, die Schalleistungen ihrer Produkte anzugeben. Bei heiklen Umgebungslärmverhältnissen kann es sinnvoll sein, ein bestimmtes Produkt mit den Diagrammen nach Bild 12.11 bis 12.13 zu vergleichen und zu bewerten !

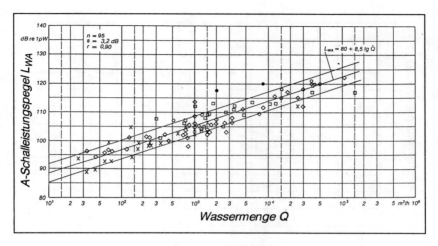

Bild 12.11:

A-Schalleistungspegel der gemessenen Ventilator-Kühltürme in Funktion der Wassermenge und der Ventilatorumfangsgeschwindigkeit

Ventilatorumfangsgeschwindigkeit:

× 25 bis 40 m/s   ◇ 41 bis 55 m/s   □ 56 bis 70 m/s
o 71 bis 85 m/s   • 86 bis 100 m/s

Bild 12.12:
A-Schalleistungs-
pegel der gemes-
senen Serien-
Kühltürme in
Funktion der
beregneten Fläche

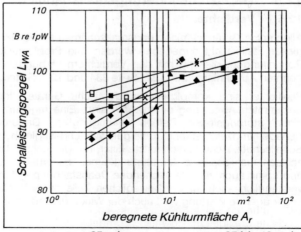

◆ u ≤ 35 m/s   ■ u = 35 bis 40 m/s
□ u = 45 bis 50 m/s   × u = 50 bis 55 m/s
▲ druckbelüftet

331

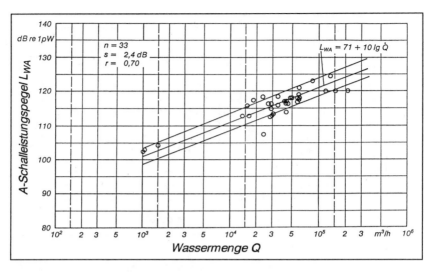

Bild 12.13:
A-Schalleistungspegel der gemessenen Naturzug-Kühltürme in Funktion der
Wassermenge (ohne Schalldämpfer und ohne Aufprallabschwächer)

12.5 Geräuschminderungsmassnahmen

12.5.1 Verdichter

Allgemeine Geräuschminderungsmassnahmen für Verdichter allein können an dieser Stelle nicht angegeben werden. Die Problematik der Standorte und Rohrleitungen, die eng mit den Verdichtern verbunden sind, werden in getrennten Abschnitten (Ziff. 12.6, Seite 334 und 12.7, Seite 335) behandelt.

Verdichter sind komplizierte mechanische Geräte, deren Einzelteile einer bestimmten Abnützung unterworfen sind. Eine regelmässige Wartung ist für einen störungsfreien Betrieb unumgänglich. Dadurch werden allfällige Schäden frühzeitig erkannt. Eine gute Wartung ist gleichzusetzen mit gezieltem Schallschutz, denn verschmutzte Filter, mit Unwuchten laufende Anlagen und schlecht schliessende Armaturen können zu erheblichen Pegelerhöhungen und somit auch zu entsprechenden Beanstandungen führen. Dies gilt selbstverständlich auch für die beweglichen Teile eines Verflüssigers. Durch eine ungenügende Wartung wird auch der Wirkungsgrad negativ beeinträchtigt.

12.5.2 Luftgekühlte Verflüssiger (Luftkühler)

Die Lufteintritts- und Luftaustrittsöffnungen von Luftkühlern sind meistens nach oben bzw. nach unten gerichtet und das wirkt sich stark auf die Schallab-strahlung aus. Dadurch ergeben sich für die horizontale Schallausbreitung etwas niedrigere Schalldruckpegel [bis zu 5 dB(A)].

Die wirksamste Geräuschminderungsmassnahme bei den Luftkühlern besteht darin, ein geräuscharmes Produkt auszulesen!

12.5.3 Kühltürme

Bei Überlegungen zu Geräuschminderungsmassnahmen an Kühltürmen muss man zwischen den beiden Hauptlärmquellen Ventilator und aufprallende Was-sermassen unterscheiden.

12.5.3.1 Massnahmen am Ventilator

Es geht darum, einen möglichst geräuscharmen Ventilator einzusetzen. Dies-bezügliche Hinweise sind in Ziff. 5.8 (Seite 110) und 5.9 (Seite 112) zusammen-gestellt. Ebenfalls sollen das Getriebe und die Kraftübertragung geräuscharm arbeiten.

12.5.3.2 Massnahmen zur Reduktion des Wassergeräusches

Es bestehen die folgenden Möglichkeiten, das Wassergeräusch von Kühltür-men mit Zwangsbelüftung zu reduzieren:

● Verringerung der Wassertiefe im Aufprallbereich der Tropfen
● dünnmaschige Gitter oder Gewebe, die an der Wasseroberfläche schwim-men
● Aufprallabschwächer auf der Wasseroberfläche (z.B. schräge Prallplatten oder mehrlagige PVC-Maschengewebe), Bild 12.14.

Einbauten dieser Art können den Schalleistungspegel um bis zu 7 dB reduzie-ren. Allerdings sind solche Konstruktionen empfindlich gegenüber mechani-schen Beschädigungen und zudem besteht im Winter die Gefahr der Eisbil-dung. Um die Wirksamkeit von Aufprallabschwächern auch über eine längere Zeitperiode zu gewährleisten, sind sie regelmässig zu reinigen.

Bei Naturzugkühltürmen können zudem Ablaufnetze aus Kunststoff oder Metall aufgehängt werden. Auch Wasserauffangrinnen unter den Rieseleinbauten können Pegelsenkungen von bis zu 10 dB bewirken.

Im weiteren bieten sich die folgenden Sekundärmassnahmen an:

● Schalldämpfer im Saug- und Druckbereich (erhöhter Druckverlust)
● Kapselung von Motor und Getriebe
● Schallschutzwände oder Erdwälle zur Begrenzung der Schallausbreitung

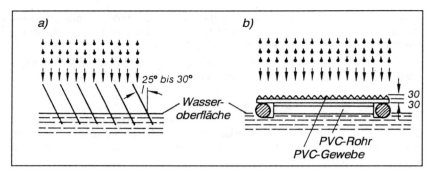

Bild 12.14:
Aufprallabschwächer zur Reduktion des Wassergeräusches bei Kühltürmen

a) *schräge Prallplatten*
b) *Matten aus mehrlagigem PVC-Mattengewebe oder schräge Prallplatten (plissiert), Lagen um 90° zueinander versetzt*

12.6 Standorte

12.6.1 Bedeutung der Standorte

Die Bedeutung des Standortes in Abhängigkeit des Maschinentyps ist klein. Ein wesentlicher Unterschied besteht nur bei luftgekühlten Verflüssigern, je nachdem, ob sie im Freien oder in Gebäuden aufgestellt werden.

Es ist unbestritten, dass beispielsweise Turbo- oder Schraubenverdichter weniger Schwingungen erzeugen als Kolbenverdichter. Dieser Unterschied gibt keiner Bauart aus schalltechnischen Gründen den Vorzug, weil die verbleibenden Lärmprobleme immer noch so gross sind, dass spezielle Massnahmen erforderlich sind.

12.6.2 Hinweise für die Planung

Kälteanlagen sind luft- und körperschallerzeugende Maschinen, deren Standorte mit spezieller Sorgfalt geplant werden müssen. Die folgenden Punkte sind beachtenswert:

12.6.2.1 Standort Verdichter

Jede Anlagenplanung hat das Ziel, den Verdichter möglichst nahe beim Kälteverbraucher zu plazieren (z.B. bei der Luftaufbereitung), damit die Leitungen möglichst kurz werden. Der Einbau des Verdichters wird zum Beispiel dann problematisch, wenn sich die Luftaufbereitung in einem Dachaufbau befindet und wenn direkt darunter eine Zone mit lärmempfindlicher Nutzung liegt. In diesem Fall muss der Standort in einem Untergeschoss geprüft werden, trotzdem dadurch bedeutend längere Kältemittelleitungen notwendig werden. Wahrscheinlich sind die längeren Leitungen kostengünstiger als die allenfalls erforderlichen baulichen Massnahmen, die beim Verdichterstandort im Dachaufbau notwendig werden.

Dieses Beispiel zeigt, dass es in den meisten Fällen um ein Abwägen von Vor- und Nachteilen geht, selbstverständlich unter Beachtung der Folgekosten.

12.6.2.2 Luftgekühlte Verflüssiger und Kühltürme im Freien

Werden luftgekühlte Verflüssiger auf Dächern oder ebenerdig im Freien aufgestellt, sind vorgängig die kritischen Immissionspunkte festzulegen. In noch spärlich bebauten Gebieten sind dies nicht nur die vorhandenen Gebäude, sondern auch die exponiertesten Immissionsstellen (Abstände / Höhen), die aufgrund der baugesetzlichen Möglichkeiten in Zukunft entstehen können.

12.6.2.3 Luftgekühlte Verflüssiger in Gebäuden

Dieser in der Praxis recht häufige Fall muss sowohl bezüglich gebäudeexterner wie auch -interner Lärmprobleme betrachtet werden.

Die Lage der Aussenluft- und Fortluftöffnungen (Wetterschutzgitter) ist auch hier den exponiertesten Immissionsstellen anzupassen. Das Vorgehen ist ausführlich in Ziff. 9.2.4.2, Seite 205, beschrieben.

Luftgekühlte Verflüssiger erzeugen auch Körperschall und Luftschall innerhalb des gleichen Gebäudes. Durch geeignete Massnahmen (Lagerung, gedämmte Leitungen, hinreichende Luftschalldämmung der Baukonstruktion) ist es aber möglich, auch Räume mit empfindlicher Nutzung in unmittelbarer Nähe der Verflüssiger zu planen. Aus diesem Grunde gelten keine einschränkenden Empfehlungen für den Standort.

12.7 Rohrleitungen

12.7.1 Planungsgrundsätze

Neben Leitungen für die Wasserrückkühlung kennen wir:

- Druckleitungen vom Verdichter zum Verflüssiger
- Flüssigkeitsleitungen vom Verflüssiger zum Verdampfer
- Saugleitungen vom Verdampfer zum Verdichter

Rohrleitungen von Kälteanlagen sind grösseren Schwingungsbelastungen ausgesetzt als beispielsweise Rohrleitungen von Heizungsanlagen. Die vom Verdichter erzeugten Druckschwankungen werden auf die Rohrleitungen übertragen, und zwar zu einem erheblichen Teil durch das Kältemittel selbst.

Zur Vermeidung störender Körperschallübertragungen müssen die folgenden Planungsgrundsätze beachtet werden:

● Fixpunkte und Dehnungsmöglichkeiten der Rohrleitungen sind zu planen bzw. zu berücksichtigen.

● Das Rohrleitungsnetz ist strömungstechnisch optimal zu planen. Richtungsänderungen dürfen keine zu engen Radien aufweisen. Abzweigungen sind strömungsgünstig und sauber einzulöten bzw. einzuschweissen. Keine plötzlichen Querschnittsveränderungen vorsehen (Bild 12.15 und 12.16) !

Bild 12.15:
Strömungsgünstige
Rohrführung und
Lage der Ventile

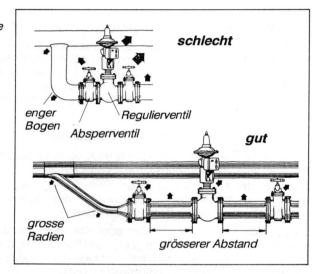

Bild 12.16:
Strömungsgünstige
Querschnitts-
erweiterung

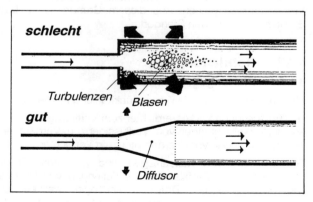

• Bei der Dimensionierung der Rohrleitungen können bei Verwendung von Halogenkältemitteln die Richtgeschwindigkeiten nach Tabelle 12.4 verwendet werden (aus kältetechnischen Gründen dürfen bei steigenden Saugleitungen die Richtgeschwindigkeiten nicht unterschritten werden). Werden andere Kältemittel eingesetzt, sind die optimalen Strömungsgeschwindigkeiten nach den Herstellerangaben zu planen.

Tab. 12.4: Richtgeschwindigkeiten für Kältemittelleitungen

Kälte-mittel	Richtgeschwindigkeiten in m/s für		
	Saug-leitung	Druck-leitung	Flüssigkeits-leitung
R 12	6 – 10	10 – 12	0,4 – 0,6
R 22	8 – 12	12 – 15	0,4 – 0,6

• Rohrbefestigungen und Rohrabstützungen oder -aufhängungen sind grundsätzlich mit einer Körperschalldämmschicht auszurüsten.
• Die Rohrleitungen sind mit Kompensatoren, ev. kombiniert mit Vibrationsabsorbern, an die Verdichter anzuschliessen.
• Auch die Übergänge an Kondensatoren und Kälteverbrauchern sind mit geeigneten Kompensatoren auszuführen.
• Wand- und Deckendurchbrüche sind gedämmt auszuführen, so dass die Rohrleitungen den Baukörper an keiner Stelle berühren.
• Bei besonders lärmempfindlichen Verhältnissen sollen je nach Verdichterbauart (speziell Kolbenverdichter) Pulsationsdämpfer vorgesehen werden.

12.7.2 Ausführungshinweise

Im Kältemittelkreislauf werden in der Regel **Kupferrohre** verwendet. Diese sind gut zu verarbeiten und bieten einen geringen Durchflusswiderstand. Bei sehr grossen Leitungen (Rohre mit mehr als 100 mm Nennweite) und Ammoniak als Kältemittel sind **Stahlrohre** zu verwenden.

Die Wärmedämmung kann, falls sie weich genug ist, auch als **Körperschalldämmung** verwendet werden, Bild 12.17.

Decken- und Wanddurchbrüche sind zusätzlich zu dämmen (Rohrdehnungen beachten). Die Zusatzdämmung bietet Gewähr dafür, dass die Rohrleitung den Baukörper nicht berührt (Bild 12.18).

Sind aus Brandschutzgründen bei Steigleitungen Schachtabschottungen notwendig, sind die Kältemittelleitungen vorgängig einwandfrei zu dämmen.

Bild 12.17:
Verschiedene Arten
von
Rohrbefestigungen

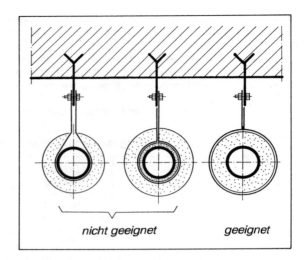

nicht geeignet   geeignet

Bild 12.18:
Wanddurchführung

① Trennwand

② Kältemittelleitung

③ Wärmedämmung

④ Zusatzdämmung, z.B.
Mineralwollerohrschalen
oder Schaumstoff

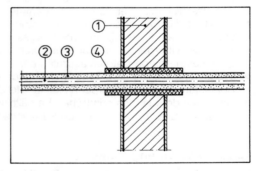

Kompensatoren, auch **Metallschläuche**, sind den Druck- und Belastungsver-hältnissen anzupassen. Ganzmetall-Kompensatoren sind temperatur und druckbeständiger als Gummi-Kompensatoren. Da sie weniger elastisch sind, müssen sie immer in zwei Achsen eingebaut werden (Bild 12.19).

Können aus technischen Gründen keine Kompensatoren eingebaut werden, ist auch eine Lösung nach Bild 12.20 mit Metallschläuchen denkbar.

Die **Lagerpunkte** (Abstände) für die Rohre müssen so gewählt werden, dass keine Schwingungen im Rohrsystem entstehen können.

Der Einsatz von strömungstechnisch günstigen Regulierventilen (in der richti-gen Strömungsrichtung eingebaut!) hilft, Geräusche zu vermeiden (Bild 12.21).

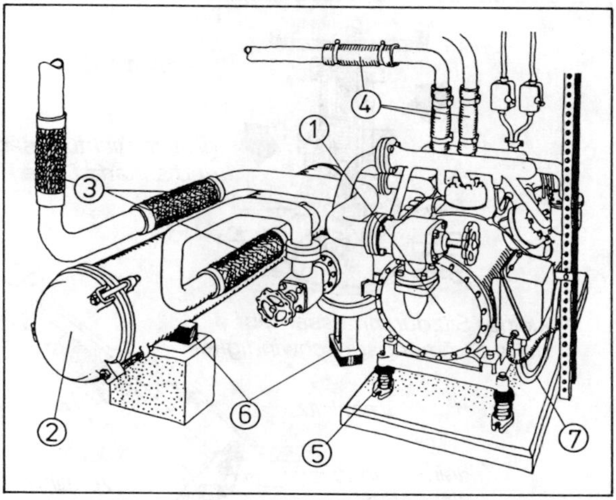

Bild 12.19:
Kompensatoren und
Schwingungsdämm-
elemente an einer
Kältemaschine

① *Kolbenver-*
    dichter

② *Kondensator*

③ *Metallkom-*
    pensatoren
    (Hochdruck)

④ *Gummikom-*
    pensatoren
    (Niederdruck)

⑤ *Schwingungs-*
    dämmelemente

⑥ *Gummi*

⑦ *flexible elektri-*
    sche Leitungen

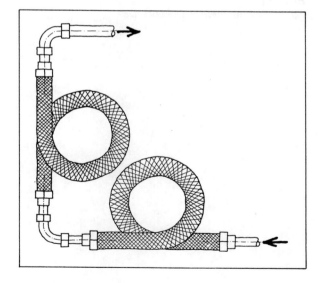

Bild 12.20:
Metallschläuche zur
Vermeidung von
Schwingungsüber-
tragungen

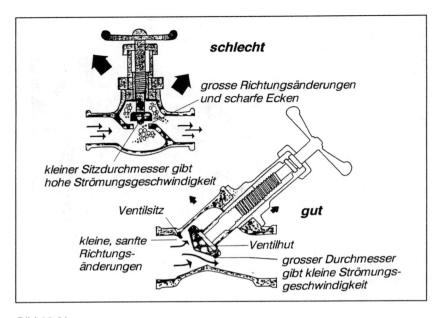

Bild 12.21:
Strömungsgünstige Regulierventile

13 Literatur

13.1 Bücher

1. Schaffert, E. Mustervorlesung Maschinenakustik,
Bundesanstalt für Arbeitsschutz,
Dortmund, 1985.

2. Heckl, M. / Müller, H. Taschenbuch der technischen Akustik,
Springer-Verlag, Berlin, 1975.

3. Schmidt, H. Schalltechnisches Taschenbuch,
VDI-Verlag, Düsseldorf, 1989.

4. Lips, W. Akustik für den Heizungs-, Lüftungs- und
Klimaingenieur,
Ingenieurschule Luzern (Schweiz), 1993.

5. Veit, I. Flüssigkeitsschall,
Vogel-Verlag, Würzburg, 1979.

6. Rieländer, M. Reallexikon der Akustik,
Verlag Erwin Bochinsky,
Frankfurt am Main, 1982.

7. Beranek, L. Noise Reduction,
McGraw-Hill Book Comp. Inc.,
New York, Toronto, London, 1971.

8. Kohlrausch, F. Praktische Physik,
Verlag B.G. Teubner, Stuttgart, 1968.

9. Kuttruff, H. Physik und Technik des Ultraschalls,
S. Hirzel Verlag, Stuttgart, 1988.

10. Fasold, W. u. weitere Taschenbuch Akustik,
VEB Verlag Technik, Berlin, 1984.

Literatur

11. Recknagel / Sprenger / Hönmann Taschenbuch für Heizung und Klimatechnik, R. Oldenbourg Verlag, München, (erscheint jährlich).

12. Schweizerische Unfallversicherungsanstalt Gehörgefährdender Lärm am Arbeitsplatz, SBA 146, Luzern (Schweiz), 1988.

13. Schmidtke, H. u. weitere Lüftung am Arbeitsplatz, Bayerisches Staatsministerium für Arbeit, Familie und Sozialordnung, München, 1991.

14. Brüel & Kjaer AG Noise Control (Principles and Practice), 1986.

15. Kurtze / Schmidt / Westphal Physik und Technik der Lärmbekämpfung, Verlag C. Braun, Karlsruhe, 1975.

16. IP Haustechnik 1987 Schallschutz in Haustechnikanlagen, Bundesamt für Konjunkturfragen, Bern (Schweiz).

17. Fb 129 Beispielsammlung, Bundesanstalt für Arbeitsschutz, Dortmund, 1974.

18. Fb 180 Geräuschemission von Hydroelementen und Hydrosystemen und Massnahmen zur Lärmminderung, Bundesanstalt für Arbeitsschutz, Dortmund, 1977.

19. Fb 184 Geräuschemission von Kreiselpumpen, Bundesanstalt für Arbeitsschutz, Dortmund, 1978.

20. Fb 283 Lärmminderung am Arbeitsplatz, Beispielsammlung, Bundesanstalt für Arbeitsschutz, Dortmund, 1981.

21. Fb 355 Lärmarm konstruieren IX, Lärmminderung an Hydraulikventilen, Bundesanstalt für Arbeitsschutz, Dortmund, 1983.

22.	Fb 643	Geräuschemission von Hydraulikpumpen und Lärmminderung, Bundesanstalt für Arbeitsschutz, Dortmund, 1992.
23.	Dubbel	Taschenbuch für den Maschinenbau, Springer-Verlag, Berlin, 1990.
24.	Lips, W.	Akustikprobleme in der Fluidtechnik, Technische Rundschau Nr. 43 / 1991.
25.	Breuer-Stercken, A.	Geräuschminderung an hydraulischen Komponenten, O + P «Oelhydraulik und Pneumatik», 36 (1992), Nr. 5.

13.2 Richtlinien und Normen

26.	VDI 2081	Lärmminderung bei raumlufttechnischen Anlagen, 1983.
27.	VDI 2567	Schallschutz durch Schalldämpfer, 1971.
28.	VDI 2713	Lärmminderung bei Wärmekraftanlagen, 1974.
29.	VDI 2715	Lärmminderung an Warm- und Heisswasser-Heizungsanlagen, 1977.
30.	VDI 2734	Rückkühlanlagen, 1981.
31.	VDI 3720, Blatt 1	Lärmarm konstruieren, allgemeine Grundlagen, 1980.
32.	VDI 3720, Blatt 2	Lärmarm konstruieren, Beispielsammlung, 1982.
33.	VDI 3720, Blatt 5	Lärmarm konstruieren, Hydrokomponenten und -systeme, 1984.
34.	VDI 3730	Rahmenrichtlinie, Prozessöfen (Röhrenöfen), 1988.
35.	VDI 3731, Blatt 1	Rahmen-Richtlinie, Kompressoren, 1982.
36.	VDI 3731, Blatt 2	Rahmen-Richtlinie, Ventilatoren, 1990.

37. VDI 3732   Rahmen-Richtlinie, Fackeln, 1981.

38. VDI 3733 E   Geräusche bei Rohrleitungen, Entwurf 1992.

39. VDI 3734, Blatt 1   Emissionskennwerte technischer Schallquellen: Rückkühlanlagen, Luftkühler, 1981.

40. VDI 3734, Blatt 2   Emissionskennwerte technischer Schallquellen: Kühltürme, 1990.

41. VDI 3738 E   Emissionskennwerte technischer Schallquellen: Armaturen, Entwurf 1993.

42. VDI 3743, Blatt 1   Emissionskennwerte technischer Schallquellen: Pumpen, Kreiselpumpen, 1982.

43. VDI 3743, Blatt 2   Emissionskennwerte technischer Schallquellen: Pumpen (Verdrängerpumpen), 1989.

44. VDI 3749, Blatt 1   Emissionskennwerte technischer Schallquellen: Druckluftwerkzeuge und -Maschinen; Rahmen-Richtlinie, 1993.

45. VDI 3749, Blatt 2   Emissionskennwerte technischer Schallquellen: Druckluftwerkzeuge und -Maschinen, Schlagende Maschinen, 1983.

46. VDI 3749, Blatt 3   Emissionskennwerte technischer Schallquellen: Druckluftwerkzeuge und -Maschinen, Bohrhämmer und Hammerbohrmaschinen, 1983.

47. VDI 3749, Blatt 4   Emissionskennwerte technischer Schallquellen: Druckluftwerkzeuge und -Maschinen, Bohrmaschinen, 1984.

48. VDI 3749, Blatt 5   Emissionskennwerte technischer Schallquellen: Druckluftwerkzeuge und -Maschinen, Schleifer, 1986.

49. VDI 3749, Blatt 6   Emissionskennwerte technischer Schallquellen: Druckluftwerkzeuge und -Maschinen, Schrauber, 1987.

50. VDI-Berichte 938   Lärmminderung durch Schalldämpfer, 1992.

51. VDI-Berichte 742   Schalltechnik '89, 1989.

52. VDI-Berichte 1121   Schalltechnik '94, 1994.

53. DIN-Taschenbuch 260   Lärmminderung an Wärmekraftanlagen, Beuth Verlag GmbH, 1994.

54. DIN 1302   Allgemeine mathematische Zeichen und Begriffe, 1994.

55. DIN 1304, Teil 4   Formelzeichen für Akustik, 1986.

56. DIN 1313   Physikalische Grössen und Gleichungen, 1978.

57. DIN 1320   Akustik, Begriffe, 1992.

58. DIN 45 646   Messungen an Schalldämpfern in Kanälen, 1988.

59. DIN 45 635, Teil 41   Geräuschmessungen an Maschinen, Hydroaggregate, 1986.

60. DIN 45 635, Teil 50   Geräuschmessungen an Armaturen, 1987.

61. DIN IEC 65B(Sec) 168   Methode zur Vorhersage der aerodynamischen Geräusche von Stellventilen, Entwurf 1992.

62. DIN EN 255, Teil 7   Anschlussfertige Wärmepumpen mit elektrisch angetriebenen Verdichtern, Entwurf 1992.

63. DIN EN 25 136   Bestimmung der von Ventilatoren in Kanäle abgestrahlten Schalleistung, Kanalverfahren, 1994.

64. DIN EN 27 235   Messungen an Schalldämpfern in Kanälen, Entwurf 1993.

65. DIN EN 31 691   Bestimmung des Einfügungsdämpfungs-Masses von Schalldämpfern in Kanälen ohne Strömung, Entwurf 1993.

66. DIN EN 31 820   Messungen an Schalldämpfern im Einsatzfall, Entwurf 1994.

67. DIN EN 60 534, Teil 8-4   Stellventile für die Prozessregelung, Entwurf
                               Juni 1993.

68. DIN IEC 534, Teil 8-1   Stellventile für die Prozessregelung, 1991.

69. DIN IEC 65B(Sec)178   Methode zur Vorhersage der aerodynamischen
                               Geräusche von Stellventilen, Entwurf November
                               1993.

70. DIN ISO 31, Teil 7   Grössen und Einheiten, Akustik, 1994.

71. DIN EN 60 534, Teil 8-2   Stellventile für die Prozessregelung: Teil 8,
                               Geräuschemission, Hauptabschnitt 2, Labora-
                               toriumsmessungen, 1994.

Hinweis

Eine Vielzahl von Zeitschriftenaufsätzen und Beiträgen aus Tagungsberichts-
bänden, die dem vorliegenden Buch zugrunde liegen, konnten aus Platzgründen nicht in die Liste aufgenommen werden.

14 Formelzeichen

In den Normen und Richtlinien werden teilweise abweichende Formelzeichen für die gleichen Grössen verwendet (z.B. [55], [57], [70]). Um dem Anwender die Arbeit mit diesem Buch und den entsprechenden Normen und Richtlinien zu erleichtern, wurden die Formelzeichen und Grössen ohne Änderungen übernommen. Leider kann im heutigen Zeitpunkt noch keine Vereinheitlichung vorgenommen werden. Es bleibt jedoch zu hoffen, dass sich auf internationaler Ebene demnächst eine umfassende Normung der Formelzeichen für die entsprechenden Grössen durchzusetzen vermag.

In der folgenden Zusammenstellung sind nicht alle verwendeten Formelzeichen aufgeführt. So werden beispielsweise Formelzeichen für Durchmesser und Geschwindigkeiten nur mit den wichtigsten Indizes erwähnt.

Formel-zeichen	Grösse	Masseinheit	Bemerkungen
a	Schallgeschwindigkeit	m / s	
A	äquivalente Absorptionsfläche	m^2	nach Sabine
b	Breite	m	
B	Biegesteifigkeit	Nm^2	
c	Schallgeschwindigkeit	m / s	
c_F	Schallgeschwindigkeit in Fluiden	m / s	
c_R	Schallgeschwindigkeit in der Rohrwandung (Longitudinalwellen)	m / s	
d	Durchmesser, Dicke, Abstand	m	auch cm
d_a	Aussendurchmesser	m	
d_a	Abzweig-Kanaldurchmesser	m	
d_g	Durchmesser des flächengleichen Kreisquerschnittes	m	Abzweig
d_h	Haupt-Kanaldurchmesser	m	
d_i	Innendurchmesser	m	
d_{im}	mittlerer Innendurchmesser	m	Schornsteine

Formel-zeichen	Grösse	Masseinheit	Bemerkungen
D	Dämpfung, Schallpegeldifferenz	dB	auch ΔL_w
D_N	Nenndurchmesser	mm	Armaturen
D_2	Laufraddurchmesser	m	Ventilatoren
E	Elastizitätsmodul	N / m^2	
E_d	dynamischer Elastizitätsmodul	N / m^2	
E_s	statischer Elastizitätsmodul	N / m^2	
f	Frequenz	Hz	
f_0	Eigenfrequenz, Resonanzfrequenz	Hz	
f_D	Drehklangfrequenz	Hz	Ventilatoren
f_G	Grenzfrequenz	Hz	Rohrleitungen
f_{Gn}	Grenzfrequenz n	Hz	Rohrleitungen
f_m	Band-Mittenfrequenz	Hz	OBA bzw. TBA
f_r	Ringdehnfrequenz	Hz	
F	Kraft	N	
Δf	Breite eines Frequenzbandes	Hz	
g	Erdbeschleunigung	m / s^2	$g = 9{,}81$ m/s^2
h	Höhe, Abstand	m	
I	Schallintensität	W / m^2	
k_n	Modalfaktor	–	
K	Kompressionsmodul	N / m^2	
K	Konstante, Korrekturwert	–	
l	Länge	m	
L	Schalldruckpegel (allgemein)	dB	
L_A	A-bewerteter Schalldruckpegel	dB	auch dB(A)
L_C	C-bewerteter Schalldruckpegel	dB	auch dB(C)
L_D	D-bewerteter Schalldruckpegel	dB	auch dB(D)
L_{eq}	energieäquivalenter Dauerschall-druckpegel	dB	
L_m	Mittelungspegel	dB	
L_p	Schalldruckpegel	dB	auch nur L

348

Formel-zeichen	Grösse	Masseinheit	Bemerkungen
L_{pAeq}	A-bewerteter energieäquivalenter		
	Dauerschalldruckpegel	dB	
L_{Pvc}	Strahlleistungspegel	dB	Ventile
L_W	Schalleistungspegel (allgemein)	dB	
L_{WA}	A-bewerteter Schalleistungspegel	dB	
L_{WAi}	A-bew. innerer Schalleistungspegel	dB	Rohrleitungen
L_{Wi}	innerer Schalleistungspegel	dB	Rohrleitungen
$L_{W,okt}$	Oktav-Schalleistungspegel	dB	
	(Oktavleistungspegel)		
L_W^*	normierter Schalleistungspegel	dB	Abzweig
L_{Ws}	spezifischer Schalleistungspegel	dB	Ventilatoren
L_η	akustisches Umwandlungsmass	dB	Ventile
ΔL	Pegeldifferenz	dB	
ΔL_W	Schalleistungspegeldifferenz	dB	auch D
M, Ma	Machzahl	–	
M'	Molmasse	kg / mol	
m	Masse	kg	
m	Massestrom	kg / s	Ventile
m"	Massenbedeckung	kg / m^2	
m_M"	Flächengewicht des Rohrmantels	kg / m^2	
m_R"	Flächengewicht des Rohres	kg / m^2	
n	Drehzahl	min^{-1}	auch U / min
n	Querschnittsverhältnis	–	
n_L	Luftwechselzahl eines Raumes	m^3 / h	
N	spezifische Gaskonstante	kJ / kg K	
Ñ	allgemeine Gaskonstante	kJ / kmol K	
n_N	Nenndrehzahl	min^{-1}	
NR	Geräuschbeurteilungszahl	dB	
OBA	Oktavbandanalyse	–	
OBP	Oktavbandpegel	dB	
p	Schalldruck	Pa (bar)	1 bar = 10^5 Pa
p_0	Bezugsschalldruck	Pa	

Formel-zeichen	Grösse	Masseinheit	Bemerkungen
p_{abs}	absoluter Druck	Pa	
p_D	Dampfdruck	Pa	
p_{eff}	effektiver Schalldruck	Pa	
p_s	statischer Druck	Pa	
P	Leistungsbedarf	kW	Pumpen
Δp	Druckdifferenz	Pa	
Δp_t	Gesamtdruckdifferenz	Pa	
Q	Förderstrom	m^3 / s	Pumpen
Q	Massenfluss	t / h	
Q	Richtfaktor	−	
r	Radius	m	
r_H	Hallradius	m	
R	Schalldämmass	dB	
R_R	Rohr-Schalldämm-Mass	dB	
R_s	Strömungswiderstand	Rayl	1 Rayl = 10 Ns/m^3
R'_w	bewertetes Bauschalldämmass	dB	
s	Schichtdicke	m	
s	Salzgehalt des Meerwassers	%	
S	Fläche	m^2	
S_{eff}	freie Auslassfläche	m^2	Gitter
S_K	Schallübertragungsfläche	m^2	Kanal
S_R	Rohrleitungsmantelfläche	m^2	
Str	Strouhalzahl	−	
S_v	gesamte Raumoberfläche	m^2	
t	Zeit	s	
T	Temperatur	°C, K	0°C = K − 273,15
T	Periodenlänge einer Schwingung	s	T = 1 / f
T	Nachhallzeit	s	
T_m	Messzeit	s	auch min, h

Formel-zeichen	Grösse	Masseinheit	Bemerkungen
T_u	Turbulenzgrad	%	
TBA	Terzbandanalyse	–	
TBP	Terzbandpegel	dB	
u	Umfangsgeschwindigkeit	m / s	Ventilatoren
U	Umfang	m	
U	typische Strömungsgeschw.	m / s	
v	Strömungsgeschwindigkeit	m/s	
v_a	Strömungsgeschwindigkeit im Abzeigkanal	m/s	
v_h	Strömungsgeschwindigkeit im Hauptkanal	m / s	
V	Volumen	m^3	
V	Volumenstrom	m^3 / s	auch m^3 / h
V_L	Volumenstrom bei Nennleistung	m^3 / s	
w	Strömungsgeschwindigkeit	m / s	
w	Schallenergiedichte	Ws / m^3	
w_F	Strömungsgeschwindigkeit im Fluid	m / s	
W	Leistung, hier Schalleistung	mW	auch W
W_0	Bezugsschalleistung	W	$W_0 = 10^{-12}$ W
W_e	effektive Leistung	W	
W_E	Empfangsleistung	W	
W_K	Kälteleistung	kW	
W_M	Antriebsleistung	kW	
W_N	Nennleistung	kW	
W_S	abgestrahlte Schalleistung	W	
x	Differenzdruckverhältnis bei Gasen	–	
x_{cr}	kritisches Druckverhältnis	–	Ventile
x_T	Differenzdruckverhältnis bei Durchflussbegrenzung	–	Ventile
y	Massenmischungsverhältnis	–	

Formel-zeichen	Grösse	Masseinheit	Bemerkungen
z	Laufschaufelzahl	–	Ventilatoren
α	Mass für Ungleichmässigkeit der Strömung	–	
α_s	Absorptionskoeffizient	–	
$\overline{\alpha}_s$	mittlerer Absorptionskoeffizient	–	
β	Mass für den Strömungswiderstand	–	
γ	Mass für den Turbulenzzustand	–	
δ	Durchmesserzahl	–	Ventilatoren
η	Wirkungsgrad	–	
κ	Verhältnis der spez. Wärmen	–	Adiabaten-exponent
λ	Wellenlänge	m	$\lambda = c / f$
ν	Frequenz	Hz	$1 \text{ Hz} = 1 \text{ s}^{-1}$
ξ	Widerstandsbeiwert Gitter	–	
ρ	Dichte	kg / m^3	
ρ_L	Dichte der Luft	kg / m^3	
ρ_F	Dichte des Fluids oder der Flüssigkeit	kg / m^3	
ρ_G	Dichte des Gases	kg / m^3	
σ	Ventilatortypenkennzahl	–	
σ	Abstrahlgrad	–	Rohrleitungen
σ	Schnellaufzahl	–	Ventilatoren
Φ	Rohrschlankheit	–	
χ	Isentropenexponent	–	Ventile
ϑ	Temperatur	°C	
ψ	Druckzahl	–	Ventilatoren
φ	Lieferzahl (normierter Volumenstrom)	–	Ventilatoren

15 Sachregister

Lärmmeßpraxis am Arbeitsplatz und in der Nachbarschaft

Einführung in Schallphysik, Schallmeßtechnik und Schallschutz

Ing. (grad.) Jörg Neumann (federführend)

Dipl.-Phys. K. Ebert, Dipl.-Ing. J. Gabelmann, Dr. A. Heiß
Dipl.-Ing. (FH) W. Loos, Dr.-Ing. Heinz Wallerus

6. völl. neubearb. Aufl. 1993
361 Seiten, 132 Bilder,   DM 79,--
Kontakt & Studium, Band 4
ISBN 3-8169-0921-3

Der Themenband bietet eine gründliche, dennoch leicht verständliche Einführung in die Schallmessung nach Regelwerken wie TA Lärm, VDI-Richtlinie 2058, UVV-Lärm und BlmSchG. Der Leser erfährt, wie verschiedene Geräuscharten gemessen, gemittelt, beurteilt werden und wie geprüft wird, ob zugehörige Grenzwerte eingehalten sind. Ebenso werden die grundsätzlichen Möglichkeiten der Lärmabhilfemaßnahmen aufgezeigt. Beispiele erleichtern die Umsetzung in die Praxis.

Das Buch ist auch zum Selbststudium für Leser ohne akademische Vorkenntnisse geeignet.

Die Interessenten:
- Mit Schallschutz Beschäftigte in Industrie und Gewerbe
- Mit Schallüberwachung und -Schutz-Planung befaßte Behörden
- Am Lärmschutz interessierte Bürger

Inhalt: Physikalische und rechtliche Grundlagen - Gehöreigenschaften - Schallausbreitung - Übertragung von Industrie- und Verkehrslärm - Meßgeräte - Meß- und Beurteilungsverfahren im Immissionsschutz und des Arbeitsplatzlärms - Schalleistung - Bauakustische Meßmethoden - Schallschutzmaßnahmen (Raumauskleidung, Kapselung, Schallschirme, Schalldämpfer, Schwingungsisolierung) - Formelsammlung mit Beispielen - Grenz- bzw. Richtwerte - Normen

Fordern Sie unsere Fachverzeichnisse an.
Tel. 07159/9265-0, FAX 07159/9265-20

expert verlag GmbH · Postfach 2020 · D-71268 Renningen